教育部　财政部中等职业学校教师素质提高计划成果
通信技术专业师资培训包开发项目(LBZD037)

通信终端线务及接入

Tongxin Zhongduan Xianwu Ji Jieru

教育部　财政部　组编
曾　翎　主编
傅德月　万　红　执行主编

中国铁道出版社

2012年·北京

内 容 简 介

本书为教育部、财政部实施的中等职业学校教师素质提高计划成果，是通信技术专业师资培训包开发项目(LBZD037)的专业核心课程教材之一。本书依据中等职业学校通信技术专业基本情况调查、国家职业资格标准分析和通信企业岗位技能要求，设置了三个方面的专业核心培训项目:通信终端维修、宽带接入服务和通信线务。通过各项目中不同任务的培训，提高中等职业学校通信技术专业教师的通信系统运行维护专业技能，使之具备指导学生实践、实训的能力。

本书是通信技术专业教师培训指导用书，旨在帮助专业教师学习和更新专业知识和技能，提升教师专业教学能力和水平。

图书在版编目(CIP)数据

通信终端线务及接入/教育部，财政部组编. —北京:中国铁道出版社，2012.5
教育部 财政部中等职业学校教师素质提高计划成果
通信技术专业师资培训包开发项目.LBZD037
ISBN 978-7-113-14151-6

Ⅰ.①通… Ⅱ.①教…②财… Ⅲ.①通信设备:终端设备-中等专业学校-师资培训-教材 Ⅳ.①TN914

中国版本图书馆CIP数据核字(2012)第012035号

书　　名:通信终端线务及接入
作　　者:教育部　财政部　组编

责任编辑:金　锋　　编辑部电话:010-51873125　　邮箱:jinfeng88428@163.com
编辑助理:吕继函
封面设计:崔丽芳
责任校对:胡明锋
责任印制:李　佳

出版发行:中国铁道出版社(100054,北京市西城区右安门西街8号)
网　　址:http://www.tdpress.com
印　　刷:北京市昌平开拓印刷厂
版　　次:2012年5月第1版　2012年5月第1次印刷
开　　本:787 mm×1 092 mm　1/16　印张:10.5　插页:1　字数:255千
印　　数:1～2 000册
书　　号:ISBN 978-7-113-14151-6
定　　价:28.00元

教育部　财政部中等职业学校教师素质提高计划成果
系列丛书

教育部　财政部中等职业学校教师素质提高计划成果
系列丛书

通信技术专业师资培训包开发项目
(LBZD037)

项目牵头单位　电子科技大学
项 目 负 责 人　曾　翎

出版说明

根据2005年全国职业教育工作会议精神和《国务院关于大力发展职业教育的决定》（国发［2005］35号），教育部、财政部2006年12月印发了《关于实施中等职业学校教师素质提高计划的意见》（教职成［2006］13号），决定“十一五”期间中央财政投入5亿元用于实施中等职业学校师资队伍建设相关项目。其中，安排4 000万元，支持39个培训工作基础好、相关学科优势明显的全国重点建设职教师资培养培训基地牵头，联合有关高等学校、职业学校、行业企业，共同开发中等职业学校重点专业师资培训方案、课程和教材（以下简称“培训包项目”）。

经过四年多的努力，培训包项目取得了丰富成果。一是开发了中等职业学校70个专业的教师培训包，内容包括专业教师的教学能力标准、培训方案、专业核心课程教材、专业教学法教材和培训质量评价指标体系5方面成果。二是开发了中等职业学校校长资格培训、提高培训和高级研修3个校长培训包，内容包括校长岗位职责和能力标准、培训方案、培训教材、培训质量评价指标体系4方面成果。三是取得了7项职教师资公共基础研究成果，内容包括中等职业学校德育课教师、职业指导和心理健康教育教师培训方案、培训教材，教师培训项目体系、教师资格制度、教师培训教育类公共课程、职业教育教学法和现代教育技术、教师培训网站建设等课程教材、政策研究、制度设计和信息平台等。上述成果，共整理汇编出300多本正式出版物。

培训包项目的实施具有如下特点：一是系统设计框架。项目成果涵盖了从标准、方案到教材、评价的一整套内容，成果之间紧密衔接。同时，针对职教师资队伍建设的基础性问题，设计了专门的公共基础研究课题。二是坚持调研先行。项目承担单位进行了3 000多次调研，深度访谈2 000多次，发放问卷200多万份，调研范围覆盖了70多个行业和全国所有省（区、市），收集了大量翔实的一手数据和材料，为提高成果的科学性奠定了坚实基础。三是多方广泛参与。在39个项目牵头单位组织下，另有110多所国内外高等学校和科研机构、260多个行业企业、36个政府管理部门、277所职业院校参加了开发工作，参与研发人员2 100多人，形成了政府、学校、行业、企业和科研机构共同参与的研发模

式。四是突出职教特色。项目成果打破学科体系，根据职业学校教学特点，结合产业发展实际，将行动导向、工作过程系统化、任务驱动等理念应用到项目开发中，体现了职教师资培训内容和方式方法的特殊性。五是研究实践并进。几年来，项目承担单位在职业学校进行了1 000多次成果试验。阶段性成果形成后，在中等职业学校专业骨干教师国家级培训、省级培训、企业实践等活动中先行试用，不断总结经验、修改完善，提高了项目成果的针对性、应用性。六是严格过程管理。两部成立了专家指导委员会和项目管理办公室，在项目实施过程中先后组织研讨、培训和推进会近30次，来自职业教育办学、研究和管理一线的数十位领导、专家和实践工作者对成果进行了严格把关，确保了项目开发的正确方向。

作为“十一五”期间教育部、财政部实施的中等职业学校教师素质提高计划的重要内容，培训包项目的实施及所取得的成果，对于进一步完善职业教育师资培训培训体系，推动职教师资培训工作的科学化、规范化具有基础性和开创性意义。这一系列成果，既是职教师资培养培训机构开展教师培训活动的专门教材，也是职业学校教师在职自学的重要读物，同时也将为各级职业教育管理部门加强和改进职教教师管理和培训工作提供有益借鉴。希望各级教育行政部门、职教师资培训机构和职业学校要充分利用好这些成果。

为了高质量完成项目开发任务，全体项目承担单位和项目开发人员付出了巨大努力，中等职业学校教师素质提高计划专家指导委员会、项目管理办公室及相关方面的专家和同志投入了大量心血，承担出版任务的11家出版社开展了富有成效的工作。在此，我们一并表示衷心的感谢！

编写委员会
2011年10月

前　言

依据中等职业学校通信技术专业教师技能标准的要求，教材编写体例的确立为项目课程体系，突出了职业教育“以能力为本位”的教育思想。在教材内容的筛选方面，应用职业分析方法，将典型工作任务纳入教材的同时，又充分考虑国家职业资格标准和企业实际工作岗位要求，保证了通信技术专业教师的实践技能提升，也为教师获取国家职业资格证书提供了基础。在教材结构设计方面，采用了项目课程，任务驱动教学的结构设计，这不仅符合职业教育实践导向的教学指导思想，还将通用能力培养渗透到专业能力教学中。同时为中等职业学校通信技术专业教师学习项目课程，任务驱动教学的教材编写提供范例。

教材从通信终端维修、宽带接入服务和通信线务三个项目中选取了典型的工作任务，以点概面地反映了通信终端维修、宽带接入服务和通信线务的基本职业技能要求。教材采用任务驱动式结构设计，引导读者在任务完成中提升自己的实践能力。除项目1的任务6外，其余每个任务均由七部分组成：任务描述、任务分析、相关知识、技能训练、任务完成、评价和教学策略讨论。

本书由曾翎主编，傅德月、万红任执行主编，段景山、杨忠孝任执行副主编，在编写教材的过程中得到了教育部职业教育与成人教育司姜大源教授、邓泽民教授、东南大学职业技术教育学院徐肇杰教授、南京信息职业技术学院华永平教授等专家的帮助和指导，在这里对他们表示衷心的感谢。

教材项目1通信终端维修由杨忠孝和王华主笔，郝洁、罗晓东参与编写；项目2宽带接入服务由施刚主笔，段景山、张绍林参与编写；项目3通信线务由陈昌海主笔。段景山、杨忠孝在教材结构、各章内容及编排方面做了大量规划、整合、修订和优化，并对全书的内容、文字、图、表进行了全面审理和修订。此外还有大量中职骨干教师为本书提供了参考案例，在此一并表示感谢。

本书适合作为中等职业学校通信技术专业教师培训的指导用书，也可作为中等职业学校通信技术专业学生用参考书。

由于编者水平有限，书中难免有不妥与疏漏，恳请读者不吝赐教、指正。

编　者

2011年9月

目　录

项目1　通信终端维修

随着通信行业的不断发展，通信终端的数量和类型都在迅速增加。相应地，社会需要大量的通信终端维护人员。优秀的通信终端维护人员可以就业到生产厂家的售后服务中心、专业的维修点、自主创业，等等。

近十几年来，电子应用技术迅猛发展，通信终端作为人们常备电子产品，其电路越来越精密，集成度也在不断提高，随之而来的是各种故障越来越多，对维修人员的要求在逐步提高。

通信终端的维修工作是一项技术密度较高和需要耐性的工作，从业者需要具备：良好的耐性；良好的焊接技术；扎实的电路知识；常用仪器仪表使用，如万用表、示波器、信号发生器等；常用工具的使用，如电烙铁、热风枪等。通过大量的实践和练习，可以使学员学有所成，学以致用。

本项目围绕几类典型的通信终端的故障检测与维修展开。从普通话机到移动终端，从模拟到数字，从基本的组装、常见故障的检测维修到综合故障判断、检修。各任务的学习情境同时也呈现了通信终端技术的发展历程或趋势。项目、任务以任务引领的方式组织内容，将维修技师的职业工作过程融入在教师专业技能培训中。

根据"中等职业技术教育通信技术专业教师教学能力标准"的要求：上岗层级教师须熟练掌握故障检修工作流程，掌握常用仪器仪表的使用方法，具备初步排除故障的能力；提高层级教师须具备发现故障并排除常见故障的能力；骨干层级教师须具备发现并能排除综合型及特殊类故障的能力。为满足各层级参训教师的需要，建议上岗层级教师选择任务 1 普通座机电话的组装、任务 2 普通座机电话故障检修；提高层级教师选择学习任务 2 普通座机电话故障检修、任务 3 GSM 手机不开机故障处理检修、任务 5 移动手机的刷机操作；骨干层级教师选择任务 3 GSM 手机不开机故障处理检修、任务 4 CDMA 手机常见故障检修、任务 5 移动手机的刷机操作、任务 6 手机故障维修实例选编。

任务1　普通座机电话的组装

普通座机电话的组装属于比较基础的技能，是所有初学者或初级技师必须掌握的基本技能。在组装电话机的过程中，学员可以提高电路板的焊接技术，认识大量的电子元器件，对电话机工作的原理也会有更进一步的认识和理解，这些都有助于维修技能的提高。特别是最后完成电话机的组装，使其能正常工作并实现相应的功能，会给学员带来极大成就感，增强学习的信心和提升学习兴趣。

任务描述

以 JC638 电话机为例来学习电话机的组装，组装好的 JC638 电话机外形如图 1-1 所示。

任务从话机电子元器件、结构零配件、识图开始，到最后组装调测完毕，完成一个话机的完整组装过程，适用于初级技师入门培训。

学员可以学习电路板的焊接技术及相关知识；熟练掌握焊接的具体操作；了解电子产品的

生产制作过程。通过对一台电话机的元器件的安装、焊接、调试及整机的组装，使得学员学会如何将电话机调试至完善功能的基本技能。掌握电子元器件的识别及质量检验；学会利用工艺工具独立进行电话机的装、焊和调试，并达到产品的质量要求；能看懂电话机的原理图及安装图；了解电话机的基本工作原理，学会安装、调试和外观检视、简单故障的排除方法；在整个过程中培养职业道德和职业技能，培养工程实践观念及严谨细致一丝不苟的科学作风。

图 1-1　JC638 电话机外形

任务分析

话机的组装过程可以简单地分为：备件、焊接和调测三个环节。把普通电话机的电子元器件、配件准备好，对照电路图进行焊接，然后调试焊接好的话机的拨号、振铃、通话等功能，最终完成整机组装。

一、话机备件

JC638 电话机的备件如图 1-2 所示，元器件清单见表 1-1。

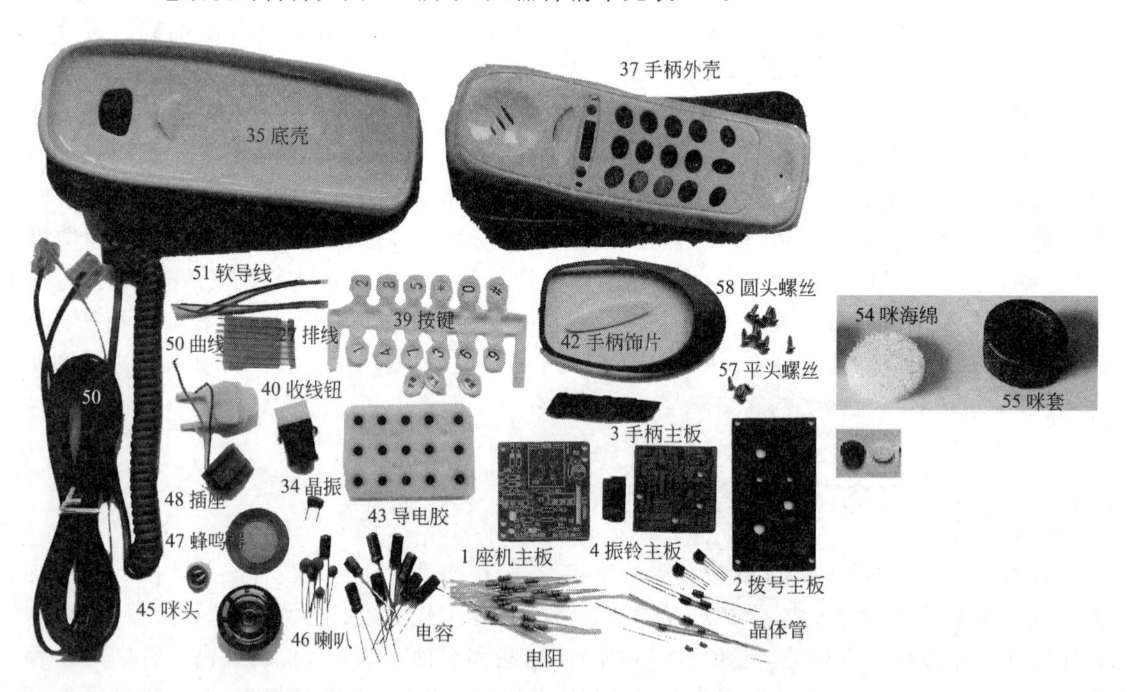

图 1-2　JC638 座机电话所有组件

表 1-1　电话机元器件清单

序号	名称	规　格　型　号	电路编号或位置	数量
1	印制板	单面 1.6 mm×36.0 mm×34.5 mm	737-02MB(手柄主板)	1 块
2		单面镀金 1.6 mm×37.0 mm×62.5 mm	737-04A-KB(按键板)	1 块
3		单面 1.6 mm×39.0 mm×39.5 mm	737-04A-RB(座机主板)	1 块
4		单面 1.6 mm×10.0 mm×18.5 mm	2411-BD(振铃主板)	1 块

续上表

序号	名称	规格型号	电路编号或位置	数量
5	集成电路	CSC9102D	封装在按键印制电路板上一个黑块 U1	1块
6		KA2411	封装在一块小印制电路板上一个黑块 U2	1块
7	二极管	1N4004	D1 D2 D3 D4 D5	5支
8		1N4148	2 D1	1支
9	稳压管	27 V(1/2 W±2 V)	Z1	1支
10		4.7 V(1/2 W±0.2 V)	Z2	1支
11		3 V(1/2 W±0.2 V)	KB板上	1支
12	三极管	8050D(35 V,β=150～300)	Q1	1支
13		9014C(50 V,β=300～500)	Q2	1支
14	电阻	5.6 Ω	3R5	1支
15		18 Ω	3R10	1支
16		180 Ω	3R42	1支
17		820 Ω	1R5	1支
18		2.2 kΩ	1R1,2R8,3R1,3R6	4支
19		4.7 kΩ	3R3,3R7	2支
20		10 kΩ	2R5,3R2	2支
21		27 kΩ	3R9	2支
22		47 kΩ	3R8	1支
23		100 kΩ	1R2	1支
24		120 kΩ	1R4	1支
25		1 MΩ	1R3	1支
26	瓷片电容	30 pF,50(1±10%) V	2C1,2C2	2支
27		104 pF,50^{+40}_{-10} V	1C4,3C8,3C9	3支
28	涤纶电容	222 J(100 V)	1C5	1支
29	电解电容	2.2 μF,100(1±20%) V	1C1,1C2	2支
30		100 μF,10(1±20%) V	2C3,3C5	2支
31		2.2 μF,50(1±20%) V	3C2	1支
32		0.47 μF,50(1±20%) V	2C4	1支
33		10 μF,50(1±20%) V	1C3,3C1	2支
34	陶瓷晶振	3.58(1±2%) MHz	Y1	1支
35	座机面壳	—	—	1块
36	座机底壳	—	—	1块
37	手柄面壳	—	—	1块
38	手柄底壳	—	—	1块
39	按键	键里面印有符号或文字	0～9,#,*,静音,暂停,重拨	1套共15粒
40	收线钮	—	—	1个
41	手柄螺丝压片	—	—	1块
42	手柄装饰片	—	—	1块
43	导电胶	15个橡胶触点	HA737-04A型专业	1块

续上表

序号	名称	规 格 型 号	电路编号或位置	数量
44	收线开关	HK-09,30 g±3 g	RB板 HOOK	1个
45	咪头	−54 dB	手柄咪(MICI)	1个
46	喇叭	ϕ27 mm×9 mm	手柄	1个
47	蜂鸣片	ϕ27 mm×0.45 mm	铁质	1个
48	插座	20 mm×120 mm	623 K	1张
49	排线	8PINS×30 mm 脚距 2.54 mm	主板和按键板的连接,灰色排线	1组
50	二芯曲线	两头剥皮:60 mm焊头 3 mm,170 mm端在座机	—	1根
51	软导线	ϕ1.0 mm×70.0 mm(红色)	喇叭 2,蜂鸣片 2	2根
52		ϕ1.0 mm×75.0 mm(红色)	—	2根
53		ϕ1.0 mm×50.0 mm(红 1 黑 1)	咪头	1根
54	咪海绵	ϕ12.0 mm×8.5 mm×7.0 mm 海绵材质	手柄咪	1个
55	咪套	—	手柄咪	1个
56	双面海绵垫	(双面带胶)外 ϕ27 mm,内 ϕ23 mm,厚 2 mm	手柄喇叭	1个
57	螺丝	2.3 mm×6 mm 平头 ϕ4.0 mm	按键板	4颗
58		2.3 mm×6 mm 圆头 ϕ4.0 mm	主板 1,铃声板 2	3颗
59		2.6 mm×6 mm 圆头 ϕ4.2 mm	座机合壳 4,手柄合壳 2	6颗

根据备件图表,向仓库领料,特别重点检查容易疏忽的电子元器件——电阻、电容等器件的规格是否正确。

二、识图与原理分析

熟悉话机原理图,掌握话机的主要组成部分和各部分接口,为下一步焊接及调试做好准备。JC638 电话机电路原理图如图 1-3 所示。

通过对原理图的分析,按键电话机通常应由振铃电路、拨号电路、液晶显示电路、手柄通话电路、免提通话电路等 5 个组成部分。

以下我们来分析 JC638 电话机基本工作原理。

1. 振铃电路

振铃电路将程控交换机送来的 25 Hz、90 V 铃流信号变成直流,产生两种频率不同的交替信号,驱动扬声器或压电陶瓷蜂鸣器发出悦耳的铃声,提醒有电话打进来。如图 1-3 所示,U2(CSC2411)及其外围电路组成了电话机的振铃电路。

挂机时,挂簧开关处于静合位置,此时外线与通话电路是断开的,而振铃电路仍和外线接通(参看挂簧开关 SW1-A、SW1-B)。

有电话打进时,程控交换机通过外线送来 90 V 铃流信号,经过隔直电容器 1C1、1C2、限流电阻器 1R1 加到桥式整流电路(又称为极性保护电路)VD1～VD4 上。整流后的脉冲电流再经电容 1C3 滤波、稳压二极管 Z1(27 V)稳压、限压保护后送入集成电路 CSC2411 的 1 脚、5 脚,给芯片提供工作电源。振铃电路得电工作,第 8 脚外接的蜂鸣器发出振铃声,通知用户有外线电话呼入。

CSC2411 的第 3、4 脚外接的 1R3、1C4 和 6、7 脚外接的 1R4、1C5 为决定双音调振荡器的

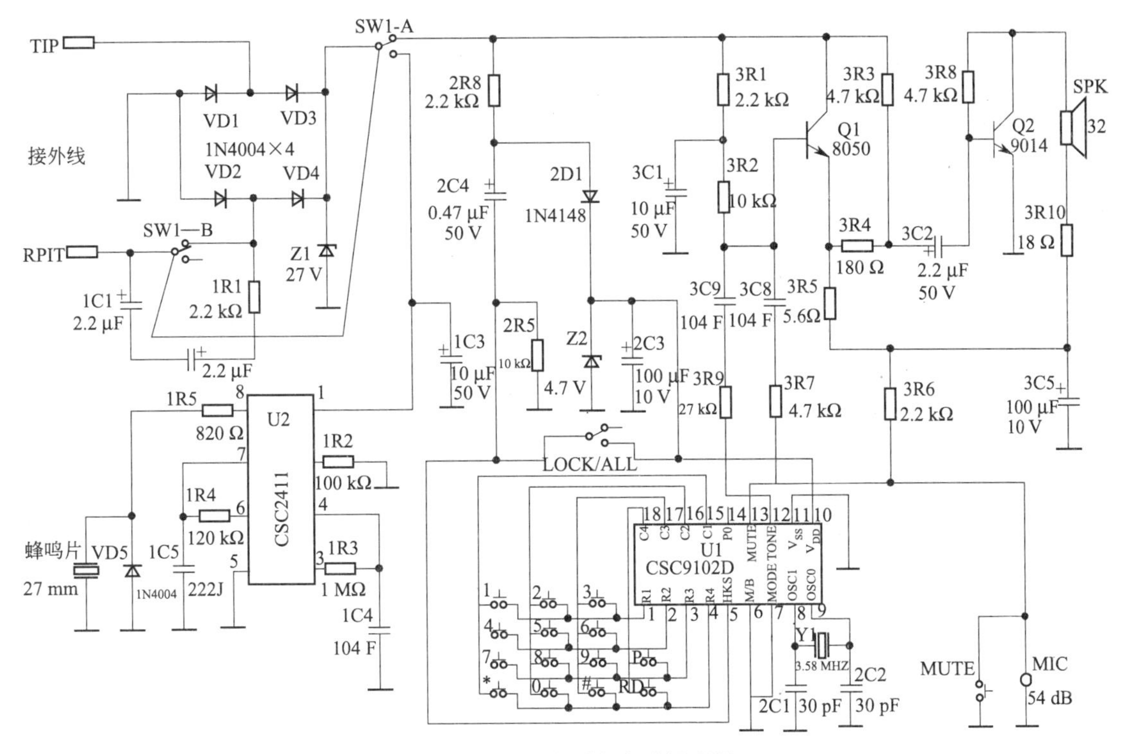

图 1-3 JC638 电话机电路原理图

定时元件。振铃信号从 8 脚输出，经 1R5 加到蜂鸣片上使其发声，VD5 是保护二极管。

本机的 CSC2411 是绑定在 PCB 上的"软封装"电路，如图 1-4(a)所示。它具有输出功率大，工作电压范围宽(DC:10～28 V)的特点，其引脚和内部电路框图与 KA2410 DIP 封装的引脚排列、功能是一致的，可参见后面的分析。

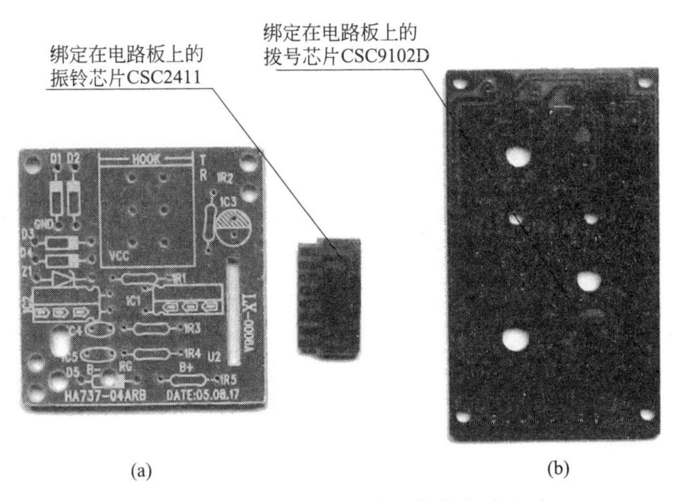

图 1-4 JC638 电话机振铃和拨号集成芯片

2. 拨号电路

拨号电路由拨号专用集成电路 U1(CSC9102D)、键盘(或按键)和外围电路组成。它可把键盘输入的号码变成相应的脉冲或双音信号，并送到外线上，同时发出静噪信号来消除拨号时受话机产生的"喀、喀"声。

图 1-3 中的 U1(CSC9102D)及其外围电路，组成了电话机的拨号及静音电路。CSC9102D 各脚的功能说明及其在不同的工作状态时的工作电压见表 1-2。本机的拨号芯片 CSC9102D 也是绑定在 PCB 上的“软封装”电路，如图 1-4(b)所示。

拨号电路包括以下电路：

(1)启动电路。当用户提起电话手柄时，外线供给的直流电(1R1、1C1 和 1C2 已被挂钩开关短路)经 2R8 后分成两路，一路经 2D1、2C3 和 Z2 给拨号芯片 CSC9102D 的 10 脚 V_{DD}电源端供电；另一路经 2C4、2R5 分压后接拨号芯片 CSC9102D 的第 5 脚 HKS 端，第 5 脚是芯片启动控制信号输入端，低电平时启动芯片进入工作状态。2C4、2R5 是延迟低电平产生电路，外线的直流电给 2C4 充电，待其充电完毕，2R5 输出低电位启动拨号芯片正常工作。5 脚外接的开关 LOCK/ALL 是电话锁号开关，当开关闭合时，拨号芯片 CSC9102D 的第 5 脚 HKS 端直接接电源 V_{DD}端，始终接高电位，拨号芯片处于关断，不能向外拨号，达到锁住电话、管住使用者不能向外拨打电话的目的。当开关断开时，电话恢复正常。

(2)拨号电路。用户通过按键输入号码，由拨号芯片 CSC9102D 内部编码后从第 12 脚 TONE 端输出，经 3R9、3C9 耦合后控制 Q1 放大并向外线输出拨号脉冲；3R1、3C1 和 3R2 是 Q1 的偏置电路。

(3)静噪电路。拨号信号不能输入受话耳机，否则将产生刺耳的噪声。拨号时，由拨号芯片 CSC9102D 的 13 脚 MUTE 端输出静噪控制信号，控制(关断)Q2 放大器，不让拨号信号输入受话耳机中，达到消噪静音的目的。

表 1-2　CSC9102D 集成电路的引脚功能及工作参考数据

引　脚	符　号	功　　能	电　　压(V)		
			静态	挂机	摘机
1	R1	键盘扫描矩阵电路列(横向)扫描信号输入端 1	0	0.1	0
2	R2	键盘扫描矩阵电路列(横向)扫描信号输入端 2	0	0.1	0
3	R3	键盘扫描矩阵电路列(横向)扫描信号输入端 3	0	0.1	0
4	R4	键盘扫描矩阵电路列(横向)扫描信号输入端 4	0	0.1	0
5	HKS	芯片启动控制信号输入端，低电平启动芯片进入工作状态	0	0.2	0
6	B/M	断续比选择控制信号输入端	0.8	0	0
7	MODE	拨号方式选择控制信号端	0	0	0
8	OSC1	时钟振荡电路振荡信号输入端，外接晶振	0	0.2	0
9	OSC0	时钟振荡电路振荡信号输出端，外接晶振	0	0.3	4.5
10	V_{DD}	芯片工作电源正端	0.1	0	4.5
11	V_{SS}	芯片工作电源地端	0	0	0
12	TONE	双音频拨号信号输出端	0	0	0
13	MUTE	双音频/脉冲拨号时静噪控制信号输出端	0	0	2.9
14	P0	拨号脉冲信号输出端，低电平有效	0	0.5	0.6
15	C1	键盘扫描矩阵电路列(纵向)扫描信号输入端 1	0	0.1	4.5
16	C2	键盘扫描矩阵电路列(纵向)扫描信号输入端 2	0	0.1	4.5
17	C3	键盘扫描矩阵电路列(纵向)扫描信号输入端 3	0	0.1	4.5
18	C4	键盘扫描矩阵电路列(纵向)扫描信号输入端 4	0	0.1	4.5

3. 通话电路

通话电路主要包括2/4线转换电路，消侧音电路、放大接收与发送话音信号电路，主要实现送话与受话的功能。

(1)送话与受话电路。JC638话机的通话电路由3R1、3C1、3R2、R1、Q1、3R4、3R5、3C5、3R6、3R7、3C8和驻极体话筒MIC组成送话电路，通话时，VD1～VD4组成极性保护电路；由3R3、3C2、3R8、Q2、3R10、3C5和喇叭SPK共同组成受话电路。

用户讲话的声音由话筒MIC拾取变成电信号并放大，再由3R7、3C8耦合到由Q1及其外围电路放大馈入话机外线传入对方。3R6是驻极体话筒MIC的偏置电阻，通过它给MIC内的放大器提供电源。

来自对方的话音信号由外线经3R3、3C2耦合送入Q2放大后，由Q2集电极的喇叭还原成声音信号。Q1、3R5、3C5还是Q2的供电电路，Q1、Q2及其外围电路组合实现了话机的送/受话功能。

(2)2/4线变换和消侧音电路。主要由Q1、3R4、3R5、外线和Q2等实现，其工作原理见后面相关知识中有关消侧音电路的原理分析内容。

三、电话机单元电路焊接

通过备件和识图，学员对话机的原理、组成部分及各种元器件都建立了基本的直观印象或初步认知，接下来需要对照电路图、装配图进行元器件和各部件的焊接。

焊接过程应按照话机基本组成单元，分部分、分步骤进行。必须先完成哪一部分，没有严格的规定。一般情况下，先完成焊接难度小、工作量小的部分，可以降低工作难度，也为后续工作起到热身的作用。

JC638电话振铃电路和拨号电路板焊接好后的实物图如图1-5和图1-6所示。

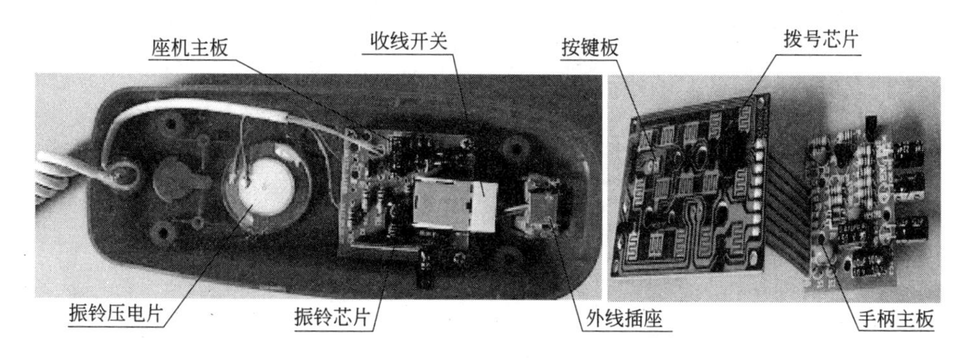

图1-5　振铃电路板实物图　　　　图1-6　拨号电路板实物图

JC638电话机的PCB和外接元件装配图如图1-7所示。整机共由三块电路板组成：1号板是安装在底壳内的主板；2号板是安装在手柄里的按键、拨号板；3号板是安装在手柄里的主板。板上的元件排列非常紧密，一般先安装电路板中间的个头小的元件，再安装电路板周围的个头较大的元件，最后将各块电路板用导线、排线、插座连接起来。

JC638电话机PCB间、及其与外接元件间的连线装配图如图1-8所示。

注意：在装配中，首先要识别各种电子元件；学会每种电子元件的检测、判别，确保好的元件，安装在PCB板正确的位置；仔细研究元件装配图，切不可将元件插错位置、插错方向。

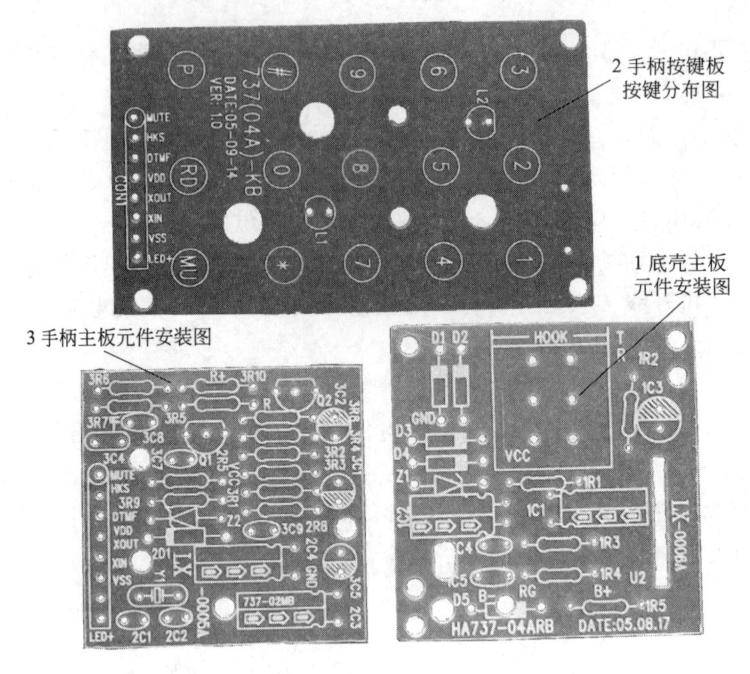

图 1-7　JC638 话机电路板上元件安装图

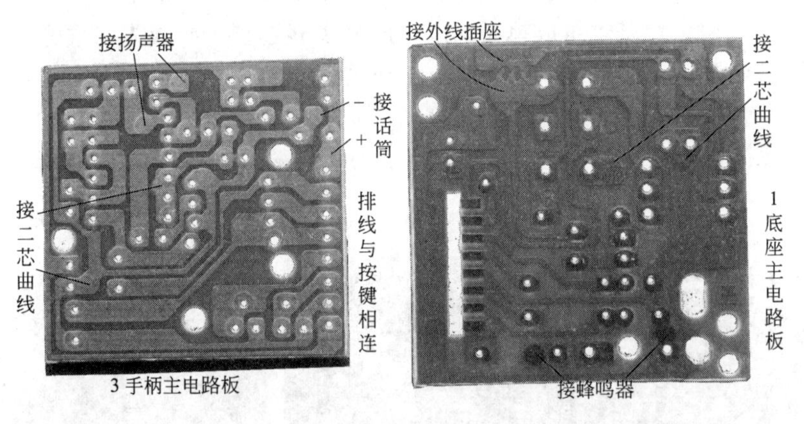

图 1-8　JC638 电话机两块主板及外围部件的连线图

四、单元测试

为保证整机功能和满足性能要求，焊接、组装好的各部分单元电路应先利用万用表和检测仪器进行测试。

五、组装指导

本套件做成的成品为新型的面包型电话机，具有静音、暂停、重拨的功能。其体积小巧、制作容易、成功率高，是电子技术初学者或爱好者学习、练习电路安装、焊接、调试等基本技能技术的较为理想的教学套件。

(一)安装说明

(1)集成电路 U1(CSC9102D)是拨号电路芯片，U2 (CSC2411)是振铃芯片，即来电响铃由

它产生。二极管分为开关二极管(1N4148)、稳压二极管(27 V,4.7 V,3 V)和整流二极管(1N4004),请按这三种二极管上的标识来区分,不要搞错。其他元器件的参数以电路原理图为准,可在一定范围内选用。

(2)安装工艺。请对照原理图,元器件清单上的位号与电路板上的代号要求一致,这样才能确定元器件的安装位置。建议安装元件顺序:电阻→二极管→瓷片电容→涤纶电容→电解电容→三极管→收线开关→固定驻极体(放进孔后用烙铁将周围塑料烫几个点固定,以免它跑出来)→固定蜂鸣片(放在外壳上后用烙铁烫一下塑料周围几个点不让它松动)→喇叭(用喇叭垫圈把它粘在手柄内部的上端相应部位)→焊响铃音乐片(U2)→用排线将主板与拨号电路板连接起来(注意字符一一对应)。

(3)在焊 U2 时请注意,各焊点之间不要相连,先把芯片放好摆正,临时焊一个点,然后调整好芯片至美观为止,再焊其他的几个点,各元件装低一点。电解电容采用卧式安装,以防盖子不好盖上,经过检查无误后拧紧螺丝进入下一步调试工作。扬声器、话筒、蜂鸣片等器件的连线看印刷电路图。

(4)电路板安装无误后,先将按键板固定在手柄面壳中,再将主板用一颗螺钉固定在按键板的上方。振铃板固定在座机底壳中,话筒、扬声器、蜂鸣片等固定在相应位置。

(二)调试说明

本电话机只要元器件完好,安装、焊接无误,一般装上去就可以用,无需装电池。可先将正在用的电话机的外线插头拔下来插在本电话机的插座内,提起手柄应能听到拨号音(即长声),然后拨号,拨号完后应能听到对方接通的响声,然后挂机;现试接听,用另一台电话机或手机拨本电话的号码,拨通后应能听到电话机的铃声,通过了这样的测试后,本电话机制作完成。

六、整机测试

整机测试应包括利用仪表进行的整机联调性能测试,连接程控交换系统(或实验用小交换机)进行真实场景的功能测试,产品组装成功后的整机外观、质量检测等过程。

下面给出电路中一些重要元器件正常工作时的电压参考值,供有关人员在安装、调试和故障维修时参考,数据参见表 1-3。

表 1-3 各个芯片引脚的电压值(单位:V)

序号	CSC2411(U2)		CSC9102D(U1)	
	摘 机	挂 机	摘 机	挂 机
1	10.76	0.37	0.00	0.10
2	10.16	0.12	0.00	0.10
3	9.96	0.00	0.00	0.10
4	10.09	0.13	0.00	0.10
5	9.70	0.00	0.00	0.20
6	0.00	0.00	0.00	0.00
7	10.74	0.72	0.00	0.00
8	9.68	0.20	0.00	0.20
9	/	/	4.50	0.30
10	/	/	4.50	0.00
11	/	/	0.00	0.00

续上表

序号	CSC2411(U2)		CSC9102D(U1)	
	摘　机	挂　机	摘　机	挂　机
12	/	/	0.00	0.00
13	/	/	2.90	0.00
14	/	/	0.60	0.50
15	/	/	4.50	0.10
16	/	/	4.50	0.10
17	/	/	4.50	0.10
18	/	/	4.50	0.10

参见表 1-3,通过测试,由读者自己填写表 1-4。

表 1-4　三极管各管脚参考电压(单位:V)

三极管编号		Q1	Q2
摘机	b		
	c		
	e		
挂机	b		
	c		
	e		

相关知识

一、电子电路基础知识

为更好地完成本任务,学习者应具备以下基本的电子电路知识。请在着手完成本任务前按下列知识点,检查自己的学习情况,如果发现自己在某部分存在缺陷,请自行查找更详细的资料,结合本任务话机电路原理图和话机工作原理完成相应知识的学习。

(1)电阻器、电容器的分类及在电路中的作用与外形。

(2)二极管、三极管、有极性电容的特性、应用与外形。

(3)IC 芯片、压电陶瓷、驻极体话筒、耳机、晶振、挂簧开关等元件的作用与外形。

(4)电路图的识读与原理分析。

二、典型多功能按键电子电话机电路原理分析

JC638 电话机是非常简单的电子电话机,仅具备电话机最基本的振铃、拨号、送/受话功能,市场流行的多功能电话机还具备液晶显示、号码存储、和弦音乐播放等繁多功能,结构和电路也相对复杂。

尽管功能各异,电子电话机基本功能相同,基本电路也相似,离不开振铃电路、拨号电路、送/受话电路和其他附加电路等几个基本电路。书末附图 1 和附图 2 均表示了一种较复杂的多功能按键电子电话机电路原理图,其中,附图 1 为多功能电子电话机基本功能电路图,以 F117HL 芯片为核心;附图 2 为多功能电子电话机附加功能电路图——和弦音乐控制电路图,

该图以 F117-V18 芯片为核心。

（一）振铃电路

为便于对电路进行识读与分析，将振铃电路从书末附图 1 多功能电子电话机基本功能电路图中分离出来，简化为图 1-9 所示的电路。

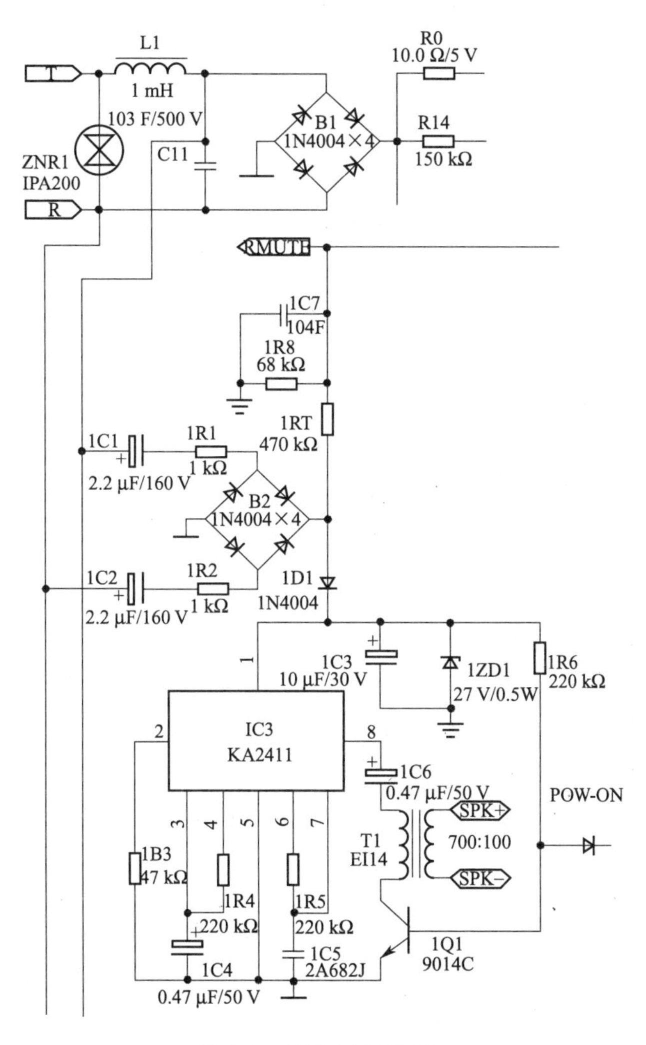

图 1-9　振铃电话原理图

振铃电路主要由振铃集成电路 IC3(KA2411)及其外围元件组成。当有人呼叫本机时，由市话交换机提供的 25 Hz，45～90 V 振铃信号，经外线 T 和 R 送入电话机。L1、C11 组成滤波器，滤除电话线上的干扰信号（主要是 3 000 Hz 以上的音频、无线干扰信号等）以提高通话话音质量。1C1、1C2 隔直通交，1R1、1R2 限流后，由整流桥 B2（由 4 只二极管组成）整流，经 1D1 送 1C3 滤波，给振铃集成电路 IC3 的第 1 脚提供直流电源，振铃电路工作，从第 8 脚输出至开关管 1Q1，驱动变压器 T1 的初级。三极管是否工作还受到主控芯片（CPU）IC1 的第 8 脚 POW-ON 信号的控制，若 POW-ON 信号为高电平，则开关管 1Q1 导通，变压器 T1 的初级由 IC3 第 8 脚输出的振铃信号激励，经 T1 的次级送扬声器 SPK，发出振铃声，通知用户有电话呼入。若 POW-ON 信号为低电平，则开关管 1Q1 截止关断，变压器 T1 的初级得不到由 IC3 第 8 脚输出的振铃信号，喇叭中无振铃声。

变压器 T1 的变比为 700∶100(即 7∶1),是阻抗变换匹配器,将 8 Ω 的扬声器变换成 392 Ω,便于与 IC3 的 8 脚输出电路匹配。

IC3 各引脚的功能和内部框图如图 1-10 所示。KA2411 与 KA2410、CSC2411 是一样的,可以互换。KA2411 内部能产生一个低频信号和两个高频信号,两个高频信号受低频信号的控制而交替输出。改变低频时间常数可以改变两个高频信号的输出交替快慢程度和时间长短,改变高频时间常数可改变输出信号的音调高低。即只要改变 IC3 的 3、4 脚和 6、7 脚的阻容元件数值,即可使输出有警车声、枪声、门铃声、洒水声等多种声音。

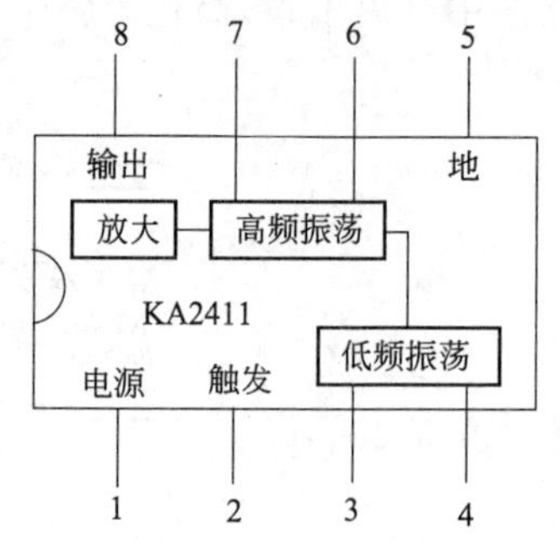

图 1-10　振铃电路内部原理框图

1ZD1 是稳压二极管,稳定整流后的电压为 27 V,1D1 是隔离二极管。由整流桥 B2(4 只二极管组成)整流后,经 1R7、1R8 分压,1C7 滤波,送 CPU 的 79 脚 RDETI/RMUTE 端,该端有两个功能,一是通过 CPU 检测电话的振铃(有外线电话呼入);另一个功能是由 CPU 输出低电位,接收静音功能(通过 D9 关断耳机放大器 3Q1 使话机耳机静音)。

(二)拨号电路

拨号电路包括启动电路、拨号电路(脉冲/双音频拨号)、消噪电路、稳压电源等。拨号电路由主控集成电路 IC1(F117HL)、键盘(或按键)和外围电路组成。主控电路 F117HL 可把键盘输入的号码变成相应的脉冲或双音信号送到电话外线上,同时发出静噪信号来消除拨号时受话器产生的"喀、喀"声。拨号电路的简化电路如图 1-11 所示。

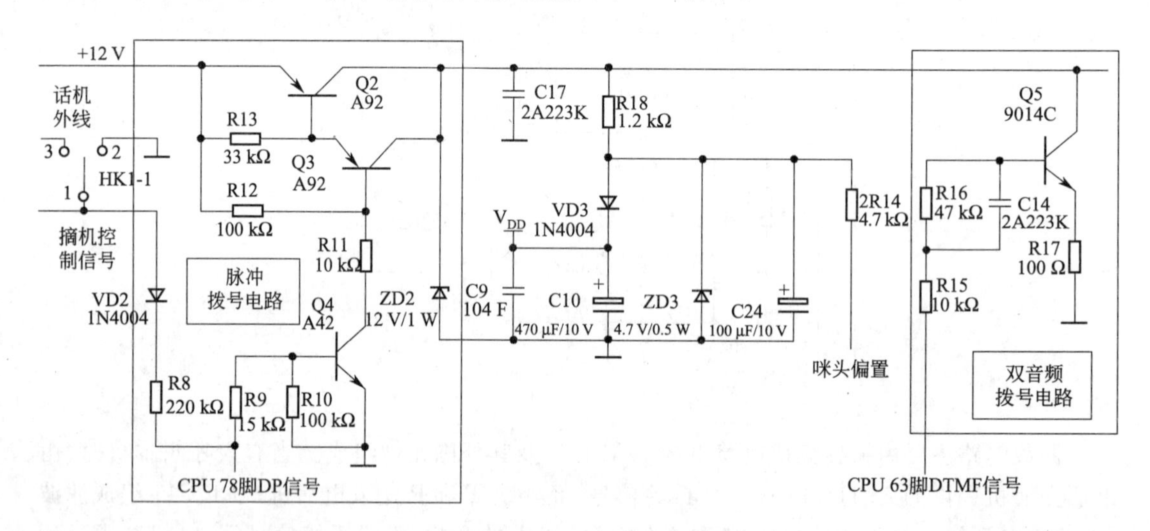

图 1-11　拨号电路简化电路

(1)电源电路。外线 T、R 经滤波电路后,送到极性保护电路 B1(由 4 只二极管组成),一路经过 Q2、C17、ZD2 稳压获得 12 V 直流电源供送/受话放大电路。稳定的 12 V 直流电源经 R18、ZD3、C24 得到一组 4.7 V 的稳定电源给咪头提供偏置电压。稳定的 12 V 直流电源经 R18、VD3、C9、C10 得到 4.7 V 的稳定电源 V_{DD},该电源是话机的整机供电电源,包括 CPU 的供电(60 脚 V_{DD}端)、启动电路 Q1 的供电、FSK/DTMF/忙音信号输入电路 Q6、Q8 等电路的供电。

R9、R10、Q4、R11、R12、R13、Q2、Q3 组成电子开关，控制整机电源的开关，并配合 CPU 的 78 脚 DP 端完成对外脉冲拨号。ZD2(12 V/1 W)、ZD3(4.7 V/0.5 W)是稳压二极管，给相关电路提供其标称值的稳定电压。

BATT、5Q1、D1、5C6 是本机的电池供电电路给和弦集成芯片的 26 脚供电，通过 D1 给 V_{DD} 端供电。当话机未摘机时，R9、R10、Q4、R11、R12、R13、Q2、Q3 组成电子开关断开，V_{DD} 端无电压，此时 D1 导通，给 V_{DD} 提供 4.7 V 电压，使整机在待机状态正常守候工作。

(2)启动电路。R14、挂簧开关 HK1-1、R5、R6、R7、Q1 、C13 和 CPU(F117HL)的 77 脚组成启动电路。摘机前挂簧开关 HK1-1 接地（HK1-1 开关的“1”“2”端端接），Q1 截止，CPU 的 77 脚是高电位(V_{DD} 经过 R7 提供，约 4 V)，CPU 集成电路未启动，电话机的键盘所有按键不起作用，不能对外拨号。当摘机后，来自极性保护电路的电源经 R14、HK1-1 (HK1-1 的“3”“1”脚接通)，R5、R6 分压，Q1 获得正向偏置而饱和导通，IC1 的 77 脚接地，CPU 启动正常工作。同时 HK1-1 经 D2、R8、R9、R10 给 Q4 提供正向偏置而饱和导通，R11、R12、R13、Q2、Q3 组成的电子开关开通，提供整机的 12 V 供电、V_{DD} 和咪头偏置电路的电源。

(3)拨号电路。用户通过按键输入电话号码或功能请求，由 CPU 芯片 IC1 内部编码后从 78 脚 DP 端输出脉冲拨号或从 63 脚 DTMF 端输出双音频拨号信号。

脉冲拨号时，78 脚 DP 端按数字号码不同的编码，有规律地输出通断脉冲，控制 R9、R10、Q4、R11、R12、Q3、R13、Q2 给电子开关的通断，通断的脉冲电流由外线传入市话交换机自动被识别，交换机自动接通被叫号用户话机。

双音频拨号时，63 脚 DTMF 端输出的双音频拨号信号经 R15、R16、C14、R17 加到 Q5，放大后由话机外线送入市话交换机被自动识别，交换机接通被叫用户话机，完成拨号呼叫。

(4)静噪电路。拨号音不能输入受话耳机，否则将产生刺耳的噪声。拨号时，由 CPU 芯片 F117HL 的 80 脚 MUTE 端输出静噪控制信号(低电平有效)，控制(关断)3Q2 受话放大器，消去听筒里刺耳的拨号噪声。80 脚还有闹钟输出控制功能。

(5)键盘电路。66～73 脚和 4 脚(C0、C1、C2、C3、C4、C5、C6、OPT 和 SEL)组成 29 键的键盘矩阵电路，和 13 个功能控制选择开关共同完成话机的 0～9 数字、功能拨号和其他功能控制。拨号键盘简化电路如图 1-12 所示，键盘功能见表 1-5 和表 1-6。

(三)CPU 电路

IC1(F117HL)是 81 脚封装、具有复杂功能的电子电话机专业控制芯片，完成电话机所有功能及控制，各脚的功能配置见表 1-7。

IC1 的 58、59 脚外接 32.768 kHz 的晶体振荡器，61、62 脚外接 3.58 MHz 的晶体振荡器，给芯片提供时钟信号。64 脚是 CPU 的复位端，低电平有效，由 R1、R2、C8 和 V_{DD} 组成了复位电路，电路建立 V_{DD} 后，C8 电压不能突变，延迟一段时间后输出高电位，由此完成对电路的有效复位。

ZD1、R21、R22、C12 与 CPU 的 75 脚 SPI 端组成并机检测电路。当此脚变高时才允许进入解码状态，用以滤除分机拨号的干扰。当防盗设置为开，此脚变低时进入防盗，如检测到语音，则发出干扰信号，所以 SPI 脚的分压电阻很重要，可根据各厂要求实际自行调整。

R23、Q7、C23、R24 与 CPU 的 7 脚 DTMFO 端组成线路灵敏度控制电路。

C18、C19、R28、R27、R25、D5、R26、Q6、R29、R30、C21、C20、R31、R32、R33、R34、R35、C22、Q8、R36 与 CPU 的 74 脚组成 FSK/DTMF/忙音信号检测电路。

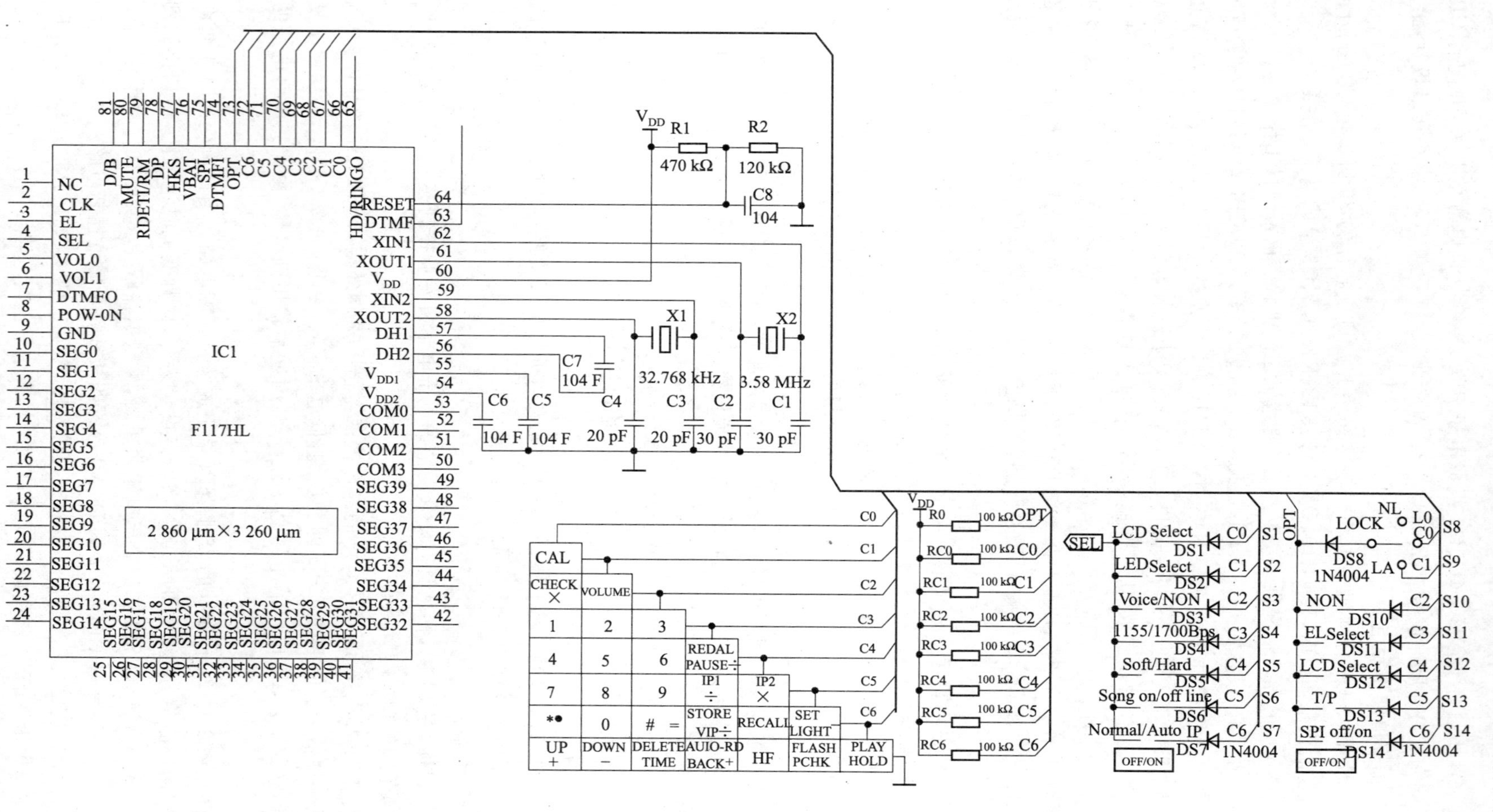

图 1-12　拨号键盘简化电路

表 1-5　键盘配置及功能表

C0							
计算	C1						
打出查询	音量	C2					
1	2	3	C3				
4	5	6	重拨/暂停	C4			
7	8	9	IP1	IP2	C5		
*/键音	0/开机	#/转接	贵宾/存储	提取	设置/灯光	C6	
上翻	下翻	删除/计时	回拨/追拨	免提	收线/报转接	欣赏/保留	GND
S1	S2	S3	S4	S5	S6	S7	SEL
S8	S9	S10	S11	S12	S13	S14	OPT

表 1-6　选项选择控制键盘说明(参照电路图)

	不　加	加		不　加	加
S1	LCD 组合选项		S8	不锁	锁“0”
S2	跑马灯选项		S9	不锁	全锁
S3	有报号、转接功能	无报号、转接功能	S10	备用	
S4	1 155 Baud	1 170 Baud	S11	摘机 EL 输出低电平 6 s	摘机 EL 输出高电平
S5	P/T、SPI 按键切换	P/T、SPI 开关切换	S12	LCD 组合选项	
S6	和弦欣赏电池供电	和弦欣赏线路供电	S13	音频拨号	脉冲拨号
S7	普通 IP	自动 IP(17909)	S14	防盗关闭	防盗开启

表 1-7　主 CPU(F117HL)管脚功能说明

管　脚　号	管　脚　名　称	功　能　说　明	使　用　说　明
1	NC	空脚	悬空
2	CLK	时钟输出	接语音 IC
3	EL	LCD 背光控制脚	低电平有效(接语音 IC)
4	SEL	选项输出端	低电平有效
5	VOL0	免提音量控制输出.	不用时可悬空
6	VOL1	免提音量控制输出	不用时可悬空
7	DTMFO	灵敏度控制输出端	高电平有效
8	POW-ON	来电报号电源开启/铃声关闭输出	低电平有效
9	GND	电源负极	接电源负极
10～49	SEG 00～39	LCD 段输出端	接玻璃 ESG 对应端
50～53	COM 3～COM 0	LCD 段公共输出端	接玻璃 COM 对应端
54	V_{DD2}	内部电源输出端	外接 104 电容到地
55	V_{DD1}	内部电源输出端	外接 104 电容到地
56	DH2	倍压电容输入端	外接 104 电容到 DH1
57	DH1	倍压电容输入端	外接 104 电容到 DH2
58	XOUT2	32.768 kHz 晶振输出端	外接 22 pF 电容到地

续上表

管脚号	管脚名称	功能说明	使用说明
59	XIN2	32.768 kHz 晶振输入端	外接 22 pF 电容到地
60	V_{DD}	电源正极	接电源正极
61	XOUT1	3.58 MHz 晶振输出端	外接 30 pF 电容到地
62	XIN1	3.58 MHz 晶振输入端	外接 30 pF 电容到地
63	DTMF	DTMF 信号输出	外接 RC 网络
64	RESET	RESET 输入端	低电平有效
65	HD/RINGO	保留音/回铃音、按键音输出端	外接 RC 网络
66～72	C 0～C 6	键盘扫描输入/输出端	外接 100 kΩ 电阻到 V_{DD}
73	OPT	选项输出端	外接 100 kΩ 电阻到 V_{DD}
74	DTMFI	FSK/DTMF/忙音信号输入端	低电平有效
75	SPI	并机检测输入端	低电平有效
76	VBAT	电池检测	高电平有效
77	HKS	叉簧检测输入端	低电平有效
78	DP	DP 输出端	高电平有效/开漏
79	RDETI/RM	铃声检测/接收音静音	高电平有效/低电平有效
80	MUTE	静音/闹钟输出端	低电平有效/闹钟信号输出
81	D/B	数据输出/忙音检测	外接 10 kΩ 电阻到语音 IC

CPU 的 25～53 脚是液晶显示屏 LCD 的驱动脚，在软件控制下，本话机可以在 LCD 屏上显示电话号码、来电、去电、新来电号码显示；年、月、日、上下午、时间显示；几种不同的开机画面显示等。

VD1、5Q1、5R6、5C6 和 F117HL 的第 8 脚 POW-ON 组成电池供电电路。当电话未摘机时，机内 V_{DD} 稳压电路无电，开关二极管 VD1 导通，电池 BATT 给整机供电。免提时，F117HL 的第 8 脚 POW-ON 输出低电平，5Q1 导通，电池给话音内的免提语音放大器供电，实现免提受话功能。

（四）通话电路

通话电路包括送/受话电路、2/4 线转换电路、消侧音电路、自动音量控制电路等。主要实现送话与受话的功能，简化电路如图 1-13 所示。

（1）送话电路。由 2R2、2C4、2R3、2R4、2C5、2Q1、2R5、2Q2、2R6、2R7、2D1、2R8、2R9，驻极体话筒 MIC1、MIC2、2C2、4C2、2C1、4C1、2C7、2C3、2R1、4R1、HK1-2、4R11 共同组成了送话放大器电路。

摘机后，HK1-2 的"4"、"6"脚接通，用户对着手柄讲话的声音由话筒 MIC1 拾取变成电信号，由 2C2 耦合到 2Q1 基极，由 2Q1、2Q2 及其外围电路组成的音频放大器放大后，馈入话机外线传入对方受话电路接听。此时话筒 MIC2 因 HK1-2 的"5"脚处悬空，无法工作，没有信号输出。若没有摘机，处于免提状态，HK1-2 的"4"、"5"脚接通，MIC2 得电工作，MIC1 拾取的电信号被 2C7 短路没有信号输出，消去干扰杂音，用户对着座机讲话的声音，被机内的话筒（MIC2）拾得，电信号由 4R2、4C2 耦合到 2Q1 基极，由 2Q1、2Q2 及其外围电路组成的音频放大器将信号放大后，馈入话机外线传入对方受话电路接听。2R1、4R1 分别是驻极体话筒

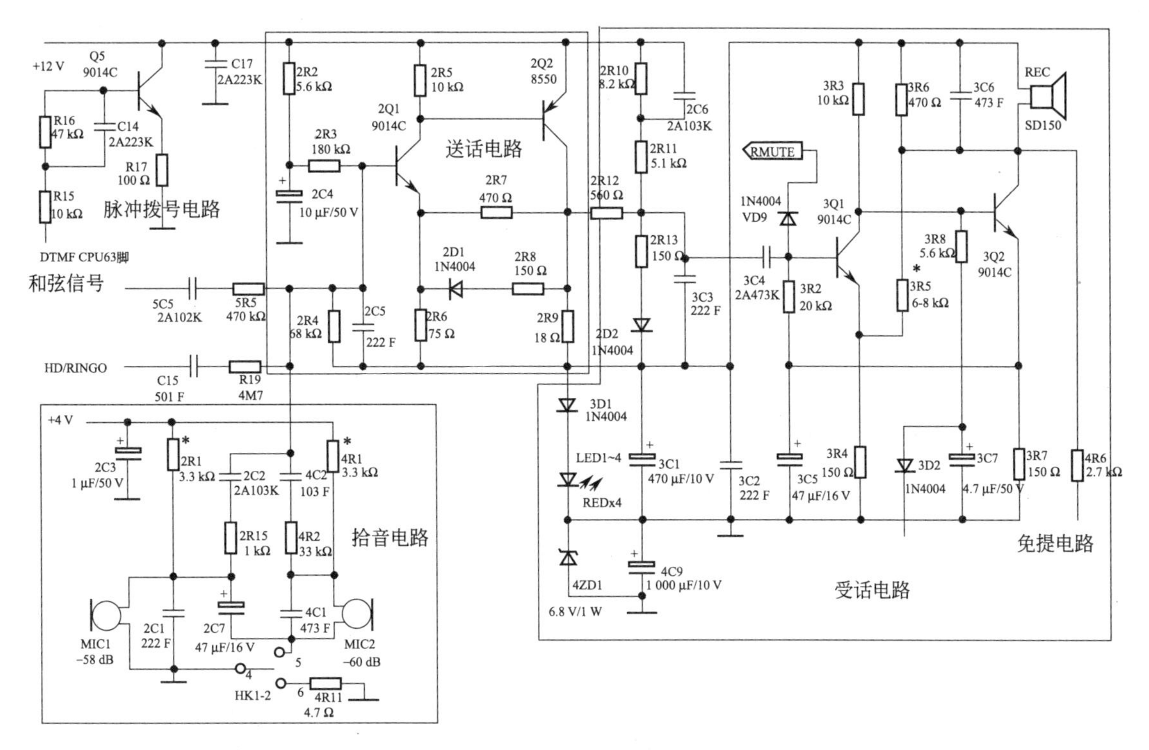

图 1-13　通话电路简化图

MIC1、MIC2 的偏置电阻，给咪头内的放大器提供电源。1C1、4C1 是咪头的高频噪声滤除电路。

(2)受话电路。由 2R10、2C6、2R11、3C4、3R2、3C5、3Q1、3R3、3R4、3Q2、3R5、3R6、3C6、3R7、喇叭 REC 和 3D1、LED、4ZD1、4C9 组成受话电路。

来自对方的话音信号由外线经 2R10、2C6、2R11 和 3C4 耦合送入 3Q1、3Q2 放大后，由 3Q2 集电极的喇叭还原成声音信号。3D1、LED、4ZD1、4C9 组成受话放大电路的电源稳定电路。

(3)免提语音放大电路。4R6、4R7、4R8、4C3、4C4、4Q1、4R5、4C6、4R3、4R4、4D1、4D2、4Q2、4Q3、4C5、4C7 组成免提音频放大电路。当话机处于免提状态时，线路送来的对方话音信号由受话放大电路放大，从座机内的喇叭 SPK 播放声音。免提语音放大电路由电池供电，电池由电子开关 D1 和 5Q1、CPU 的第 8 脚 POW-ON 端控制。

免提电路还担任放大和弦集成电路芯片 F117-V18 上 1、2 脚送出的和弦信号(双声道信号经 5C3、5C4 合成单声道送入免提放大器 4Q1 的基极)的任务。

免提电路还放大 CPU(F117HL)第 65 脚送出的“保留音/回铃音、按键音输出”信号(经 C16、R20 耦合到免提放大器 4Q1 的基极)。

4D3、4R9、4D4、4R10、4R7 和 CPU 的 5/6 脚组成免提音量自动控制电路。

免提电路的扬声器也是播放振铃的元件。

(4)极性保护电路。B1(4 只二极管桥接)组成极性保护电路，无论话机外线 T、R 的极性如何变化，都能确保整流后给拨号电路、通话电路提供固定极性的电源。

(5)2/4 线变换和消侧音电路。2/4 线变换和消侧音功能主要由 2Q2、2R12、2R9、2R10、2C6、2R11 外线和 3Q1、3Q2 及其外围元件实现。

如图 1-14 所示，A1、2Q2 构成送话放大电路，A2 是受话放大电路，V＋和 V_{SS} 是经过极性保护电路后的二端电话线，2R11、2C6、2R10、2R9、2R12 及 Z_L 构成消侧音电路。其中 Z_L 为线路交流阻抗和电话内部其他交流阻抗的并联等效总阻抗值。

该电路采用的是电桥平衡式消侧音原理，将图 1-14 改画后如图 1-15 所示，当电路参数满足 $Z_L/Z_A=2R9/2R12$ 时，送话话音信号电流不会流过受话电路，因Ⓒ、Ⓓ两点平衡等电位，由此达到消侧音的目的。其中 Z_A 为 2R11、2C6、2R10 支路的总阻抗 $Z_A=(2R11+Z_{2C6}//2R10)$。

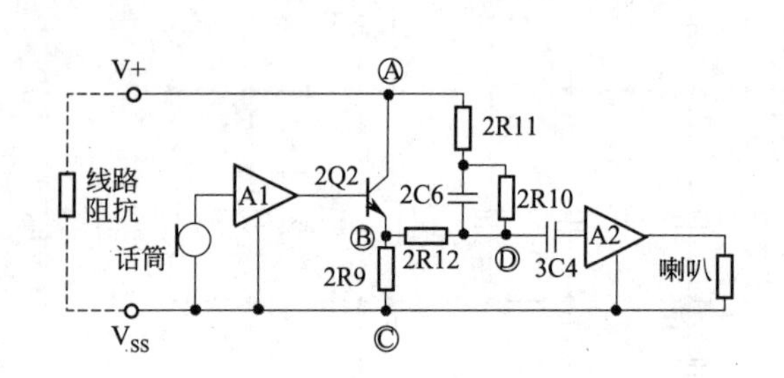

图 1-14　消侧音电路简化原理图

图 1-15　电桥平衡式消侧音交流等效电路图

由于电话线路的不确定性，其实很难做到电桥的真正平衡，完全消除侧音不可能，但消掉大部分是可能的，微弱的未消掉的侧音并不影响通话，相反还有利于提醒通话者线路“正常”，给使用者一个心理安慰。

（五）其他功能电路

此电话机除具有普通电话的功能外，还有一些附加功能，如免提功能、来电显示、号码存储、回拨、LCD 显示等。

1. 保护电路

话机入口处的 ZNR1(230 V)是压敏电阻，对线路进行过压保护。正常工作时，压敏电阻的阻值很大可以看成开路，对电路无任何影响，但当线路有异常电压(强干扰、雷击或其他情况)超过压敏电阻的标称值电压时，其阻值迅速减小，使电话线路短路，大电流迫使交换机切断供电，从而达到对话机的保护作用。R0 是限流电阻，有调压作用，与 Q2 的 c、e 及 ZD2 共同构成 12 V 稳压电源，R0 又是调压电阻。

2. F117HL 多功能电话机主要功能

F117HL 多功能电话机主要具有“130 组报号＋立体声八和弦＋声光七彩动画＋跑马灯来电显示”的功能。F117HL 多功能电话的主要功能见表 1-8。

附图 2 为多功能电子电话机附加功能电路图，本部分电路围绕 F117-V18 芯片而设计。F117-V18 是一组双声道八和弦语音报号芯片。LCD 显示屏用 1/4DUTY 全视角玻璃，可保证大屏幕宽视角清晰显示，并兼容六款动画显示；清晰的八和弦立体声音质可使精选的 32 曲音乐，悦耳动听；保持流行的灯光效果，如 3 色音乐节拍—光随乐动、3 色渐变背光，11～14 个跑马灯两种闪动方式。适合用户根据不同外型制作高档的 16 和弦电话机或立体声八和弦电话机。

F117HL 是一颗高集成的低功耗来电显示电话芯片，兼容中国、北美、欧洲各种标准如 BELL202、V23、BT、CCA、ETSI 等，广泛适用于各种制式的程控交换机及各国来电显示标准。

表 1-8 F117HL 电话机主要功能

主要功能介绍	内置 FSK/DTMF 解码器,复位电路
	3 色和弦节拍,渐变背光
	14 个跑马灯输出,两种闪动方式
	32 曲立体声八和弦,4 级数字和弦/免提音量调节
	音乐欣赏功能
	计算器及 3 组闹钟功能
	P/T、防盗开关按键切换
	来电报号、来电语音转接。遥控查询新来电(中文语音、选项可屏蔽语音功能)
	来电 50 组,去电 30 组,贵宾 50 组
	10 组 16 位双键存储
	两组全自动 IP(40 位)快速、保密、闭音拨号
	自动追拨,追通回铃
	机械锁"0"、全锁功能(110,112,119,120 开放)
	预拨号及消号、回拨功能
	LCD 界面可选:熊猫荡秋千/海鸥/弹钢琴/纪念"9.11"事件/好人一生平安/恭喜发财 6 款

3. 和弦 IC(F117-V18)管脚及功能

F117-V18 是和弦和音乐节拍灯、跑马灯控制、驱动集成电路。其管脚和功能参见表 1-9。F117-V18 的 16、17、18 脚是液晶显示屏 LCD 背光控制、驱动电路,与 6Q1、6Q2、6Q3 及外围元件组成电话的摘机背光驱动电路。

F117-V18 的 3~8 脚和 11~15 脚,分别输出 L6~L1 和 L11~L7 共 11 个跑马灯的控制信号,驱动 11 个发光二极管追逐点亮,形成跑马灯。

表 1-9 和弦 IC(F117-V18)管脚及功能

管脚号	管脚名称	功能说明	使用说明
1	SPK0	左声道和弦/语音输出端	外接 680 Ω 电阻到地
2	SPK1	右声道和弦输出端	外接 680 Ω 电阻到地
3~8	L6~L1	跑马灯输出端	低电平有效
9	NC	空	空
10	D/B	数据输入/忙信号输出端	低电平有效
11~15	L11~L7	跑马灯输出端	低电平有效(不用时可悬空)
16~18	EL3~EL1	背光输出端	低电平有效(不用时可悬空)
19	SEL	跑马灯选项(与 S2 选项配用)	高电平有效(不做跑马灯时接地)
20	VBAT	电池检测输入端	高电平有效
21	EL-TR	背光触发输入端	低电平有效
22	CLK	时钟输入端	低电平有效
23	RESET	复位输入端	低电平有效
24	V_{SS}	电源地	接电源负极
25	TEST	测试端	悬空
26	V_{DD}	电源正	接电池正极
27	OSC	RC 振荡输入端	外接 180 kΩ 电阻到地

注:衬底接地,芯片尺寸:2 540 μm×4 530 μm。

技能训练

一、基本技能训练

(1)训练电阻器、电容器的识读。

(2)训练判别二极管、三极管、极性电容等极性器件的极性。

(3)训练识别PCB图,能按照原理图找到所需部件和器件,并能找到PCB上与之对应的位置和装配孔或焊点。

二、电路板焊接技能训练

本次任务的元器件主要依靠手工插装、手工焊接方式,在完成任务之前及完成任务的过程中主要对学员进行以下基本焊接技能训练。

1. 插接器件

插接元器件时,注意元件的针脚应尽量垂直于电路板,不要东倒西歪。这样既影响美观,又容易导致元件短路。过长的元件引脚会影响电路强度、增加电路的分布参数和影响电路的稳定性。

2. 电烙铁的使用

使用电烙铁时,焊锡丝与电路板、电烙铁与电路板的夹角最好成45°,这样焊锡与电烙铁夹角成90°,如图1-16所示。

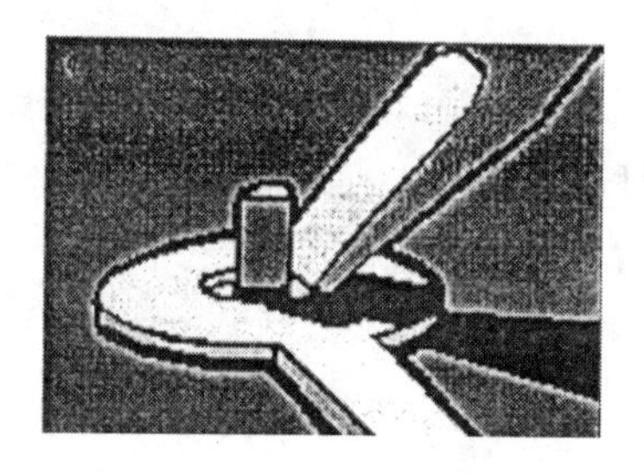
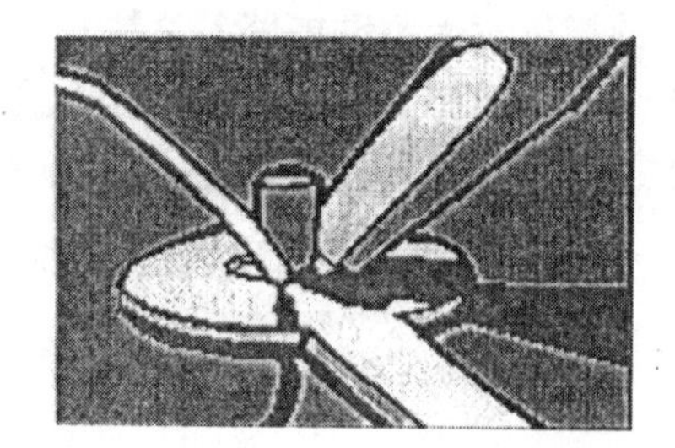

图1-16　手工锡焊焊接的正常操作图

3. 焊接

烙铁应同时加热焊接处PCB板的铜箔和元件引脚,焊锡丝不能直接接触烙铁头,只能从烙铁的对面,点触已加热的铜箔或原件引脚将焊锡丝熔化,这样焊接的质量有保障。焊接时,特别注意把握好焊锡用量和电烙铁的加热时间。焊锡用量不能太多、加热时间不要太长,以免焊锡过多反而造成漏锡或与旁边的器件搭接,过长的焊接时间容易使焊锡氧化,造成虚焊、假焊;焊锡用量不能太少、加热时间也不要过短,焊锡太少易造成焊接点强度不够;加热时间太短,焊锡熔得不透,焊接处的金属温度不够等,非常容易使焊点形成虚焊,如图1-16所示。

4. 焊完后

焊完后,焊点呈圆滑的圆锥状,且有金属光泽。把器件针脚多余长度剪掉,不要伸出电路板太长。过长的针脚容易接触到其他器件,造成短路,而且影响焊盘的稳固,如图1-17所示。

5. 电路器件的焊接原则

较复杂电路应遵循由"由矮到高,先小后大"的焊接原则。不必插上一个器件就焊接一个,也不必将所有的元件都插上才焊接,可以根据情况选择先插接器件的数量,采取边插、边焊、边剪脚的方法。

图 1-17　合格锡焊焊点

三、万用表使用技能训练

为了确保插装到 PCB 板上的元器件是完好的，像电阻、二极管、三极管、电容、开关、接插元器件，插装前都应该用万用表检测以保证其完好。组装完后还需要使用万用表测试电路的静态工作点。

四、电话机装配步骤详细图解

根据话机的原理图、元器件清单及装配图，先在 PCB 上插装、焊接元件，还是以 JC 638 简单电子电话机的安装为例，具体的操作步骤如下：

图 1-18　话机手柄主电路板组装

1. 手柄主板装接（如图 1-18 所示）

（1）装电阻；（2）装电容（装电解电容、装瓷片电容）；（3）装三极管；（4）装晶振。

2. 底座盒里主电路板装接（如图 1-19 所示）

（1）装电阻；（2）装二极管；（3）装电解电容；（4）装涤纶电容；（5）装开关。

3. 手柄组件的组装（如图 1-20、图 1-21 和图 1-22 所示）

（1）找到话筒 MIC、消音棉和导线；（2）焊接好 MIC 并装在受音孔里，注意驻极体话筒有正负极;(3)装喇叭的消音棉;(4)装排线;(5)装按钮;(6)主板和按键板连接;(7)装上按键导电胶后,固定按钮板;(8)喇叭也焊接到相应位置上;(9)打热熔胶固定;(10)装上手柄后盖、螺丝,贴上标签。

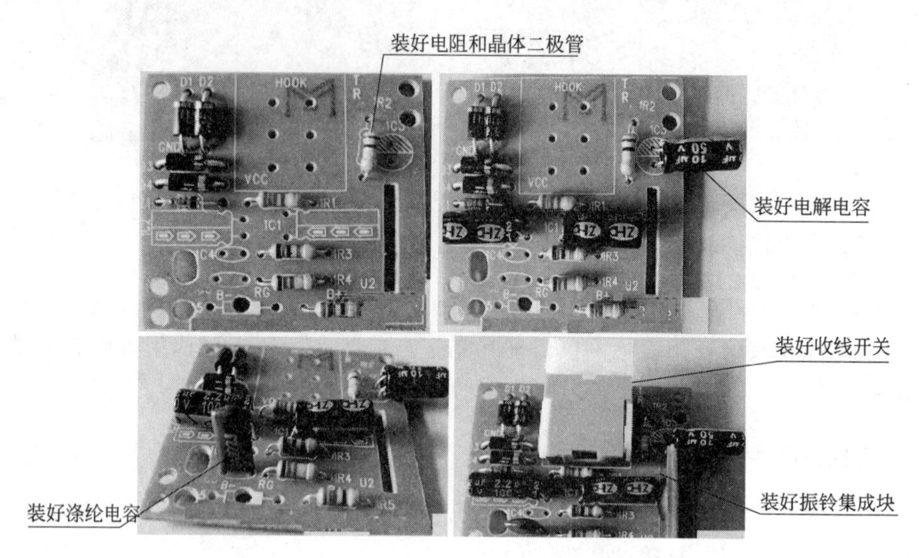

图 1-19 话机底座内主电路组装

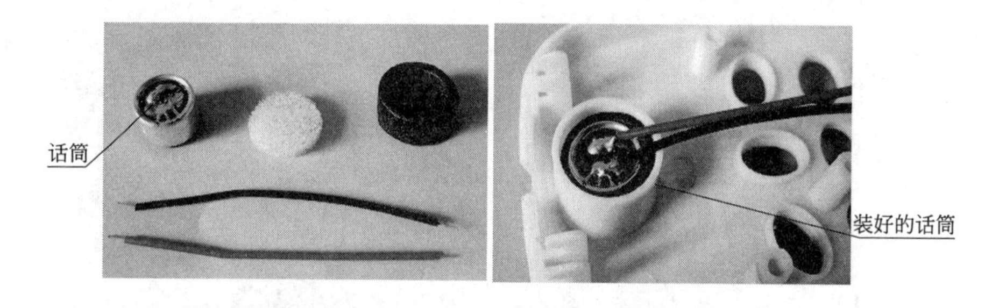

图 1-20 话机手柄话筒组装

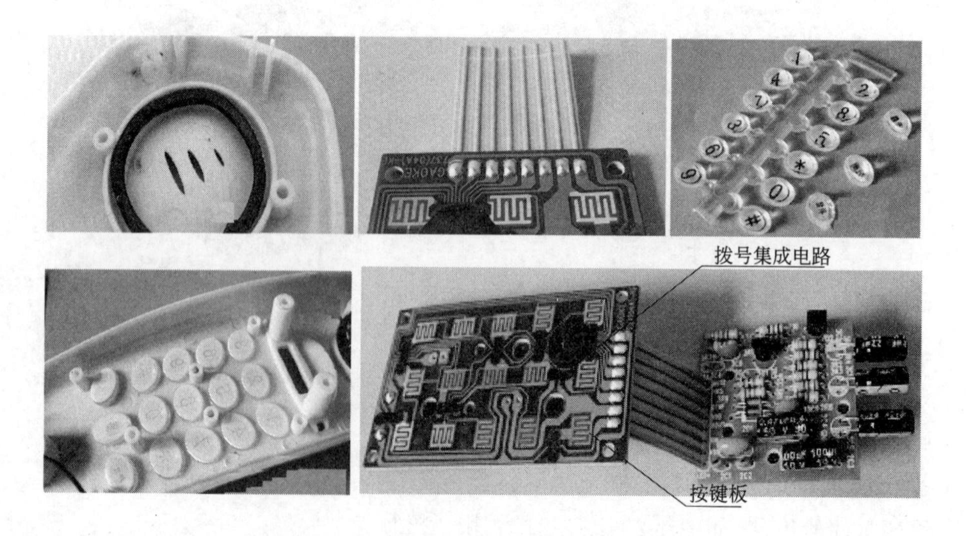

图 1-21 话机手柄拨号电路板和按键的组装

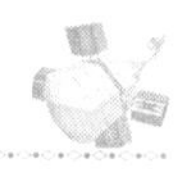

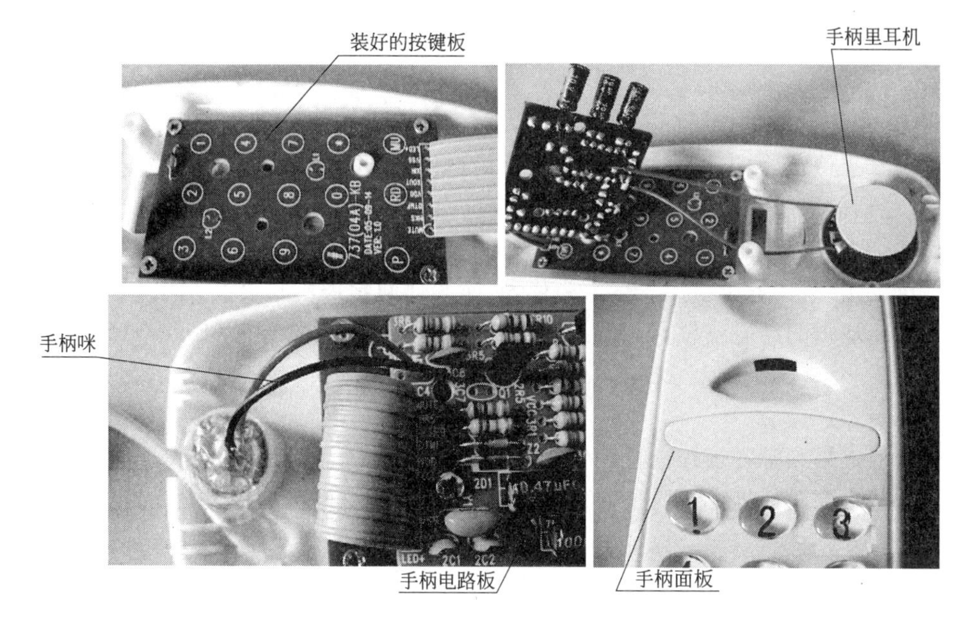

图 1-22　话机手柄附件组装

4. 底座主板及附件组装(如图 1-23 所示)

(1)焊接好压电陶瓷片(电话响铃用的喇叭)、外线插座和手柄线;(2)用螺丝固定主板;(3)装上塑料按键,注意不要使劲,因为其比较脆;(4)装上底座螺丝和防滑棉;(5)贴上进网许可标签;(6)组装完成。

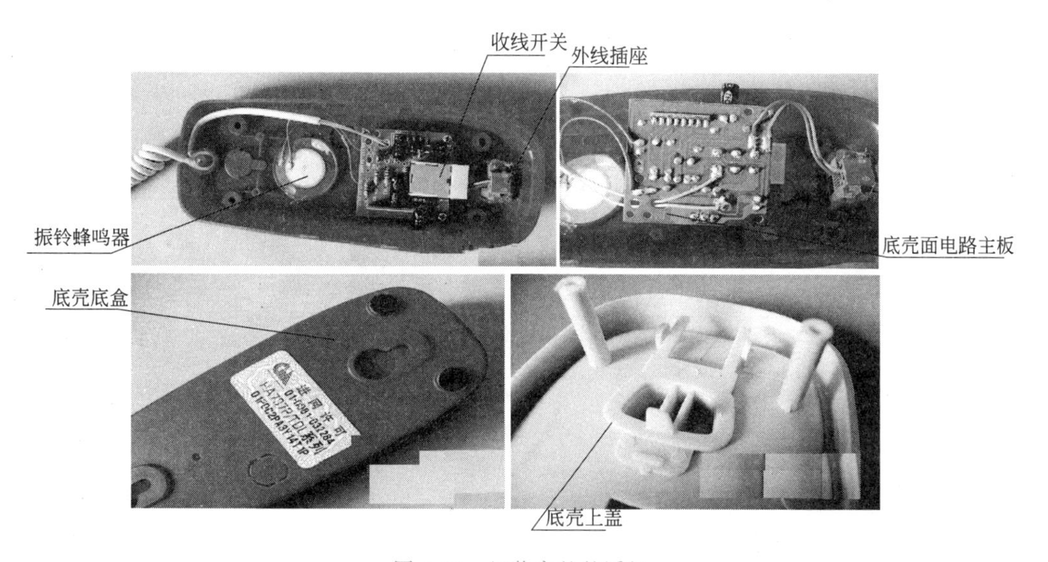

图 1-23　组装完整的话机

任务完成

本任务可以单人也可以小组合作形式组织完成。

选取 3 人为一组。其中 1 人为组长,负责制定话机组装的方案;其余 2 人分别完成元器件、原材料的准备、整理仪器、焊接电路板、记录测试结果和对数据进行分析,并做拨号、振铃、通话的验证。

评　价

1. 小组讨论

由小组长主持，讨论电话机的工作原理；讨论焊接、组装、调试的成功、不完善或需要改进的地方；做电话的组装总结报告；做本小组作品的自评。

2. 作品展示

在教师的组织下，各小组派一个人为代表，向其他同学展示自己小组组装的话机作品，交流组装中小组取得的经验或教训。请其他学员对话机外观、内部安装、作品功能和性能进行查验做出评价。

3. 评价

由教师对成果和学习过程进行评估。

成果评价主要对话机组装质量评价，主要是验证组装好的电话机是否功能齐全，各项指标是否达标。

过程评价主要评价学员在项目组装过程中的学习投入情况、学习态度和小组分工与协作。

成果评价见表 1-10。

表 1-10　普通座机电话组装成果评价表

评　价　内　容	学员自我评价	培训教师评价	小组或其他评价
话机键盘操作是否灵敏			
是否能实现拨号			
是否能够振铃			
通话质量			
各个元器件管脚电压参数是否在给定参考值范围内			
整机外观是否美观、整洁			
组装经验总结的质量			
合　　计			

能力评价见表 1-11。

表 1-11　普通座机电话组装能力评价表

<table>
<tr><th colspan="2">评　价　内　容</th><th>学员自我评价</th><th>培训教师评价</th><th>小组或其他评价</th></tr>
<tr><td rowspan="3">知　　识</td><td>拨号电路工作原理</td><td></td><td></td><td></td></tr>
<tr><td>振铃电路工作原理</td><td></td><td></td><td></td></tr>
<tr><td>通话电路工作原理</td><td></td><td></td><td></td></tr>
<tr><td rowspan="3">专业能力</td><td>能否正确识别元器件：二极管、电容、三极管及其极性</td><td></td><td></td><td></td></tr>
<tr><td>基本的焊接技术，焊点质量与美观</td><td></td><td></td><td></td></tr>
<tr><td>能否根据电路图查找元器件进行焊接</td><td></td><td></td><td></td></tr>
<tr><td rowspan="5">通用能力</td><td>组织能力</td><td></td><td></td><td></td></tr>
<tr><td>沟通能力</td><td></td><td></td><td></td></tr>
<tr><td>解决问题能力</td><td></td><td></td><td></td></tr>
<tr><td>自我管理能力</td><td></td><td></td><td></td></tr>
<tr><td>创新能力</td><td></td><td></td><td></td></tr>
</table>

续上表

评　价　内　容		学员自我评价	培训教师评价	小组或其他评价
态　　度	是否注意保持工作面的整洁有序			
	使用电烙铁时是否遵守安全规则			
	是否爱惜仪器工具			
	是否耐心、细致			
合　　计				

教学策略讨论

话机组装是一个综合性较强的培训任务。为了让学员提升对该技能的兴趣，更容易入手操作，提升行业的专业素养，真正做到发现问题、分析问题、解决问题，建议采取以下教学方式和方法：

(1)教师现场讲解、操作示范、现场及时发现并解决出现的问题。在最后的讲评环节，通过边总结、边纠正，把电话通信的理论与实践有机地结合起来，有利于受训学员对理论知识的理解与掌握。

(2)采用小组讨论的教学方式，让学员们发表自己的看法和见解，有利于创新思维的培养。

请读者根据本任务教学活动的实施情况，着重讨论以下问题：

(1)如何将本任务涉及的电路原理知识的讲解和学习有机地结合到课程教学活动过程中？

(2)本任务中需要着重训练的技能有哪些？训练方式如何？怎样检查训练成效？

(3)在评价环节中让学生当众展示自己作品的教学方法有哪些优点？在点评中应注意的要点是什么？

最后请将讨论记录如下：

(1)讨论记录：

(2)讨论记录：

(3)讨论记录：

(4)讨论心得记录：

任务2　普通座机电话故障检修

电话机用户数量巨大，而且家用电话机使用年限较长，出现故障的原因多种多样，如：电话机电路板受潮、摔伤摔坏、线路脱落元器件老化或烧坏、电话机电路板灰尘太多接触不良等。

由于座机电话的电路功能及电路图相对比较固定，维修起来也相对较为简单，在此以电话机不能拨号为例来对座机电话故障的维修思路、故障分析和维修步骤加以讨论。

任务描述

普通座机电话用户的电话摘机后电话不通、耳机听不到拨号音，需要对其电话机进行检测，判断故障并进行维修。

任务分析

普通座机电话电路功能基本统一，均由振铃电路、拨号电路、通话电路组成。电话机的功能较简单、故障单一，座机电话外形及其内部电路板如图1-24所示。通过大量的维修实践，固定电话常常遇到的故障主要有以下几种。

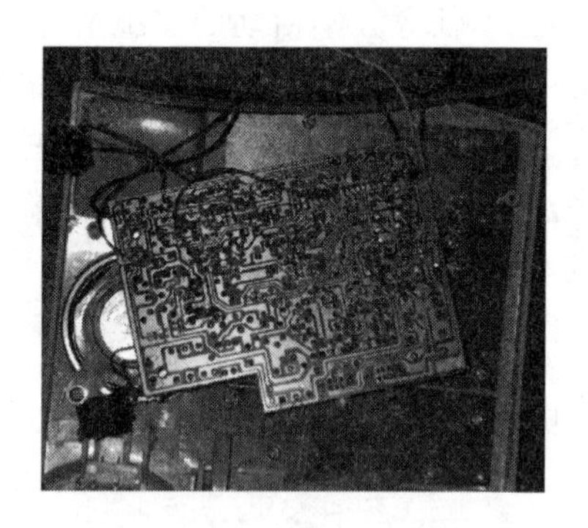

图1-24　座机电话外形及其内部电路板

1. 通话时，电话机的听筒里出现不规则的杂音

检修分析：首先应该核实话机听筒里出现的杂音是来自对方话机还是本座机。若偶尔在接听电话时有杂音出现，则来自对方话机的可能性最大；如果每次接听电话时听筒里均有杂音，则说明话机自身及线路存在故障。若确定杂音来自话机自身，应检查听筒与话机连接插头处是否有松动、污物、接触不良现象，话机与电话接线盒处固定螺钉是否松动等。同时，若话机手柄内的送话器与连接线接触不良，产生虚焊也会造成通话时的杂音，可旋下手柄盖固定螺钉，仔细检查连线各焊点，确保接触良好。

若是线路故障，先查室内电话线的接线盒及是否有其他如电吹风、微波炉、日光灯等产生强电磁干扰的干扰源太靠近话机。接线盒内接线头松动、接头脏污等都极易受室内电磁干扰信号的影响而在电话听筒中产生杂音。使用中应将强的干扰源远离电话机。

若是室外线路故障，最好通知电信部门相关人员对线路接线进行维修并排除故障。

2. 在接听电话时，对方讲话的声音很轻

检修分析：首先应检查话机音量开关是否置于最小处，若音量开关已处最大，而对方的声

音仍很轻，则应检查受话器是否有故障。此时可将受话器从手柄内拆下，将万用表置于 $R\times1$ 挡，用表笔触碰受话器两端点，受话器应发出很清脆的“喀喀”响声，声音越大其性能越好，反之则说明其性能很差。如果以上检测时受话器声响很弱，应更换此受话器；如果受话器正常，则应检查话机电路中信号放大及功率输出等电路部分。

3. 在拨号时，某个号码键不能拨号

检修分析：这类故障大多是拨号键与机内印制板上的触点之间产生污物或导电橡胶失去导电功能所致。检修方法：先拆开话机后盖并取下整块导电橡胶块，然后用沾有清水的棉球仔细清洗每一个按键触点，并同时清洗印制板上的各触点，晾干后，装回话机。经此处理后，一般均能排除拨号键失灵的故障。

电话机在使用过程中，拨号电路容易出现故障。拨号电路故障现象比较明显，也容易区分，可按故障现象定位，快速查找原件，找出故障，原理简化框图如图 1-25 所示。

4. 话机摘机后电话不通、耳机听不到拨号音

话机摘机后电话不通、耳机听不到拨号音故障原因是由于线路环路中无电流通过，通话电路不工作所致。

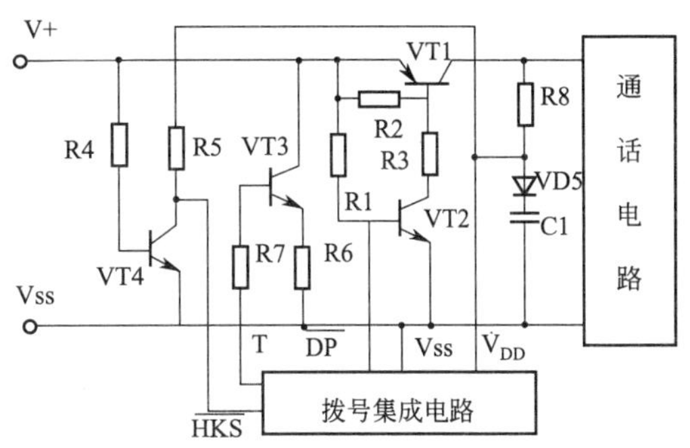

图 1-25 电话机拨号电路图

如图 1-25 所示，VT1、VT2 及其周边元件组成电子开关电路，当三极管 VT1 截止或开路，环路中电流近似为零时，通话电路不工作，就会产生话机摘机后电话不通、耳机听不到拨号音等故障。只要找出三级管 VT1 截止或开路的原因就可以很快排除故障了。

造成三级管 VT1 截止或开路的原因有：

(1)电阻 R1 和 R2 虚焊或断裂，使三级管 VT1 和 VT2 失去偏流而截止。

(2)电阻 R3 虚焊或断裂，使 VT1 截止。

(3)三极管 VT2 的引脚有虚焊或 VT2 开路。

(4)拨号集成电路坏，$\overline{DP}$脚输出为低电平，使三极管 VT2 失去偏流而引起三极管 VT1 和三极管 VT2 截止。三极管 VT1 的引脚有虚焊或开路，通话电路主回路开路，三极管 VT1 不工作。

(5)和这几个元器件相连的电路板上的印制线路板的铜箔有断裂。

根据以上分析，逐一对照电话机的相应电路，查找出电话机的故障点，然后给予解决。通过分析、检测与维修可以排除故障。如某座机经查证，确定话机的故障是三极管 VT1 损坏了，更换同型号的 VT1 即能解决问题。

由于三极管 VT1 和 VT2 一般在开始工作时要承受来自交换机的馈电，特别在拨号时，VT2 接受拨号集成块$\overline{DP}$信号的控制，VT1、VT2 按一定的时序通/断，实现脉冲拨号。由于交换机通过一个大电感给电话机供电，在回路脉冲拨号的通断瞬间，线圈产生的自感电动势叠加在交换机的供电电源上，会产生 100 V 以上的瞬时高压，极易击穿损坏，应重点检查。维修中更换的 VT1、VT2 反向击穿电压必须大于 160 V。

在维修服务中，为了及时了解故障机的状况，维修前应向机主询问是否到别处维修过电话机，电话机是否被摔过等，了解这些情况有助于故障的检测、判断和处理。比如，在别处维修

过，未修好，说明话机原先的故障依旧，很有可能还会因维修人员的操作不当引起新的故障，也就是说，话机可能有多处故障。若话机是因为跌落、摔打原因送修，故障原因很有可能是电路因强烈的机械冲击造成接插件、连接件松动、松脱、电路板断裂等。这些部位往往应是检查的重点。

电器维修是一门综合、复杂的技术，要求维修人员具有扎实、过硬的专业知识，敏锐的观察力，清晰的思维，综合分析判断力，此外还含有许多隐性的知识，如服务意识、职业道德等。培养高水平的维修服务技术人员是一个系统工程，需要时间和教师的精湛技艺，并具有足够耐心，言传身教、潜移默化。

处理此类故障的一般流程如图 1-26 所示。

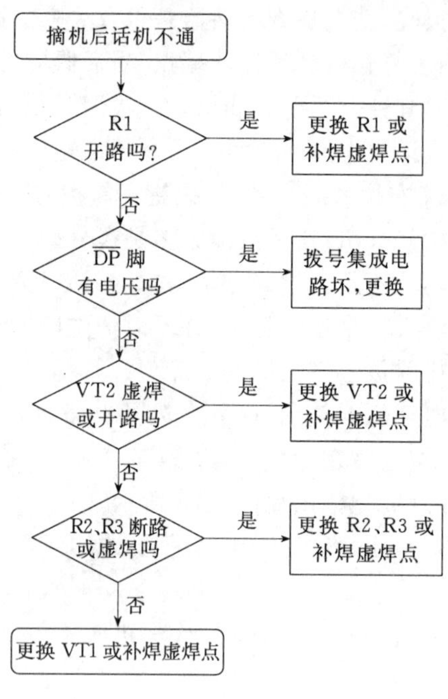

图 1-26　故障处理的一般流程

相关知识

一、电话机的发展及类型

随着科学技术的快速发展，电话通信作为信息交流最便捷的工具已走进了千家万户，成为人们日常工作与生活的亲密伴侣。近年来，随着通信技术的飞速发展，各种新样式、新功能的电话机不断涌现，图 1-27 是目前我国普遍使用过和使用中的电话机类型。

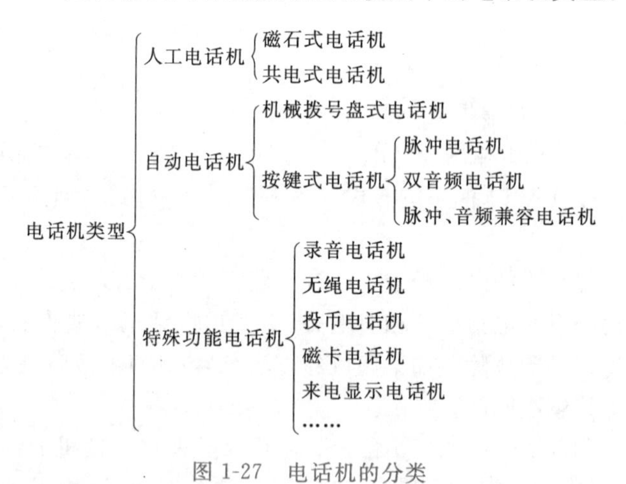

图 1-27　电话机的分类

（一）磁石电话机和共电式电话机

磁石电话机是一种比较古老的人工式电话机，属第一代电话机，如图 1-28 所示，自 1876 年 3 月苏格兰人贝尔发明至今已使用了 100 多年。老式电话机电路简单，通话效率低，音量小，杂音大，其通话、信号发送和信号接收三部分功能的转换是由电话机中叉簧和手摇发电机上自动簧片组的动作来完成的。

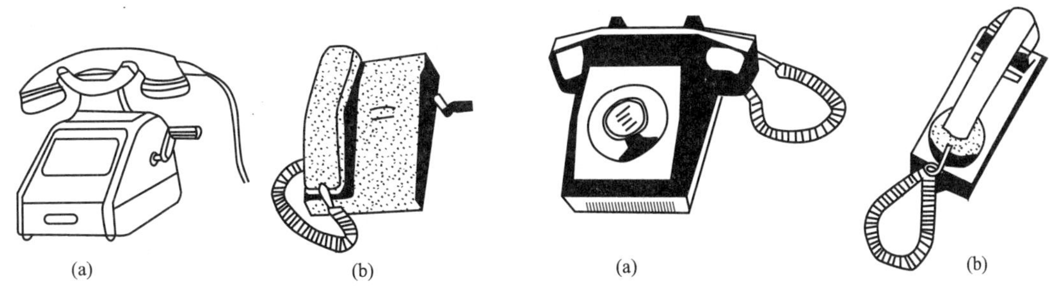

图 1-28　磁石电话机的外形

图 1-29　供电式电话机的外形

共电式电话机也是人工式电话，也属于电话机的第一代产品，如图 1-29 所示。它与磁石式电话机的主要区别是：没有电话机内部的自带电池和手摇发电机，通话时所需要的电源由电话交换机集中统一供给，因此共电式电话机也由此而得名。

这两种电话机现已是古董级的电器，大多是收藏品，只有极少数经济落后地区仍有使用，正在随着电话科技的发展而逐渐被淘汰。

（二）拨号盘电话机

拨号盘电话机属自动电话，是电话机的第二代产品，如图 1-30 所示。它同样由三部分组成，通话部分包括送话器、受话器和电感线圈；信号接收部分是交流振铃；信号发送部分由一个机械式旋转拨号盘来完成。拨号盘电话机已使用了几十年，由于拨号动作多，比较麻烦且机械号盘控制的脉冲参数易发生变化，脉冲接点也容易烧坏，需要经常维修和调整，因此正逐渐被按键式电话机所取代。

（三）按键式电话机

按键式电话机是从 20 世纪 80 年代开始逐渐普及的，如图 1-31 所示，其是现代电子通信技术发展的成果之一，目前我国生产的电话机有 95％以上都是按键式电话机。按键式电话机有很多种，其中比较有代表性的是全电子化的按键式电话机。它的三个基本部分，即通话、振铃和拨号，都由高性能的电子部件所组成。拨号部分由按键键盘、拨号集成电路和其他电子元器件组成；通话部分采用高性能的电—声、声—电转换器件作为受话器和送话器，并配上送、受话放大器（或专用通话集成电路）完成通话功能；振铃部分由音调振铃集成电路和压电陶瓷振铃器组成。

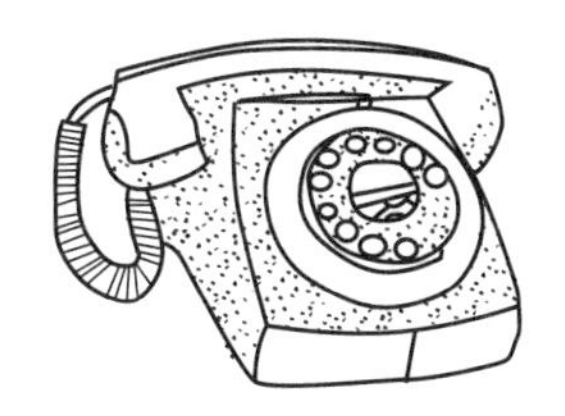

图 1-30　拨号盘式电话机的外形

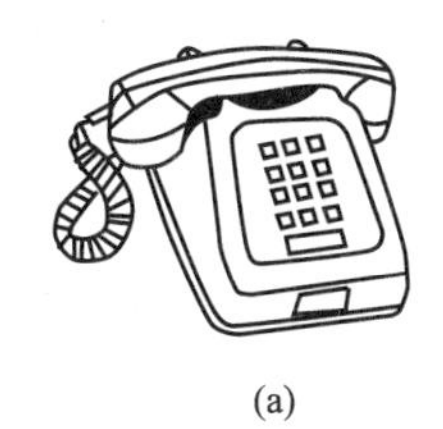

(a)

(b)

(c)

图 1-31　按键式电话机的外形

按键电话机在工作性能上有以下优点：第一，其脉冲拨号参数完全由电子部件保证，性能非常稳定且按键操作简单。第二，脉冲、音频兼容可任意选用。特别是使用音频功能时，不仅能提高接通率，而且能够快速准确地与用户互传信息。第三，话音失真度小，发送、接收系统的灵敏度和音量可按使用要求进行调整。为了适应电话线路长短的不同对话音信号衰减的变化，电话机中加入了自动音量调节器，使长、短线路通话音量均柔和适中。第四，振铃声音为双

音调方式，声音悦耳，可以方便地调节音量和音调。

按键电话机还增加了许多附属功能，如：脉冲与音频兼容拨号功能，号码存储和缩位拨号功能，暂停功能，号码重发功能，销号功能，受话增音功能，铃声关闭功能（又称免打扰功能）等。

（四）免提电话机

电话机实现免提的基本方式有两种，一种是所谓直接放大式，即在送话和受话电路中直接加上放大器。这样的电话机为了避免发生振鸣，把发送灵敏度降得较低，所以往往对方觉得音量较小，在用户线路较短时尚可使用，但总的来讲效果较差。

较新式的免提电话机采用了所谓“半双工”工作方式，即在有受话信号时，电话机处于受话工作状态。此时受话放大器放大量最大，而送话放大器放大量降至最低，而发话时则相反。采用这种方式的免提电话机可较好地解决音量和振鸣之间的矛盾。

为了便于安装和使用，一般免提电话机不用外接电源，只利用电话线路提供的电流。所以当用户线路较长时，馈电电流较小，通话效果会逐渐变差，有些免提电话机内部装有高能电池，可以克服这一缺点。另外，免提电话机一般均带有手柄，也可用手柄通话。

（五）投币电话机和磁卡电话机

投币电话机和磁卡电话机是专用于公共场所的电话机，其功能除完成接通电话外，主要解决打电话的收费问题。安装在公共场所的电话机由于用户是流动的，无法按月收费，必须每打一次电话就收取一定费用，也就是即时收费方式。

投币电话机中具有的控制功能包括对投入硬币的检测和判别，检测合格后接通电话机电路，允许拨打电话。根据硬币面额对通话时间进行限制，到时告警和自动拆线，收取硬币。功能较强的投币电话机还能显示硬币面额和通话计费的情况。有些投币电话机还可以做到不同的电话业务（如需拨打市内、郊区、县、乡、镇电话）按不同的费率计费或免收费用。

磁卡电话机也是一种即时收费电话机。但它不使用现钞，而是接受一种实质是预付电话费方式购买的带有磁性材料的卡片——磁卡。

使用磁卡电话机，必须先将磁卡插入电话机上相应的入口中，经电话机判别真伪和是否有效后才能开启电话功能。磁卡电话机一般均具有液晶显示窗，用来提示操作，显示磁卡上金额、所拨电话号码、通话费用、通话时间和通话过程中话费计取情况。通话完毕后挂机，载有剩余金额信息的磁卡退出，以备下次再用。磁卡电话机的计费起始时间及对收费信号的需求，与投币电话机基本相同。

目前，我国大中城市、宾馆、商店、公共场所和大、中专院校普遍设有磁卡电话机。磁卡由国家邮政部门统一印制，全国发行并通用。

（六）无绳电话机

无绳电话机由主机（座机）和副机（手机）组成。主机通过用户线与交换机相联接，副机通过无线电与主机相通。由于主机与手机之间不像普通电话机那样二者之间有线绳相联，所以副机远离主机也可使用。

无绳电话机的副机内装有与主机相同的送、受话器和按键盘，使用者可以像使用普通电话一样呼叫所需用户。此外副机内还装有蜂鸣器，可以随时接收通过主机传送来的呼叫信号，与主叫用户通话，所以使用无绳电话机可以在远离主机的地方随意打电话或接听电话，是一种十分方便的电话通信工具。

功能较强的无绳电话机除具有无线手机外，在座机上还配备有一套通话装置（免提或带线绳手柄）和拨号盘，当手机拿走后，主机本身还可以像普通电话机一样使用。无绳电话机的座机和手机之间也可进行内部联系。

无绳电话机的主机和副机之间采用了无线双工工作方式，也就是说主机和副机可以同时进行收发信号。所以每台无绳电话机占用了两个无线电频率分别作为座机和手机的发信信道。我国规定座机发射频段为 48.000～48.350 MHz 和 1.665～1.740 MHz，手机发射频段为 74.000～74.350 MHz 和 48.375～48.475 MHz，两个频段共分为 20 个信道，每台无绳电话机各使用一个信道。由于信道较少，所以无绳电话机使用密度较大时会互相干扰，为加强抗干扰程度，无绳电话机的手机和座机发射功率不准太大，我国规定座机发射功率小于或等于 50 mW，手机发射功率小于或等于 20 mW。因此，主副机的通信距离不能太远，在空旷地区一般为 300～500 m。若在建筑物内，因墙壁等障碍物的阻挡，通话距离还要短。所以无绳电话机一般又称为室内移动电话机。

（七）录音电话机

录音电话机可分为三种，即留言电话机、电话录音机和自动应答录音电话机。

留言电话机，即主人预先把需通知对方的话录制下来，当有电话来时，振铃数次后可自动应答，把留言发送出去。一般这种留言电话比较短暂，主要是向对方通知被叫人不在或请对方打其他电话号码找被叫人。早期留言电话机采用盒式录音带，目前已推出采用集成电路存储话音的产品，放音时间长短与抽样速度和集成电路存储容量有直接关系。“留言”电话机实际上是在普通电话机上加一个自动应答装置，所以又称自动应答电话机。

电话录音机是电话机和磁带录音机的组合，使用时由人工操作录下对方讲话内容，当需要重放时按下放音键，“录音内容”可由磁带保存下来作为“档案资料”备查。电话录音机在公安、铁路和调度指挥方面应用较多。

自动应答录音电话机是自动应答和自动录音相结合的电话机。当有电话呼叫时，若主人不在，电话机可自动启动，把磁带或储存器中的留言告诉对方，然后启动磁带录音装置，记录对方留言。录音结束方式有两种，一种是定时（如 3 min）结束，一种是自动识别对方停止讲话数秒后停止录音并自动挂机，主人回来后可用放音键收听对方留言。

随着通信技术的不断进步，录音电话机使用功能越来越复杂，新的服务项目越来越多，较高档的录音电话机已有用话音提示操作过程的能力。

（八）IC 卡电话

IC 卡电话是继磁卡电话和有人值守公用电话后的另一种面向公众提供的公用电话服务。我国的 IC 卡电话在 21 世纪初期兴起，但随着移动通信技术的高速发展与通信成本的降低，IC 卡电话在随后的十年中逐渐没落并消失在大众的视野中。如今只能在各地电信营业厅、学校、机场、火车站等特殊的地段看到 IC 卡电话，虽然北京、上海等大城市还有一定的装机量，但往日大街小巷处处都有 IC 卡电话的时代已一去不复返。

IC 卡电话的设计初衷是为了满足大众的通信需求，只要有一张 IC 卡就可以很容易在任何有 IC 话机的地方拨打本地和外地电话。但近年来移动通信技术高速发展，手机高度普及，手机资费低廉，很多人都有了属于自己的移动电话，往日巨大的通信需求量有了新的出口，直接导致了无人问津这些 IC 卡电话。同时 IC 电话成本高、需要电信部门定期维护与派修、公共卫生条件差、经常遭遇人为破坏等劣势，也使得电信运营商与用户都不愿意继续维

护和使用IC卡电话。甚至在有些时候，一条大街上的数十个IC卡电话没有一个是可以正常使用的。

IC卡电话同磁卡电话一样，提供特殊号码免费拨叫服务，也提供卡类业务接入服务：IC卡电话可以免费拨打匪警110、火警119、急救中心120、交通故障122、市话障碍112等公益性特殊号码，也可以免费拨打200电话卡、201校园卡、17908IP电话卡、17960联通橙卡等卡类业务接入码，同时还可免费拨打800免费电话、400企业服务电话等专用号码。IC卡电话的资费标准以各地运营商的定价为准。

IC卡是集成电路卡(Integrated Circuit Card)的简称，有些国家和地区称之为微芯片卡、微电路卡、灵巧卡或智能卡。它是在PVC材料内部嵌有一片或若干片集成电路芯片，芯片一般是不易挥发性存储器、逻辑电路、甚至于CPU(中央处理单元)。不论哪种IC卡，都是通过它们来存储、读取和修改信息的。

根据IC卡是否与读卡器接触，IC卡可分为接触卡和非接触卡。接触卡需要插入读卡器，直接与读卡器的电子线路接触，进行读取信息、写信息和存储信息等操作，它的应用非常广泛，如手机卡、公用电话卡、银行卡等。非接触IC卡离读卡器一定距离就能完成读卡，这是因为它的卡内嵌有一组特别的感应线圈，它是通过无线电波来与读卡器之间完成读写操作的，二者之间的通信频率为13.56 MHz，此时读卡器对IC卡进行读写操作的过程是：在这种卡片靠近读卡器时，读卡器内发出的特别的射频载波(包含控制信号)在IC卡片的感应线圈周围形成一个具有一定强度的交变磁场，正是通过这个交变磁场使得卡片中的感应线圈产生电动势，并利用这个电动势作为卡片电路的驱动电源，指挥芯片完成数据的读取、修改、储存等，然后通过无线电波返回信号给读写器。它避免了IC卡必须与读卡器接触的烦琐，广泛应用于需要频繁读卡的场所，如公交车非接触IC卡等。

磁卡是在PVC材料表面附加上磁条，它的基本工作原理与磁带一样，是利用磁化来改变磁条磁性的强弱，从而记录和修改信息的。读卡时，当磁卡以一定的速度通过装有线圈的工作磁头时，线圈会切割磁卡的外部磁感线，在线圈中产生感应电流，从而传输了被记录的信号。它的应用也非常广泛，如银行卡、电话卡(已被淘汰)等。

磁卡制作容易，成本低，一度时期曾受到人们欢迎，但它因为容易受到外界强磁场、震动等的影响而丢失信息，且记录信息的容量较少，保密性差，功能单一等弱点，而逐渐被IC卡所取代。IC卡虽然制作过程复杂，成本相对较高，但它具有记录信息量大、功能多(如计算等)，保密性好，容易保管等优点，正越来越受到人们的青睐。

由以上可见，IC卡与磁卡不论从结构、工作原理，还是各自特点，都有本质的不同，所以打电话的IC卡是利用电子线路来工作的，它没有应用磁性材料。

(九)IP卡电话

IP是英文Internet Protocol的缩写，其中文名为“网络协议”。IP电话是IP网上可通过TCP/IP协议实现的一种电话应用。这种应用包括PC对PC连接、PC对话机连接、话机对话机连接，还包括Internet或Intranet上的语音业务、传真业务(实时和存储/转发)、Web上实现的IVR(交互式语音应答)、经由Web的统一消息转发(Unified Messaging)等。

中国电信IP电话业务(电话卡方式)是利用IP技术向社会提供的记账式电话卡业务。用户通过任一双音频话机(不包括磁卡电话和IC卡电话)，以密码记账方式拨打国内和国际电话(注：不含海事卫星电话)。它可以向用户提供比较经济的电话服务。

IP电话卡的使用方法:(1)摘机,听到拨号音后拨接入码17900。(2)根据话音提示,选择语言(①为普通话,②为英语)。(3)拨卡号(在卡的背面已标明),以#号结束。(4)拨密码,密码长度为4位。(5)根据语音提示拨要打的电话号码,以#号结束。(6)用户熟悉操作方法之后,可在未听完提示音前输入规定的数码,切断提示音,继续往下操作。通话结束后,系统将自动在卡的账号上扣减(或记录)通话费。

IP电话卡分为记账卡(A类)、预付卡(B类)、储金卡(C类)三种。目前实验开放的是储金卡。用户购卡时按卡上面值付费(如30元、50元、100元、200元、300元等),并在规定时间内(印在卡的背面)使用。每打一次电话,话费将自动扣减,扣完为止。对于储金卡不提供挂失和清单查询服务。

(十)网络电话

网络电话又称为VOIP(即Voice Over Internet Protocol)电话,是通过互联网直接拨打对方的固定电话和手机,包括国内长途和国际长途,而且资费比用传统电话拨打便宜。宏观上讲可以分为软件电话和硬件电话。软件电话就是在电脑上下载软件,然后购买网络电话卡,通过耳麦实现和对方(固话或手机)进行通话;硬件电话比较适合公司、话吧等使用,首先要一个语音网关,网关一边接到路由器上,另一边接到普通的话机上,然后 普通话机即可直接通过网络自由呼出了。

网络电话是一种以IP电话为主,并推出相应的增值业务的技术,也就是将原为模拟的声音信号以“数据封包”的形式在IP数据网络上做实时传递。网络电话利用电话网关服务器之类的设备将电话语音数字化,将数据压缩后打包成数据包,通过IP网络传输到目的地;目的地收到这一串数据包后,将数据重组,解压缩后再还原成声音。这样,网络两端的人就可以听到对方的声音。

随着因特网的发展和普及,VOIP技术日趋成熟,网络电话将越来越深入人们的日常生活。其目前的语音质量已达到甚至在某些方面已超过传统语音电话的效果,而耗费的资源却大幅度减少了。

二、电话机常用电路元器件的检测

电话机中常见的元件包含电阻、电容、整流二极管、稳压二极管、发光二极管、三极管(小功率、中功率)、专用集成电路(振铃集成电路、拨号集成电路、LCD驱动集成电路等)、LCD显示、话筒、喇叭、耳机、过压保护、开关、按键、插座等元器件。下面简单介绍一下相关元件的检测方法,这些知识和技能具有普遍性。

电阻、电容、电位器、二极管、三极管等元件的检测见“任务2　普通座机电话故障检修的技能训练”。

(一)送话器、受话器、喇叭

话机中的送话器,又叫话筒,常见的种类大致有电磁式或动圈式、压电陶瓷式、驻极体送话器几种。现在的电子电话机几乎都采用驻极体送话器,因为它具有体积小、频率响应好,灵敏度高、成本低的特点,所以被广泛使用。

动圈式送话器的结构原理与电动式扬声器相似,也是由磁钢、音圈和音膜等组成的。传声器音圈处于磁场中,当声波使音膜振动时,音膜便带动音圈振动,使音圈切割磁力线而产生感应电压,从而完成声电转换。由此可见,动圈式扬声器也可以作为传声器使用(许多电子装置,如有些对讲机、电话机中正是这样做的),但将扬声器作传声器使用,也存在体积较大、灵敏度及频响较差等不足。

驻极体传声器是由驻极体振动膜（极薄的蒸镀金膜电场驻极的塑料膜片）、金属极板、场效应管和外壳等组成。其原理是，当声波使驻极体膜片振动时，膜片蒸镀金膜与金属极板间所形成的电容的电场发生相应变化，产生随声波变化的电信号，通过场效应管输出。驻极体传声器在录音机、收录机、电话机、手机和无线话筒、录音笔、MP3、MP4 等电子产品中的应用十分广泛。

电磁式或动圈式送话器等效为电感，用万用表的电阻挡检测其阻值很快可以判断其好坏；压电陶瓷式送话器等效为电容，可以按小电容来检测特点好坏；驻极体送话器本身也是电容，为了与电路实现阻抗匹配，往往加有场效应管放大器，与驻极体封装在一起，连接形式如图1-32 所示。

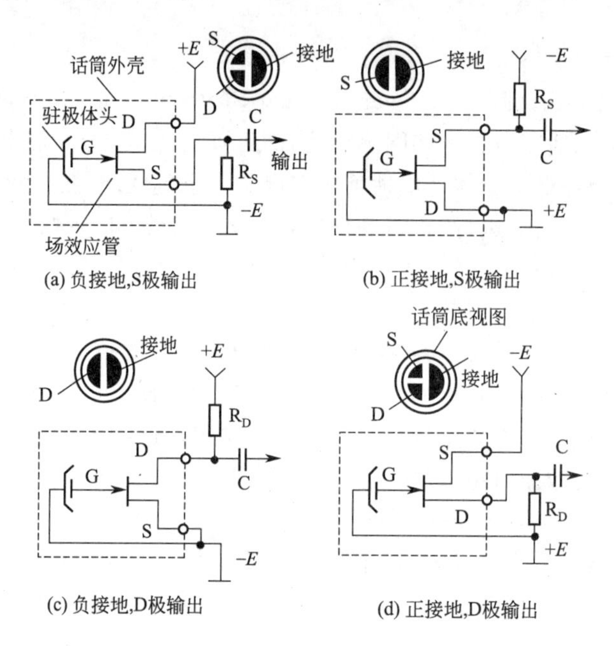

图 1-32　驻极体送话器的四种连接形式

受话器又叫耳机，话机中常见的也有几种，分别有动圈式、电磁式和压电陶瓷式等。动圈式、电磁式的原理及结构跟电动式扬声器相似，也是一种电声转换元件。受话器的线圈大多是固定的，发声依靠动膜片。动圈式、电磁式受话器可以用万用表电阻 $R\times1$ 挡检测其阻值并判断好坏。压电陶瓷式受话器的结构很像电容，很难用万用表检查其好坏。其结构如图 1-33 所示。

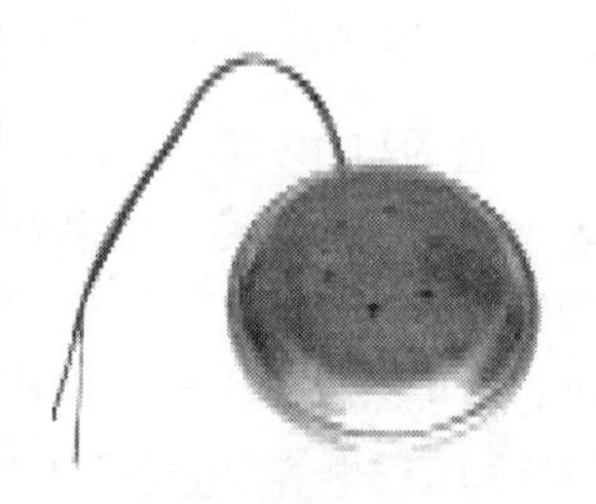

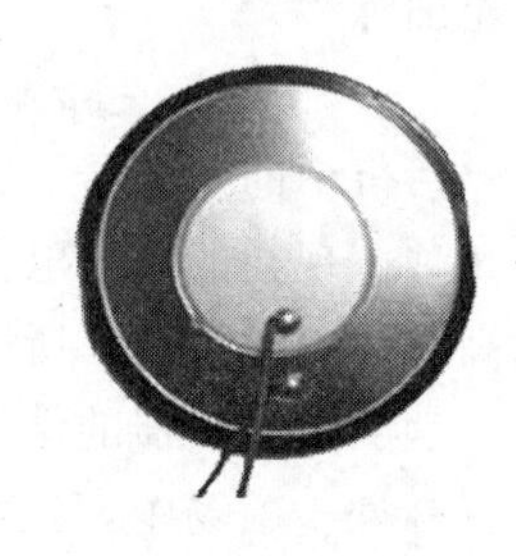

图 1-33　压电陶瓷式受话器的结构

喇叭包括磁钢、线圈结构，电阻较小，通常有 4 Ω、8 Ω、16 Ω 几种，只要用万用表电阻 $R\times1$ 挡，测量其阻值即可。在电阻挡测量时，完好的喇叭会有“咯、咯”声。受话器的故障主要是引线焊点脱落、音圈擦到磁钢、压电陶瓷破碎等。

（二）开关、按键

话机中的手柄挂钩开关、免提按钮开关可用万用表检查其通断、接触是否良好等可靠性。按键是用导电橡胶与 PCB 铜箔组合，容易出现铜箔氧化，按键的橡胶老化可引起按键失效或不可靠故障。可以更换橡胶触点、清洁 PCB 铜箔消除故障。

(三)专用集成电路

集成电路有很多引脚，一般不能用万用表检查，通常可以通过测量IC的引脚在线对地电阻、对地工作电压来判断其是否正常。需要借助正常工作话机的相关参数表加以对照。

(四)其　他

话机电路中还有压敏元件、接插、连接件等。为防止电话线因意外事故产生的高压、大电流对电话机的危害，电话机大多在电话线入口端使用了过压保护电路，如图1-9中的ZNR1标称电压是230 V，电路的工作电压低于压敏元件的标称值时，它们的电阻值很大(可看成开路)，一旦电路工作电压异常达到或超过压敏元件的标称值时，其迅速导通短路，迫使线路过流保护切断给话机供电，从而达到保护话机的作用。正常的压敏元件用万用表检查电阻很大，但只能判断其是否短路，不能判断其标称保护电压值。

接插、连接件可以进行肉眼检视，用万用表测量内部导线是否断线。

三、电话机的维修技术基础

(一)通信终端的维修保养

一般而言，通信终端主要包括座机电话、无绳电话、小灵通、手机等。在正常使用且没有严重撞击的情况下，电话可以使用5年以上，但南方地区潮湿多雨，可能对座机电话、无绳电话、小灵通、手机的使用年限有影响。另外日常保养好座机电话机，可以延长电话机的使用年限。

(1)雨水、湿气与尘埃、有害的气体，生成有害物质，会腐蚀金属和电子线路，使开关、按键、接插件的触点金属氧化，出现故障。日常维护中要防止电话被雨水淋湿、蒸汽、泼洒茶水和汗水或其他抹布的水侵入。座机电话机安放的位置应避免让窗户飘雨、烈日曝晒；座机电话、无绳电话、小灵通、手机等避免厨房烧煮饭菜的蒸汽、油汁、汤汁溅洒到话机上，渗入内部电子、机械元器件；避免摔撞、甩打电话。若电话机不小心浸水或掉入水中，请尽快擦干外壳，若电路进水，切忌立即开机，以免烧坏内部零件，请尽早送修。

(2)电子元件怕热，电子电话机不要随手放在暖气片上、灶台上、火炉边。电话内部结构精巧、紧密，本身散热就不良，如果环境过热就容易损坏元件。应把座机电话、无绳电话、小灵通、手机等放在清洁无尘的地方。因为其可拆卸部分可能因灰尘沉积而损坏，应防止电子线路上沉积灰尘，平时不要轻易打开外壳。如果键盘下的导电挂软橡胶层破裂要及时更换，否则水及灰尘极易沿裂纹进入机内。

(3)应在允许的温度范围内使用电话机，－20 ℃以下低温会使其受损，如使显示屏对按键反应慢或没反应。不要将其存放在过冷的地方，机内会形成潮气，损坏电路板。过高的温度也易损坏电话机，应使座机电话机远离55 ℃以上的高温环境。高温会缩短电子器件及电池的寿命，并软化某些塑料元件，使其变形，降低绝缘性能提早失效。

(4)使用时要轻拿轻放，不要摔、敲或震动座机电话、无绳电话、小灵通、手机等。粗暴地对待电话机会毁坏内部电路板。适度的使用电话机，会让机内产生一定的温度，平时积累的水气可以藉此蒸发。不要让小孩当玩具耍。保持电话机及其附件放在小孩拿不到的地方。

(5)不要使用有机溶剂、有刺激性的化学品、清洗剂或洗涤剂清洗电话机。可用一软布轻轻浸过温水和肥皂水，然后擦拭电话机。

(6)保持座机电话、无绳电话、小灵通、手机等的干燥，若电话机长期闲置不用，则需进行特殊的防潮处理。因南方地区多雨潮湿，座机电话及内部水气将对零件造成伤害。电话里装的电池，若长时间不用，应从电话里取出，以免失效电池流出腐蚀电液，腐蚀电池簧片和电路板。用完好不漏气的、强度大的塑料袋子将电话机装好并扎好口，搁放到干燥、安全的柜子里面，避免受潮，可以长时间存放。

（二）维修条件

座机电话、无绳电话、小灵通、手机等电话是多功能精密电子产品，是高科技、精密电子通信类家用电器。它的工作原理、制造工艺、软件和硬件、测试方法和技术标准在所有的家用电器中算是比较复杂的。

一个高素质的维修人员必须具备一定的理论基础（包括：电子、电器、机械、计算机、软件、测量仪器）和维修经验。对电话维修人员来讲，必须首先了解电话的电路结构、机械结构、基本工作原理、主要电气指标要求、测试方法，这是对任何一类电器能进行维修的前提条件。如果想自己进行维修，则必须具备以下维修条件：

（1）维修图纸。座机电话、无绳电话、小灵通、手机等的电原理图、元器件分布图或印制版图等，使用必要的图纸，维修者对照图纸与实物进行修理，可以又快又好地修复故障，避免维修费时、费力或不当地拆、焊引入新的故障。像较为简单的座机，不同机型的维修图纸也可作为其他维修故障电话的参考。

（2）维修工具。由于电话机采用 SMT（Surface Mounting Technology）表面贴装技术，其结构十分精密，在维修中需要使用一些专业的工具和测试夹具。如拆卸与重装电话的专用螺丝刀、尖头镊子、放大镜等机械工具，还需要尖头防静电烙铁、热风枪等焊接工具和小刷子、吹气球、超声波清洗机等清洁工具。

（3）维修仪器。如万用表、信号发生器、电话机综合测试仪、专用测试探针、测试电缆等。

（4）技术规范。包含技术指标和测试方法，有专门的电话维修书籍介绍，本书忽略此内容。

熟练地使用这些工具、仪表对提高维修效率和保证维修质量是非常重要的。话机维修工具可以在电子市场购买，也可以自己动手制作，其性能价格比市售产品要偏高。如：设计制作尖头防静电烙铁、热风枪、带探针的高频测试电缆，可同时测量开机、待机、工作电流的专用电流表等。自制工具、仪表具有廉价、适用、可靠的特点。

（三）通信终端维修通则

由于座机电话、无绳电话、小灵通、手机等更新换代的速度在所有家用电器中是较快的一种，故大多数电话维修部门不可能具备所有电话的详细维修资料，因此，培训中，特别是在本书中，不具体针对某一品牌、某一型号的电话电路图展开讨论，而是对在维修中出现的共性问题进行一些分析讨论，希望能取得举一反三的效果。

通常使用的电话（座机电话、无绳电话、小灵通、手机等），为了保证使用的安全性，正规厂家的电话机，无论哪个国家的制造商生产的产品都应经过主管部门电话机质量监督检测中心的检测，取得主管部门的入网许可证，才可上市销售，因此，一般质量是有保证的。但是由于使用不当，如掉落地上，受到碰撞，经过雨淋、茶水溅湿或使用时期较长等，难免出现这样或那样的故障，要排除故障，首先必须准确定位故障所在部位，根据经验可按“由外到内，从后往前，指划分区域，按线寻找”的维修原则进行故障查询与定位。

（1）由外到内。指发现电话机出了故障，首先不要打开机壳，应从电源开关、按键、按钮、设置状态、电池、连线、插头、插座、充电器、充电接口、电话卡查起，确保这些部分没有异常，方可转入下一步。

（2）从后往前。指依照电话机信号流程，由最后的输出开始一级级往前去查找。比如无法

接听电话的故障，可按照从后往前，从听筒喇叭到电话输入的路线进行检测。

(3)划分区域。指按上述从话筒开始，经压缩器电路、频率合成器、调制电路、功率放大器、电源管理天线开关等一级级往前寻找，要判断问题位于哪个区。例如初步判断故障出在CPU单元，还要进一步判断问题出在CPU的电源，还是复位电路，抑或是晶振时钟电路、按键电路等，通过测量、详细分析，一步步缩小可疑区域。

(4)按线寻找。指在缩小的可疑区内按线路一条条检测，准确定位故障所在部位、所在元件。

这是对一个初学者应该遵循的一般准则，当资深维修技师积累了丰富的经验以后，对于一些多发故障，一看某一故障现象，即可判断问题出在哪儿，所谓熟能生巧，也就不用墨守陈规了。

(四)维修方法

电话属于一种通信类家用电子产品，它的维修方法在许多方面与其他家用电器有着共同特点，但由于电话软件的复杂性和采用SMT的特殊工艺，又使得电话机维修有它自身的特点。在维修中既要掌握共性的东西，同时也要掌握其个性。在电话机维修中采用的共性方法有：

(1)电压法。这是所有家用电器维修中采用的一种基本方法。维修人员应注意积累一些在不同状态下的关键电压数据，话机状态是指：关机状态、开机状态、待机状态、通话状态、单接收状态、单发射状态、守候状态。关键点的状态数据有：CPU工作电压、控制电压和复位电压、射频IC和工作电压、发射压控振荡器工作电压、电话接线口IC工作电压、拨号IC和液晶显示IC工作电压等，在大多数情况下，该法可排除开机不工作等故障。

(2)电流法。电流法也是在家用电器维修中常用的一种方法。由于电话机几乎全部采用超小型SMD。在PCB上的元件安装密度相当大，故要断开某处测量电流几乎不可能，一般采用测量电阻的端电压后再除以电阻值来间接测量电流。电流法可测量整机的工作、守候和关机电流。这对于维修来说很有帮助。

(3)电阻法。电阻法也是一种常用的方法，其特点是安全可靠，尤其是对高元件密度的手机、座机电话机来讲更是如此。维修人员应掌握常用座机电话机关键部位和IC的正、反向电阻值。采用该法可排除常见的开路、短路、虚焊、器件烧毁等故障。

(4)信号追踪法。要想排除一些较复杂的故障，需要采用此法。运用该法时，必须懂得电话机电路结构、方框图、信号处理过程、各处的信号特征(频率、幅度、相位、时序)，能看懂电路图。采用该法时测量和对比将故障点定位于某一单元(如：RF接收单元)，然后采用其他方法进一步将故障元件找出来。

(5)观察法。该法是通过维修者的感官器官——眼、耳、鼻、手的感觉来提高判断故障点在何处的速度。该法具有简单有效的特点：

视觉：看电话机外壳有无破损或机械损伤，前盖、后盖、电池之间的配合是否良好和合缝，LCD的颜色是否正常，接插件、接触片、PCB的表面有无明显的氧化和变色。

听觉：听电话机内部有无异常的声音，异常声音是来自耳机还是内部；听受话器里话音的音质，听是否有干扰、杂音等。

嗅觉：电话机在工作时，有无闻到焦糊味，焦味是来自电源部分还是RF部分。

手：通过手触摸机器的元件、部件的工作温度，快速判断过流、过功率、失效的元件、部件。

(6)温度法。温度法是在维修彩电开关电源，行、场输出扫描，Hi-Fi功放等高压、大电流单元电路时常采用的一种有效、简便的方法。该法同样可用于电话机的电源部分、RF 部分、电子开关和一些与温度有关的软故障的维修中，因为当这些部分出问题时，它们的表面温升肯定是异常的。

具体操作时可用下列方法：手摸；酒精棉球；热风吹或自然风；喷专用的制冷剂。器件表面异常的温升情况有助于判断故障。

(7)清洗法。由于电话机的结构不是全封闭的，故内部的电路板容易受到外界水汽、酸性气体和灰尘的不良影响，再加上电话内部的接触点面积一般较小，因此由于触点被氧化而造成的接触不良现象是常见的故障。根据故障原因只需要清洗相应的部位即可使话机恢复正常。如电池触点、按键、开关、插件等。清洗时一般采用无水乙醇或超声波清洗机进行。

(8)补焊法。电话由于采用了超小型的 SMD，电路的焊点小，受到机械应力(按压、冲击、抖动等)作用，或热作用，极易使焊点疲劳，出现虚焊，一般虚焊很难被肉眼发现，补焊法就是根据这些故障的本质原因，对怀疑的单元、部件、元件采用较大范围的补焊方法，这种方法对软故障、疑难故障十分有效。

维修中，技师们总结了大量的有效维修方法，在这里就不再一一的列举。上述方法也希望对学员起到抛砖引玉的作用，决不能生搬硬套，要善于在实际维修中总结，也许你还能总结出更加快速、简便、有效的方法。

技能训练

一、基础技能训练 1——元器件、电路板的焊接

(1)练习焊接技术，用一些普通的电路板、多孔板(又叫洞洞板)搭接简单功能电路做手工锡焊焊接练习。教师注意引导学员训练、掌握焊接的操作要领、操作步骤，训练焊接的温度、时间、焊锡添加时机、位置、用量的控制等技能和技术。焊接工作场景如图 1-34(a)所示。

(2)根据自己焊接的作品，观察焊点质量、电路整体质量。测试电路的联通性能。

(3)根据故障现象，检测故障所在地方。

(a)

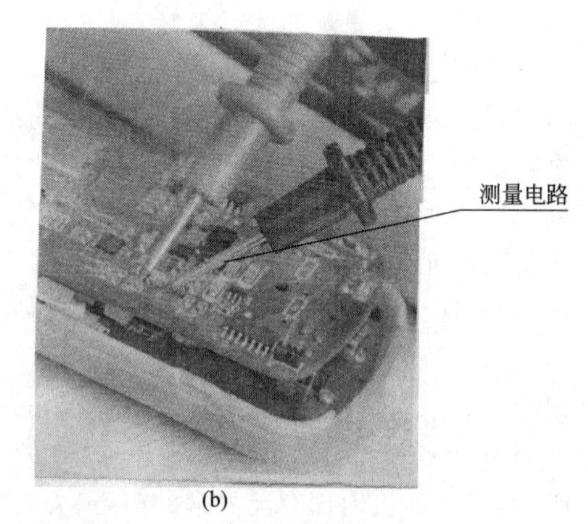

(b)

图 1-34　工作场景图

二、基础技能训练 2——常用电路元器件的检测

电话机中常见的元件包含电阻、电容、整流二极管、稳压二极管、发光二极管、三极管(小功

率、中功率)、专用集成电路(振铃集成电路、拨号集成电路、LCD 驱动集成电路等)、LCD 显示、话筒、喇叭、耳机、过压保护、开关、按键、插座等元器件。检测时场景如图 1-34(b)所示,下面简单介绍一下相关元件的检测方法,这些知识和技能具有普遍性。

(一)电阻器的检测方法

1. 电阻器额定功率的简易判断

小型电阻器的额定功率一般在电阻体上并不标出。但根据电阻长度和直径大小是可以确定其额定功率值大小的。表 1-12 列出了常用的不同长度、直径的碳膜电阻和金属膜电阻所对应的功率值。

表 1-12　RT、RJ 型电阻器的长度、直径与额定功率关系

额定功率(W)	碳膜电阻(RT)		金属膜电阻(RJ)	
	长　度(mm)	直　径(mm)	长　度(mm)	直　径(mm)
1/8	11	3.9	6～7	2～2.5
1/4	18.5	5.5	7～8.3	2.5～2.9
1/2	28.5	5.5	10.8	4.2
1	30.5	7.2	13	6.6
2	48.5	9.5	18.5	8.6

2. 测量电阻值

(1)将万用表的功能选择开关旋转到适当量程的电阻挡,先调整零点,然后再进行测量。并且在测量中每次变换量程,都必须重新调零后再使用。

(2)按照图 1-35 所示的正确方法,将两表笔(不分正负)分别与电阻的两端相接,即可测出被测电阻值。

3. 测量操作注意事项

(1)测试时,特别是在测几十千欧以上阻值的电阻时,手不要触及表笔和电阻的导电部分。

(2)被检测的电阻必须从电路中焊下来或至少要焊开一个头,以免电路中的其他元件对测试产生影响,造成测量误差。

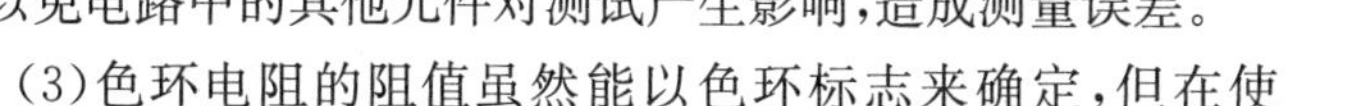

图 1-35　电阻的正确测试方法

(3)色环电阻的阻值虽然能以色环标志来确定,但在使用时,特别是初学者,对色环的辨认未必正确,现在的 5 色环精密电阻的辨认就更是复杂,色环辨认不准,难以判断电阻的阻值,所以建议学员在焊接前,最好还是用万用表测试一下实际阻值,确认与电路原理中的设计值相吻合方可装入 PCB 中对应的位置、焊接。

(二)电位器的检查

1. 电位器的选用

电位器主要用于电路中的信号需要随时进行连续调节或用于控制电路的控制、调节元件,如,音量、亮度、对比度、转速、功率强弱等调节、电压、电流保护起控调节等。话机中的电位器主要用于音量控制。

电位器要求旋轴旋转灵活,松紧适当,无机械梗阻、阻涩、跳动或“咕咕嘎嘎”的机械噪声。对于带开关的电位器还应检查开关是否良好。

2. 电位器的检测方法

检查电位器时,首先要转动旋柄,看看旋柄是否平滑,开关是否灵活,开关通、断时“喀哒”

声是否清脆，并听一听电位器内部接触点和电阻体摩擦的声音，如有“沙、沙”声，说明质量不好。用万用表测试，先根据被测电位器阻值的大小，选择好万用表的合适电阻挡位，然后可按下述方法进行检测。

(1)测量电位器的标称阻值。用万用表的欧姆挡测电位器两固定端，其读数应为电位器的标称阻值。如用万用表测量时表针不动或阻值相差很多，则表明该电位器已损坏。

(2)检测电位器的活动臂与电阻片的接触是否良好。用万用表的欧姆挡测“1”、“2”(或“2”、“3”)两端，如图 1-36 所示，将电位器的转轴柄按逆时针方向旋至接近“关”的位置，这时电阻值越小越好。再顺时针慢慢旋转轴柄，电阻值应逐渐增大，表头中的指针应平稳移动。当轴柄旋至极端位置“3”时，阻值应接近电位器的标称值。如万用表的指针在电位器的轴柄转动过程中有跳动现象，说明活动触点有接触不良的故障。

(3)测试开关的好坏。对于带有开关的电位器，检查时可用万用表的 $R\times1$ 挡测“4”、“5”两焊片间的通、断情况是否正常。具体操作方法如图 1-37 所示。

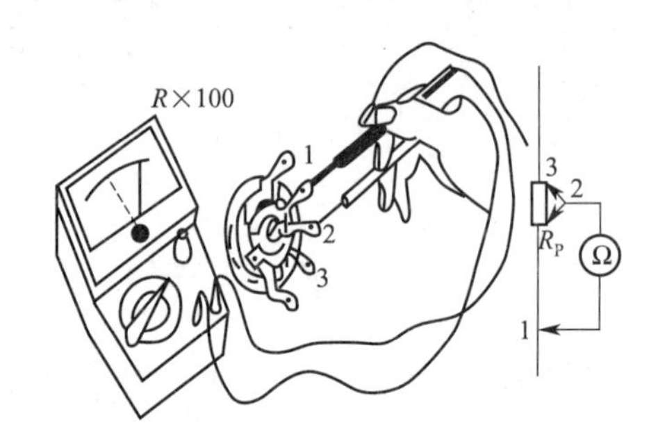

图 1-36　检测电位器活动臂与电阻片的接触情况

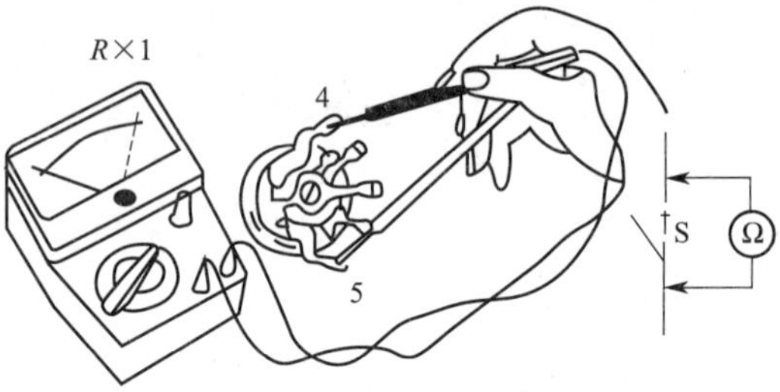

图 1-37　检测电位器开关好坏

(三) 电容器的选用与检查

1. 电容器的选用

电路中的电容器最为复杂，参数众多，电容的结构、材料、种类繁多，这些又往往决定了电容的使用领域。在电子电路中，据统计电阻与电容的用量是最多的，它们的总数超过 35%。

(1)根据电路的要求合理选用型号。一般用于低频耦合、旁路等场合应选用纸介电容器；在高频电路和高压电路中，应选用云母电容器和瓷介电容器；在电源滤波或退耦电路中应选用电解电容器(极性电解电容器只能用于直流或脉动直流电路中)。

(2)合理确定电容器的精度。在大多数情况下，对电容器的容量要求并不严格。但在振荡电路、延时电路及音调控制电路中，电容器的容量则应和计算要求尽量符合。在各种滤波电路及某些要求较高的电路中，电容器的容量值要求非常精确，其误差值应小于±(0.3%～0.7%)。

(3)电容器额定工作电压的确定。电容器的工作电压应低于额定电压 10%～20%。

(4)要注意通过电容器的交流电压和电流，不应超过给出的额定值。对于有极性的电解电容器不能在交流电路中使用，但可以在脉动电路中使用。

(5)注意电容器的温度稳定性及损耗。用于谐振电路中的电容器，必须选用小的电容器，其温度系数也应选小一些的，以免影响谐振特性。

2. 电容器的检测方法

(1)固定电容器的检测方法

①检测 10 pF 以下的小电容，检测方法如图 1-38 所示。因 10 pF 以下的固定电容器容量

太小，用万用表进行测量，只能定性的检查其是否有漏电、内部短路或击穿现象。测量时，可选用万用表 $R\times10\text{k}$ 挡，用两表笔分别任意接电容的两个端子，阻值应为无穷大。

②检测 10 pF～0.01 μF 的电容。首先用万用表 $R\times10\text{k}$ 挡测试一下电容有无短路漏电现象，在确认电容无内部短路或漏电后，采用图 1-39 所示的电路可测出固定电容器是否有充电现象，进而判断其好坏，万用表先用 $R\times1\text{k}$ 挡。两只三极管的 β 值均为 100 以上，且穿透电流要小，可选用 3DG6 等型号硅三极管组成复合管。万用表的红和黑表笔分别与复合管的发射极 e 和集电极 c 相接。C 为被测电容，由于复合三极管的放大作用，把被测电容的充放电过程予以放大，使万用表指针摆动幅度加大，从而便于观察。应注意的是，在测试操作时，特别是在测较小容量的电容时，要反复调换被测电容端子接触 A、B 两点，才能明显的看到万用表指针的摆动。

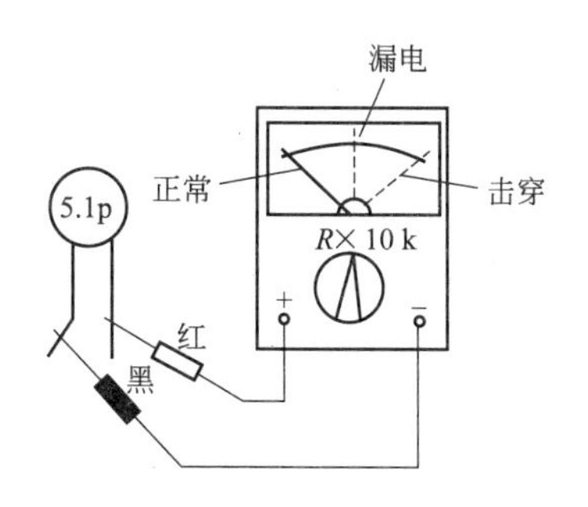

图 1-38　检测小于 10 pF 电容

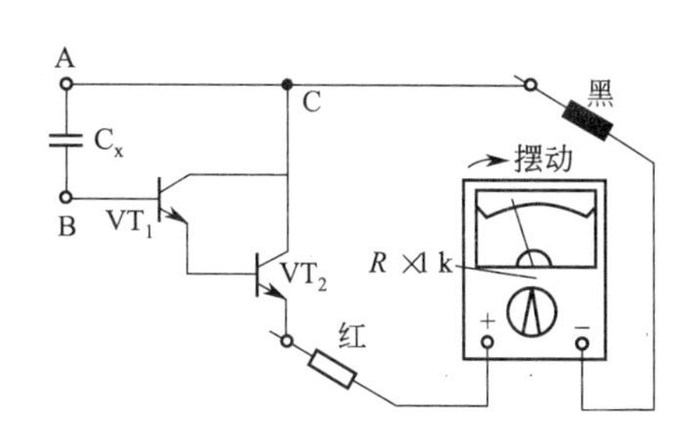

图 1-39　检测 10 pF～0.01 μF 电容

③检测 0.01 μF 以上的固定电容器。对于 0.01 μF 以上的固定电容，可用万用表的 $R\times10\text{k}$挡直接测试电容器有无充电过程及有无内部短路或漏电，并可根据指针向右摆动的幅度大小估计出电容器的容量，测试方法如图 1-40 所示。

测试操作时，先用两表笔任意触碰电容的两端，然后调换表笔再触碰一次，如果电容是好的，万用表指针会向右摆动一下，随即向左迅速返回无穷大位置。电容量越大，指针摆动幅度越大，如果反复调换表笔触碰电容两端，万用表指针始终不向右摆动，说明该电容的容量已低于 10 pF～0.01 μF 或者已经消失。测量中，若指针向右摆动后不能再向左回到无穷大位置，说明电容漏电或已经击穿短路。在采用上述三种方法进行测试时，都应注意正确操作，不要用手指同时接触被测电容的两个端子。

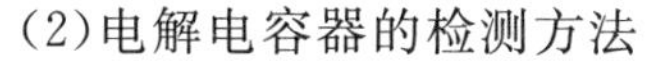

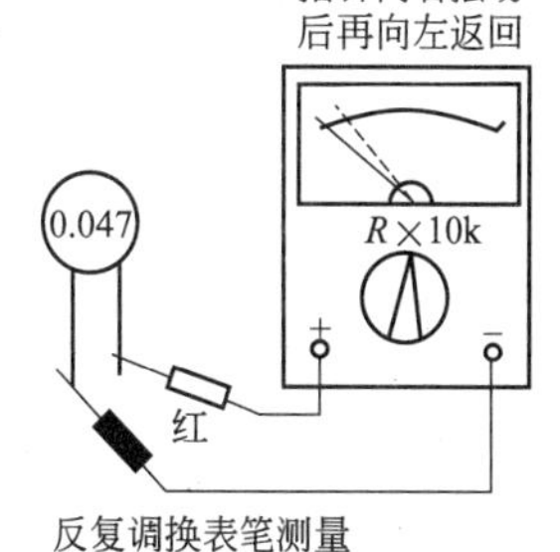

图 1-40　$R\times10\text{k}$ 挡测量 0.01～1 μF 电容

(2)电解电容器的检测方法

①万用表电阻挡的正确选择。因为电解电容的容量较一般固定电容大得多，所以，测量时，应针对不同容量选用合适的量程。一般情况下，1～47 μF 间的电容，可用 $R\times1\text{k}$ 挡测量，大于 47 μF 的电容可用 $R\times100$ 挡测量。

②测量漏电阻。将万用表红表笔接负极，黑表笔接正极。在刚接触的瞬间，万用表指针即向右偏转较大幅度，接着逐渐向左回转，直到停在某一位置，此时的阻值便是电解电容的正向漏电阻。此值越大，说明漏电流越小，电容性能越好，然后，将红、黑表笔对调，万用表指针将重复上述摆动现象。但此时所测值为电解电容的反向漏电阻，电容的反漏电阻值应略小于正向漏电阻，即反向漏电流比正向漏电流要大。实际使用经验表明，电解电容的漏

电阻一般应在几百千欧以上，否则，将不能正常工作。在测试中，若正向、反向均无充电现象，即表针不动，则说明容量消失或内部断路，如果所测阻值很小或为零，说明电容漏电大或已击穿损坏。

③ 极性判断。对于正、负极标志不明的电解电容器，可利用上述测量漏电阻的方法加以判断，即先任意测一下漏电阻，记住其大小，然后交换表笔再测一个阻值，两次测量中阻值大的那一次黑表笔接的是正极，红表笔接的是负极。

（四）电感线圈的选用与检查

座机电话中电感和变压器用得较少，从附图1所示的电路可以看出入线口R、T（图中左上角）处的L1是滤波电感，振铃电路中T1是一个音频变压器。使用万用表的电阻挡，测量电感器的通断及电阻值大小，通常是可以对其好坏作出鉴别判断的。

将万用表置于$R\times1$挡，红、黑表笔各接电感器的任一引出端，此时指针应向右摆动，根据测出的电阻值大小，可具体分下述三种情况进行鉴别。

（1）被测电感器电阻值太小，说明电感器内部线圈有短路性故障。注意测试操作时，一定要先认真将万用表调零，并仔细观察针向右摆动的位置是否确实到达零位，以免造成误判。当怀疑电感器内部有短路性故障时，最好是用$R\times1$挡反复多测几次，这样才能作出正确的鉴别。

（2）被测电感器有电阻值，电感器直流电阻值的大小与绕制电感器线圈所用的漆包线线径、绕制圈数有直接关系，线径越细，圈数越多，则电阻值越大。一般情况下用万用表$R\times1$挡测量，只要能测出电阻值，则可认为被测电感器是正常的。

（3）被测电感器的电阻值为无穷大，这种现象比较容易区分，说明电感器内部的线圈或引出端与线圈接点处发生了断路性故障。

（五）二极管的检测

话机电路中用到了整流二极管（如附图1中的B1、B2、VD1、VD2、VD3、VD4、VD7、VD8、VD9、VD10、VD11、1D1、2D1、2D2、3D1、3D2、4D1、4D2、4D3、4D4，DS1～DS14）、发光二极管（LED1～4）、稳压二极管（1ZD1、ZD1、ZD2、ZD3、4ZD1）、开关二极管（VD5、VD6）等。不管是哪种类型的二极管，其基本特性是单向导电性，所以用万用表的电阻档测量二极管的两端即可判断二极管的好坏、极性。

将万用表置电阻$R\times1$k挡，表的黑表笔接触二极管的正极，红表笔接触二极管的负极。测试结果有三种：（1）若表针不摆到“0”值而是停留在标度盘的中间某个位置，这时的阻值就是二极管的正向电阻，一般二极管的正向电阻越小越好。（2）如果此时表针指示是“0”，则说明二极管的管芯短路损坏。（3）若正向电阻接近无穷大值，说明管芯断路。短路、断路的管子均不能用。

将万用表的红、黑表笔交换一下测试二极管的反向电阻，指针应指在无穷大或接近无穷大值，说明管子是好的，否则是坏的。

（六）用万用表判断晶体三极管好坏、管脚和极性

用指针式万用表可以判断晶体三极管好坏及辨别三极管的e、b、c电极。组装话机中使用的三极管都是中小功率的管子，对三极管的好坏判别、极性检测是基础技能，学员必须掌握。

1. 三极管好的判断

三极管的管脚必须正确辨认，否则，接入电路不但不能正常工作，还可能烧坏晶体管。已

知三极管类型及电极，指针式万用表判别晶体管好坏的方法如下：

(1)测 NPN 三极管。将万用表欧姆挡置“$R\times100$”或“$R\times1\text{k}$”处，把黑表笔接在基极上，将红表笔先后接在其余两个极上，如果两次测得的电阻值都较小，再将红表笔接在基极上，将黑表笔先后接在其余两个极上，如果两次测得的电阻值都很大，则说明三极管是好的。

(2)测 PNP 三极管。将万用表欧姆挡置“$R\times100$”或“$R\times1\text{k}$”处，把红表笔接在基极上，将黑表笔先后接在其余两个极上，如果两次测得的电阻值都较小，再将黑表笔接在基极上，将红表笔先后接在其余两个极上，如果两次测得的电阻值都很大，则说明三极管是好的。

2. 三极管 e、b、c 三个电极的判断

当三极管上标记不清楚时，可以用万用表来初步确定三极管的好坏及类型（NPN 型还是 PNP 型），并辨别出 e、b、c 三个电极。

(1)用指针式万用表判断基极 b 和三极管的类型。将万用表欧姆挡置“$R\times100$”或“$R\times1\text{k}$”处，先假设三极管的某只引脚为“基极”，并把黑表笔接在假设的基极上，将红表笔先后接在其余两个极上，如果两次测得的电阻值都很小(约为几百欧至几千欧)，则假设的基极是正确的，且被测三极管为 NPN 型管；同上，如果两次测得的电阻值都很大(约为几千欧至几十千欧)，则假设的基极是正确的，且被测三极管为 PNP 型管。如果两次测得的电阻值是一大一小，则原来假设的基极是错误的，这时必须重新假设另一只引脚为“基极”，再重复上述测试。

(2)判断集电极 c 和发射极 e：仍将指针式万用表欧姆挡置“$R\times100$”或“$R\times1\text{k}$”处，以 NPN 管为例，把黑表笔接在假设的集电极 c 上，红表笔接到假设的发射极 e 上，并用手捏住 b 和 c 极(不能使 b、c 直接接触)，通过人体，相当于在 b、c 之间接入偏置电阻，如图 1-41(a)所示。读出表头所示的阻值，然后将两表笔反接重测。若第一次测得的阻值比第二次小，说明原假设成立，因为 c、e 间电阻值小说明通过万用表的电流大，偏置正常。其等效电路如图 1-41(b)所示，图中 V_{CC} 是表内电阻挡提供的电池，R 为表内阻，R_m 为人体电阻。

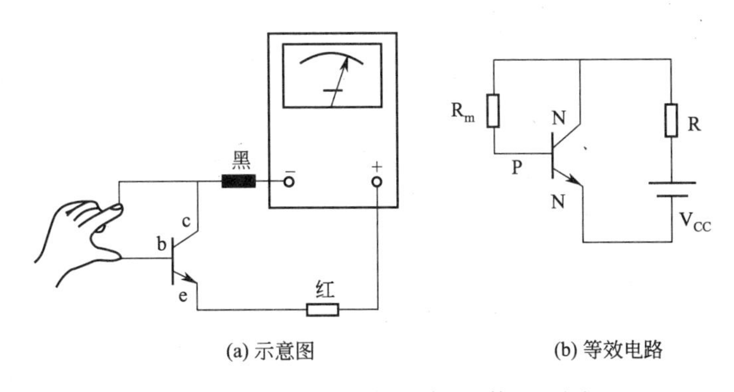

(a) 示意图　　(b) 等效电路

图 1-41 用指针万用表判别三极管 c、e 电极

用数字万用表测二极管的挡位也能检测三极管的 PN 结，可以很方便地确定三极管的好坏及类型，但要注意，与指针式万用表不同，数字式万用表红表笔为内部电池的正端。例：当把红表笔接在假设的基极上，而将黑表笔先后接到其余两个极上，如果表显示通(硅管正向压降在 0.6 V 左右)，则假设的基极是正确的，且被测三极管为 NPN 型管。

数字式万用表一般都有测三极管放大倍数的挡位(hFE)，使用时，先确认晶体管类型，然后将被测管子 e、b、c 三脚分别插入数字式万用表面板对应的三极管插孔中，表显示出 hFE 的近似值。

三、基本技能训练3——电路板维修基本操作

（一）大面积焊盘元件的拆卸方法

拆电源、地脚、焊盘面积大、散热快的元器件，可以用大功率或快速烙铁。百分之几秒将烙铁头加热到300 ℃以上，可快速拆下。

（二）DIP封装IC元件拆卸方法

一般采用吸锡器、医用不锈钢注射针头、编织细铜带等方法（如图1-42所示），将IC各个引脚的焊锡吸干净，就可以将需要拆的IC取下来；若吸完焊锡后仍拿不下来，可再用热风枪吹，或再用合适的U字型烙铁头对DIP封装IC引脚同时加热，即可方便地将IC从电路板上拿下。吸锡器如图1-43所示。

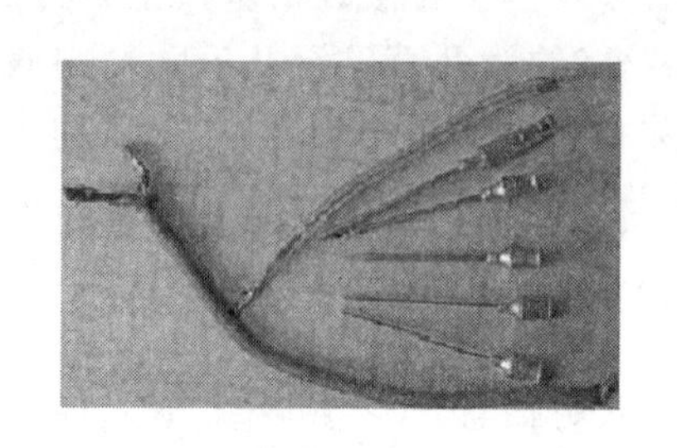

图1-42　细铜丝吸锡带、医用不锈钢注射针头

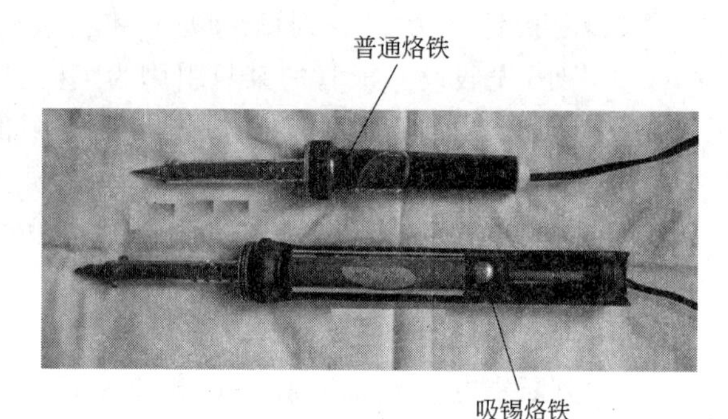

图1-43　普通烙铁和吸锡烙铁

（三）PLCC封装、QFP封装贴片元件的拆卸方法

1. 吸锡器吸锡拆卸法

使用吸锡器拆卸集成块，这是一种常用的专业方法，使用工具为普通吸、焊两用烙铁，功率在35 W以上。拆卸集成块时，只要将加热后的两用电烙铁头放在要拆卸的集成电路引脚上，待焊点的焊锡溶化后吸入吸锡器内，反复几次可将引脚的焊锡吸得干干净净，全部引脚都吸干净后，将一把小的一字改刀插入IC与PCB之间的缝隙，稍稍用力一撬就能将IC拆除。

2. 医用空心针头拆卸法

选择医用8～12号空心不锈钢注射针头几个，如图1-42所示。使用针头的内经正好套住集成块引脚为宜。拆卸时用烙铁将引脚焊锡溶化，及时用针头套住引脚，然后拿开烙铁并将针头左右旋转几下，等焊锡稍冷后拔出针头。照此将IC所有引脚都做一遍后，集成块便可轻易被拿掉。

3. 使用热风枪拆卸法

用热风枪拆卸PLCC封装、QFP封装、BGA封装等集成IC块是很好的方法，一点不会损坏PCB和焊盘。如图1-44所示，用金属镊子夹住芯片，热风枪调到300 ℃和合适的风量，风枪出风口贴近IC引脚旋转均匀加热，同时镊子要稍稍用点力，待IC的引脚焊锡全部溶化后可轻易将IC从PCB板上拆除。

4. 没有热风枪拆除IC

当判定IC损坏的情况下，可用锋利的刀片沿该IC的塑封体齐根割断所有的引脚，可以快速拆除坏的贴片IC，拆除后再将PCB上的残留引脚和焊锡去掉，清除干净，便于更换新的IC，

这种方法方便快捷，不损坏线路。

若不能确定需要拆卸的 IC 是否真损坏，可用一段漆包线，沿脚下空隙穿绕，一端系牢在固定元件上，一端用食指缠住，在用 35 W 尖头烙铁加热管脚的同时轻轻拉动漆包线，可轻易将贴片元件的引脚与 PCB 的焊盘分离，如此反复，可将 IC 的全部引脚与 PCB 的焊盘分离，轻松地使需拆卸的 IC 从印制电路板上拆下。实际使用时，选择漆包线应与 IC 脚的粗细相吻合，不能过粗或过细，如图 1-45 所示。用这种方法拆卸时，拉动漆包线的动作要轻柔、慢一点，切不可蛮干。

图 1-44 热风枪拆卸 QFP 元件的操作要领

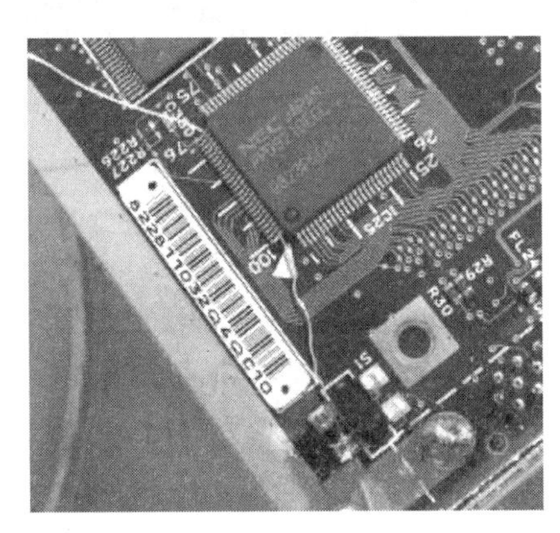

图 1-45 细丝套拉法拆卸 QFP 元件的操作要领

5.“J”型管脚 IC 的拆卸

对于“J”型管脚的 IC，可将软导线内的裸铜线抽出来按照 IC 形状做个框，套在 IC 上，用 60 W 的尖头烙铁把线框加热，并添加满焊锡。由烙铁加热线框时，要用比较快的速度在线框四周转动，使四周的锡几乎同时全部熔化，这样用镊子即可取下 IC。

6. LQFP 贴片 IC 堆锡拆卸法

不用热风枪，用堆锡法，也可以拆卸贴片 IC。首先在待拆 IC 的四周涂上松香酒精液，如图 1-46 所示。

图 1-46 用堆焊法拆卸 LQFP 元件的操作要领

接着就是给引脚上锡。堆锡量的多少对快速、安全拆卸 IC 有一定的影响。量少了，和烙

铁头的接触面太小，烙铁头的温度不容易传递到焊锡上，同时积聚的热量相对较少，焊锡容易凝固。但是太多了，烙铁的功率又显得不足了，难以熔透焊锡，无法顺利拆除 IC。

烙铁头顺着四边引脚转圈加热。刚开始每边的加热时间需要长一些，一边焊锡融化后立刻换到另一边。等到焊锡温度、电路板温度和 IC 温度都上来以后，就要沿着 IC 的四边快速转动烙铁了。这时主要看手法的熟练程度，一是要每边都加热到，二是不要让其他三边的焊锡凝固，还要注意烙铁头避开周围的小贴片。注意观察焊锡的状态，看到焊锡表面光滑且亮晶晶的，而且烙铁头一碰上去就融化，这时候就可以用尖镊子从一侧轻轻推一推，可以顺利的把 IC 推离焊盘。如图 1-46 所示。拆除 IC 后将多余的焊锡去掉，清理焊盘，并用无水酒精或香蕉水清洗 PCB 板，为更换 IC 做好准备，如图 1-47 所示。

图 1-47　清理拆除 LQFP 后的 PCB 焊盘

图 1-48　吸锡带拆除 QFP 的操作要领

7. 用吸锡带拆卸小的贴片元件

通孔元件、引脚不是很多的 DIP IC，小的贴片元件，比如 2～3 个焊点的（电阻、电容、三极管等），均可用吸锡带把焊点焊锡黏（或吸）走，用镊子一夹就可拔下拆卸的元件，如图 1-48 所示。

（四）检查贴片器件管脚虚焊

对引脚少且粗的贴片元件可以用肉眼检查是否存在偏、漏、不良的焊接；对较小、引脚多的贴片元件，可以用倍数大的放大镜仔细观察、检查焊点是否存在焊接缺陷，如图 1-49 所示是带照明灯的台式放大镜；若需要查验脚非常小、非常多的贴片元件，即使用放大镜也看不清楚的时候，可以用 500 万以上像素的数码相机拍照后，在电脑上放大后观看，以查找焊点是否存在缺陷。

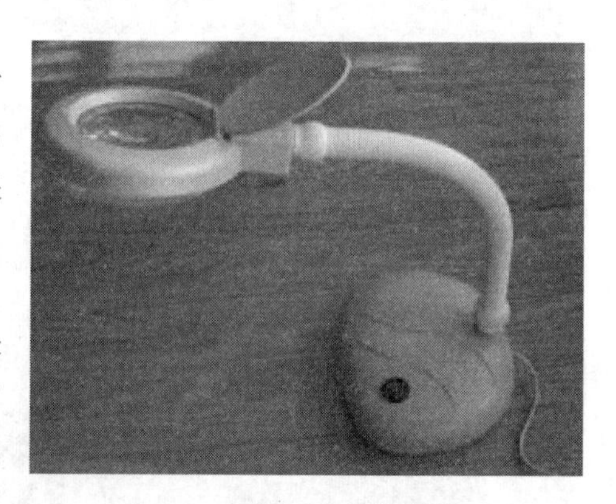

图 1-49　带照明灯的放大镜

四、基础技能训练 4——座机电话的维修工具和专用故障检测仪的使用

电话安装所需工具如图 1-50 和图 1-51 所示。

电话机的安装、故障维修工具的使用方法与技巧，可以参见前面“基础技能训练 3”，在这里不再赘述。电话机有了故障后能否尽快判断故障出在哪个部分，进而找出故障点加以修复呢？借助于多功能电话机快速检测仪，能收到事半功倍的效果。

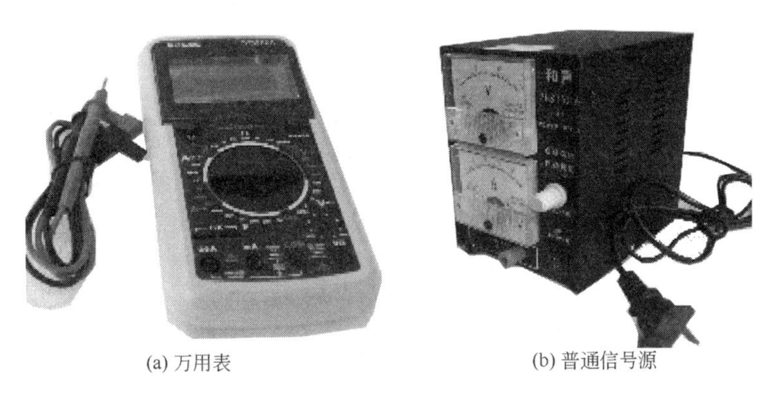

(a) 万用表　　(b) 普通信号源

图 1-50 组装电话必备的仪器和设备

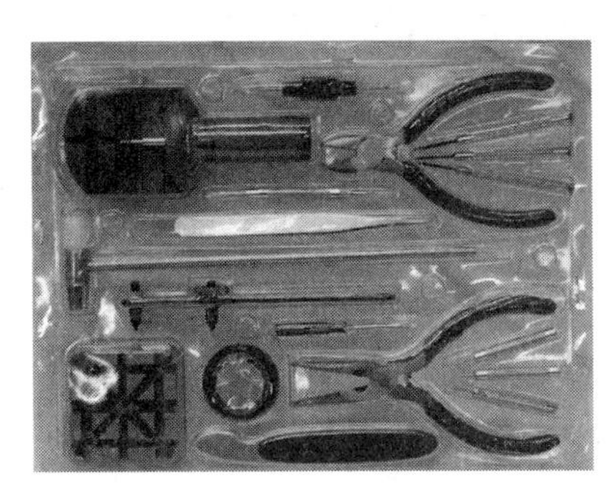

图 1-51 组装电话必备的工具

下面介绍一种实用电话检测仪的电路、工作原理和故障检测方法。电话检测仪的电路原理图如图 1-52 和图 1-53 所示。

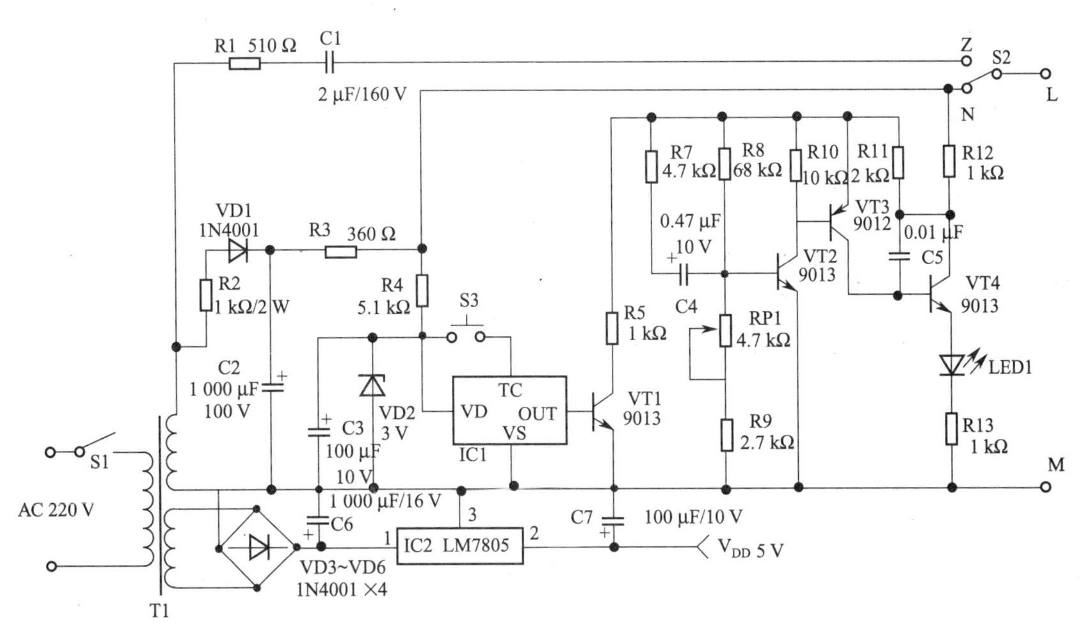

图 1-52 本机电源及振铃、通话部分检测电路原理图

用本电路制作的电话检测仪，能准确判定和排除电话机振铃电路、通话电路以及拨号电路所发生的故障，使用方便。

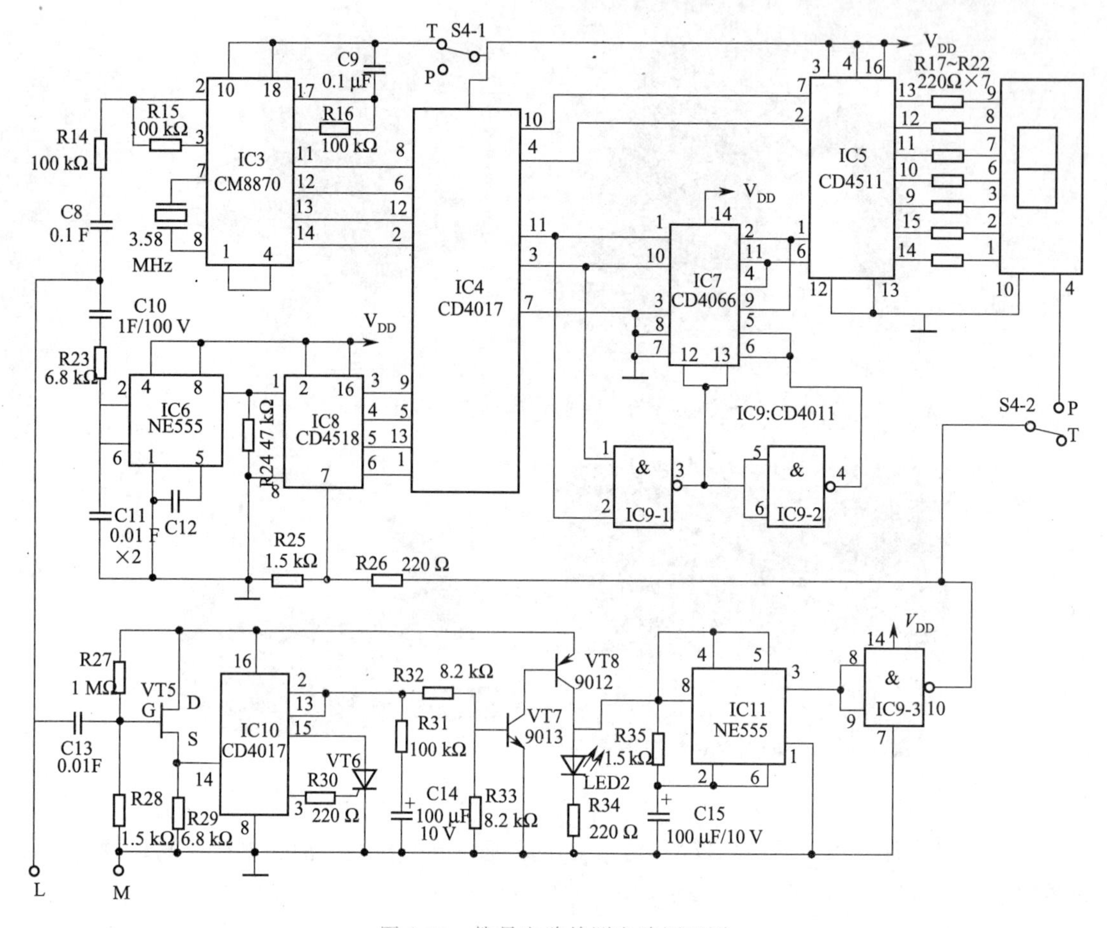

图 1-53　拨号电路检测电路原理图

本机电源电路及振铃、通话部分的检测电路如图 1-52 所示。电源由 220 V 交流电经变压器 T1 供电，次级分两组输出。一组为 9 V 交流电，经二极管 VD3～VD6 整流，电容 C6、C7 滤波，三端稳压块 IC2(LM7805)稳压，输出 5 V 直流电，供本机作检测电源。另一组输出为 50 V 交流电，一部分经电阻 R1、电容 C1 限流、隔直，为振铃电路供电；另一部分经二极管 VD1 整流，电容 C2 滤波，电阻 R2、R3 限流，为送话、受话检测电路供电。

维修检测时，将待测话机与本机的接线端 L、M 连接，闭合电源开关 S1 接通 220 V 交流电源，便可对话机的振铃、通话以及拨号三部分电路分别进行检测。

(1)检测话机的振铃电路。检测振铃电路时，话机处于挂机状态，将拨动开关 S2 拨至振铃位置，这时 L 和 Z 相接，经限流、隔直的交流电由 M、L 端输出，送入待测话机，为话机振铃电路提供电源。如待测话机振铃电路工作正常，便可听到话机的振铃声。

(2)通话电路的检测。通话电路的检测分受话电路和送话电路检测两部分。待测话机处于摘机状态，使拨动开关 S2 设置在通话、拨号位置(N)。此时，话机与本机的 M、N 端相接。调节电位器 RP1，使作为指示灯的发光二极管 LED1 刚刚点亮。受话电路的检测信号由音乐集成块 IC1 提供，当按键开关 S3 闭合时，IC1 的触发极 TG 得电，音乐块被触发工作。音乐信号由 IC1 的 OUT 端输出，经三极管 VT1 等放大，馈入话机。如该机受话电路工作正常，悦耳动听的音乐便从话机的听筒或免提喇叭中传出，同时发光二极管 LED1 随音乐的节奏而闪动。

检测送话电路时，可轻轻敲击或吹动话机的话筒或免提麦克风，由此产生的音频信号经话

机从电容 C4 输入，通过三极管 VT2～VT4 三级放大，由发光二极管 LED1 输出。送话电路正常的话机，随敲击信号的输入，发光二极管 LED1 迅速点亮，其亮度随敲击信号的强弱而变化。与此同时，听筒或免提喇叭会发出“喀、喀”或“嗯、嗯”声。

(3)拨号电路检测。如图 1-53 所示，为专用于拨号电路检测的电路。图中，IC3 是 DTMP(双音多频)信号接收译码集成块 CM8870，它能将双音频话机发出的双音频拨号信号接收并译为 BCD 码，经 IC4 十进制计数/脉冲分频器 CD4017 送至 IC5 解码驱动块 CD4511，由共阴极数码管直观地显示出话机所拨的号码。脉冲拨号的接收与显示是由 IC6(NE555)、IC8(CD4518)、IC4(CD4017)、IC5(CD4511)和数码管共同完成的。当话机在脉冲拨号时，每输入一个脉冲信号，经 IC6 整形，由 IC8 的 1 脚输入，进行计数并转变为 BCD 码输出，进入 IC4、IC7 分配到 IC5 进行解码，最后由数码管显示出话机所拨的号码。检测拨号电路时，拨动开关 S2 置通话、拨号位置(N)，电位器 RP1 的位置与通话电路检测的位置相同。脉冲(P)、双音频(T)开关 S4 应与待测话机一致。本电路对脉冲话机(包括旧式的拨盘话机)和双音频话机的拨号电路均可测试。当待测话机进行拨号时，若该机拨号电路正常，则本机数码管将直接显示出所拨的号码，同时发光二极管 LED1 随号码的拨动而闪亮。

专用的多功能电话快速检测仪型号很多，但是功能大同小异，使用方法具有相似性。多功能电话快速检测仪既可购买，也可以自制，如前述电路，其结构并不复杂。总之，多功能电话检测仪除能快速测试电话机的各个功能是否正常之外，还能提供信号源，快速检修送话电路和受话电路的故障，操作十分方便。通过培训，希望学员理解多功能电话检测仪的原理，掌握使用方法，有条件的培训基地还可以引导学员自制多功能电话检测仪。

任务完成

根据实际情况，可以选取四人为一组来协同完成该任务。其中一人为组长，负责分析故障；其余三人分别完成：准备和整理仪器，排除故障，记录分析测试结果。

评　　价

评价总分 100 分，分五部分内容：(1)能否对基本元器件进行故障判别共 10 分；(2)能否迅速地查找故障点、分析故障原因共 20 分；(3)处理故障步骤是否合理、操作是否准确共 30 分；(4)故障排除是否完全 30 分；(5)外观是否美观、整洁共 10 分。见表1-13。

表 1-13　普通话机维修评价表

评 价 内 容	学员自我评价	培训教师评价	其他评价
能否对基本元器件进行故障判别			
能否迅速地查找故障点、分析故障原因			
处理故障步骤是否合理、操作是否准确			
故障排除是否完全			
外观是否美观、整洁			
合　　计			

教学策略讨论

通信终端维修对从业人员的理论性、实践性和综合性知识和技能的要求较高，往往采用案

例式、任务驱动式、项目式等教学方法能取得较好的教学效果。请就以下问题展开讨论：

(1)实施故障检修类教学任务时，教师需要特别注意的要点有哪些？(可按照教学的各个环节来总结)

(2)有哪些典型的故障可以列入到固定电话终端维修教学任务中？为什么？

(3)在维修工作岗位上，常需要向客户询问故障情况、给客户进行相关介绍等与客户进行沟、交流的活动，良好的沟通可以使维修工作少写弯路。在这类教学任务中，可以结合哪些方法来培养和提高学生的沟通能力？

(1)讨论记录：

(2)讨论记录：

(3)讨论记录：

(4)讨论心得记录：

任务3 GSM 手机不开机故障处理检修

GSM 全名为 Global System for Mobile Communications，中文为全球移动通信系统，俗称"全球通"，由欧洲开发的数字移动电话网络标准，它的开发目的是让全球各地共同使用一个移动电话网络标准，让用户使用一部手机就能行遍全球。GSM 系统包括 GSM-900：900 MHz，GSM-1800：1 800 MHz，GSM-1900：1 900 MHz 等几个频段。

虽然移动通信即将进入"3G"时代，目前 GSM 手机仍然占据移动终端的大部分市场，用户量巨大，相应的，GSM 手机故障维修的需求也十分庞大。

移动终端是集数字通信、多媒体技术、嵌入式系统等多种高科技于一身的电子产品，对维修从业人员的要求也是多层次的，简单故障普通维修人员就可以处理，而复杂故障则需要维修专家出马。因此，本项目选取"无法开机"这一 GSM 手机最常见的故障作为 GSM 终端故障维修的入门任务。

任务描述

用户小王的手机不能开机了，他将手机送到手机客户服务中心维修。维修人员询问客户、初步检查手机后，记录故障：按下开机键后，手机无反应。手机无摔落、进水、充电不当、操作不当、维修不当等情况。要求维修人员对故障手机进行检测维修。

任务分析

手机是否能正常开机主要涉及到以下三个部分工作是否正常：电源 IC、逻辑电路和手机软件。首先向用户了解引起故障的原因，判断故障范围。一般存在以下几种情况：

(1)若手机摔落过，主要检查有没有虚焊，元件有无脱落。

(2)若手机进过水，先清洗和干燥，再检查有无腐蚀、断线的地方。

(3)因充电引起不开机的手机，主要检查元件有无击穿、烧坏现象。

(4)无摔落、进水、充电不当、操作不当、维修不当等情况，则需要根据检测手机开机电流的情况判断故障位置。

根据任务描述，机主自述和初步检测符合第 4 种情况。

故障维修一般经历：故障定位、故障排除、整机测试和记录维修日志 4 个阶段，在本任务中，各阶段需要完成的工作如下：

一、故障定位

1. 根据电路原理图大致拟定故障可能产生的模块

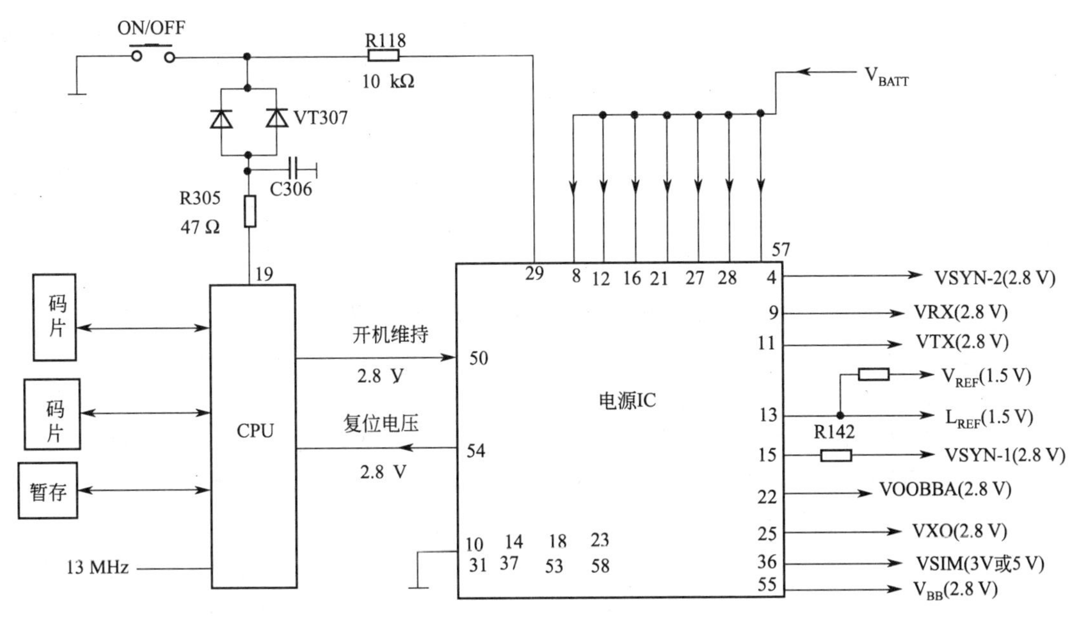

图 1-54 GSM 手机电源电路原理图

手机出现不开机的故障时，主要需要检测以下几个模块工作是否正常：

(1)电源。主要包括开机线路电压，维持信号电压，电源 IC 输出电压和时钟电路的工作电压。

(2)时钟。检测 13 MHz 基准时钟信号(有的手机是 26 MHz)。

(3)复位电路。CPU 清零信号。

(4)软件。CPU 能正确读取暂存和码片上的资料。

(5)测逻辑电路。重点检测 CPU 对各存储器的片选信号 CE 和许可信号 OE。

(6)查 CPU 外围电路及其本身。

2. 拟定检修流程和方法

参看图 1-54 所示电路,手机正常开机时,开机信号触发电源 IC,向 CPU 模块发出开机信号,电流跳变到 200～250 mA;开机稳定后电流回到 20～30 mA。检修时,维修人员可用直流稳压电源给故障手机提供开机电压,按开机键后,根据图 1-55 所示的几种开机流程情况,可以首先判断出故障模块,然后定位出具体的故障位置。

不开机故障的检修流程及方法如下:

(1)给手机加电,观察有无电流反应。首先给手机加电,不按开机键。

(2)正常手机是没有电流反应的(注意:有些手机加电后有一自检电流,但自检后电流回零,如展讯 6600 平台的手机)。

(3)如果加电就有电流反应且电流不回零或是出现大电流,说明有漏电,如功放、电源 IC、音频放大器、和弦音乐 IC、背景灯驱动 IC、滤波电容等。这种故障可用“感温法”或“开路法”检修。

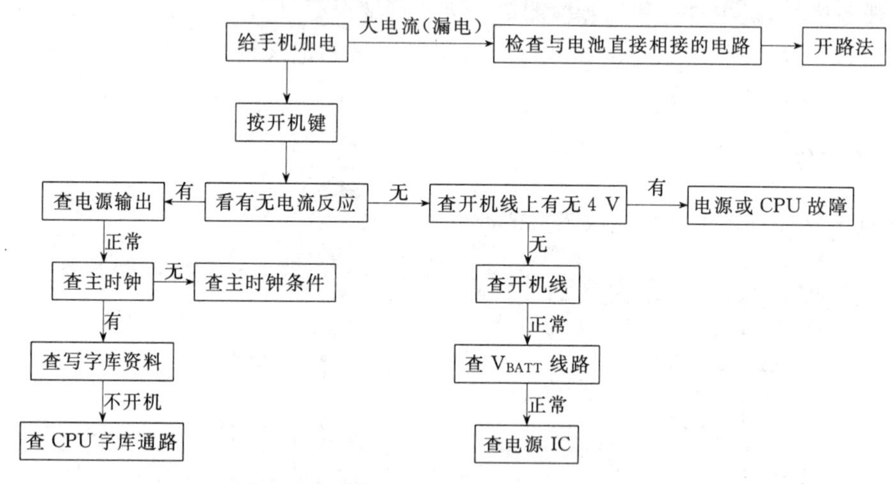

图 1-55 手机开机流程及开机故障检修图

感温法——若漏电上几百毫安,可用手去触摸主板上的元件,发热的元件一般就是故障元件。

开路法——在电路上断开某一元件,加电后,大电流消失,即为该元件故障。

(4)加电正常的情况下,按开机键,观察有无电流反应。

(5)按开机键,无电流反应。若按下开机键,无电流反应,故障应在开机线或电源部分,开机信号断路或 IC 模块损坏,需要检测的项目有:①供电电源电压;②到电源 IC 间的线路是否断路;③电源 IC 是否虚焊或损坏;④开机信号线路是否断路。

具体方法可以是:测试开机线上的电压,电源 IC 到开机键的电压,V_{BATT} 输入电路上的电压。

(6)按开机键,有电流反应。我们可以通过检查各部分模块的电压值和观察电流变化来定位故障原因。

(7)电流变化观察(按开机键,有电流反应,但是不开机)。观察电流的变化也可以为故障定位提供很大帮助,做出初步判断,进一步检测问题区域的电压,定位故障。主要的电流变化有以下五种:

第一种电流变化:按住开机键电流上升到 20～50 mA,然后回零。说明电源部分基本正

常，故障应该在以下部位：

a)电源IC有输出，但有漏电或虚焊。可以通过测试各路输出电压是否正常来进一步判断。结合电压检测法。

b)主时钟电路故障。标准的方法是通过示波器来检测时钟信号频率。但是，我们还可通过看电流的摆动情况来进行简易地判断。若电流有轻微的摆动，则时钟电路基本正常；若不摆动，则多为时钟电路或CPU没有工作。支持时钟晪晶振模块工作有三个条件：供电正常、接地正常和AFC(自动频率控制)电压正常。各条件均可通过电压法检测，若以上条件满足仍无主时钟信号输出，则为晶振模块损坏。

c)CPU、字库、暂存器工作不正常。实际维修中以电源IC、CPU、字库、暂存器虚焊，时钟电路无工作电压等情况居多。

第二种电流变化：电流上升到20～50 mA稳住不动。此现象说明硬件已经工作，但电流小、存储器电路或软件不能正常运行，主要检查以下方面：

a)CPU、存储器虚焊或损坏。

b)程序错乱或资料丢失。维修时可用软件维修仪重写软件资料，若不行则加焊CPU、字库、暂存器。

第三种电流变化：有100～150 mA的电流，马上降下来，不能开机。这种现象在不开机故障中表现最多，有100 mA左右的电流，说明已达到了手机的开机电流，而这时候仍不开机，多为逻辑电路出现故障或软件故障，应主要查看以下几个部位：

a)CPU、字库、码片是否虚焊或损坏，逻辑部分的通信线路有无断路。可查看各存储器的片选信号，若有片选信号则说明CPU正常，可检查存储器有无损坏。

b)软件资料丢失或程序错乱。

c)电源IC虚焊或损坏。维修方法仍为重写软件和加焊故障元件。

第四种电流变化：有100～150 mA的电流且电流保持不动，则可能是电源IC虚焊或者软件有故障。维修方法为重写软件或加焊电源IC。

第五种电流变化：按开机键，出现大电流。这说明可能是电源IC、功放部分有元件短路漏电或损坏。使用“感温法”、“开路法”进一步检修。

(8)电压检测(按开机键，有电流反应，但是不开机)。

检测流程如图1-55所示，先查电源输出的电压是否正常，继而检查主时钟电路，CPU电路和字库资料和字库通路电路工作电压是否正常。检查主时钟时还应检查主时钟的工作条件是否正常，即实时时钟是否正常。

二、故障排除

根据电流表读数情况判断故障位置，缩小故障范围，排查电路后，补焊各可能的虚焊点，检测出并更换有故障的元器件。

三、整机测试

故障排除后，还应对手机各项功能进行测试，确认已排除所有故障后再交给用户。

四、记录维修日志

记录手机型号、故障具体位置及发生故障的原因，排除故障的过程及方法，总结积累维修

经验，见表 1-14。

表 1-14　维修日志表

手机型号		序列号		送修日期	
故障现象描述	记录：客户送修时的自述； 维修接待人员的初检结论； 维修人员维修前对故障现象的描述				
故障原因分析	记录：维修人员根据故障现象对故障原因的初步分析				
故障处理方案	记录：维修人员根据故障原因分析拟定的维修方案，包括工具、场地、维修步骤等				
故障处理过程	记录：故障定位、方法，相关测试数据等； 故障解除方法				
故障处理结论	记录：故障解除后的测试数据； 整机测试结论； 下一步维修建议等（主要针对本次维修不成功或不完全成功）				
维修日期			维修人员		

相关知识

一、认识主板

首先，让我们对手机内部主板各个部分有个较为准确的认识，为具体的维修工作做好铺垫工作。以诺基亚 N73 主板为例，其结构比较合理，具有一定代表性。

如图 1-56 和图 1-57 所示，是诺基亚 N73 的主板照片和主板上主要电路、部件简介和指

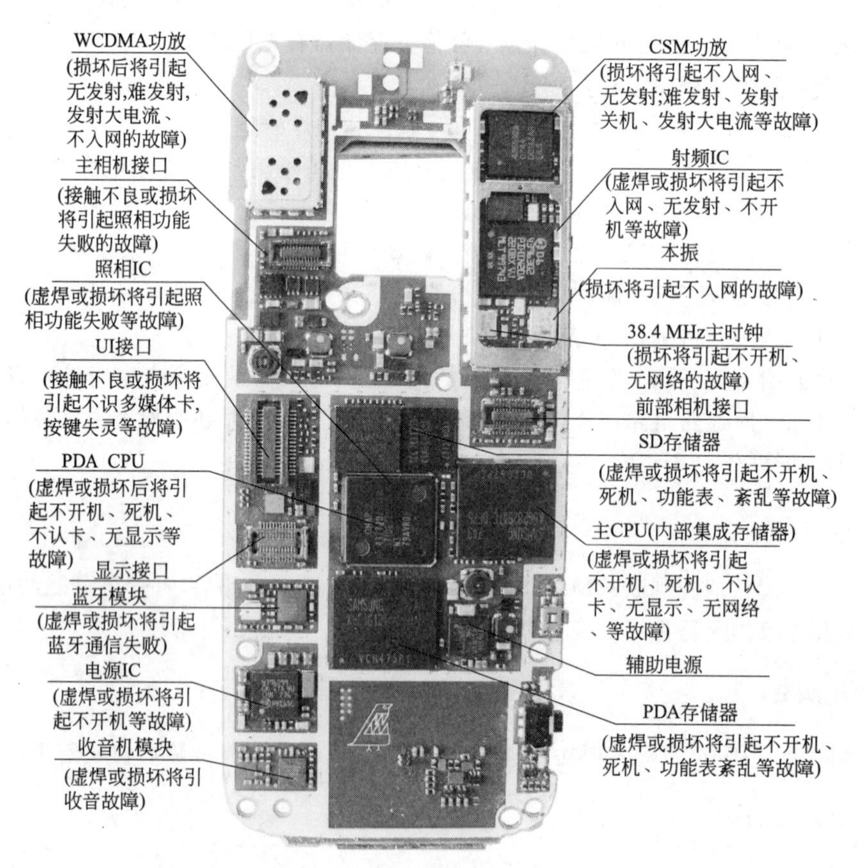

图 1-56　诺基亚 N73 的主板、主要电路及元、部件

示。主板上功能繁多(包括照相、摄像电路)、结构紧凑、精密,电路全是 SMT 元件、组件。PCB 也是多层电路板。

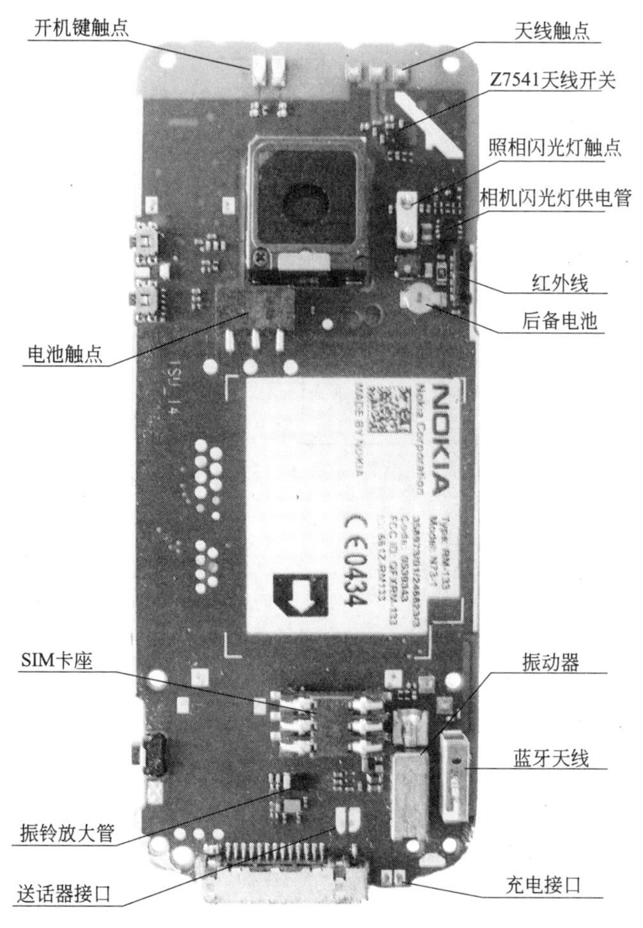

图 1-57 诺基亚 N73 主板背面图

检修中电路、元器件、组件的查找、检测、拆焊都非常困难,需要维修人员精湛的技艺、精巧的操作和非常好的耐性,否则会适得其反,越修越坏,不可能完成手机的故障维修工作。

二、GSM 手机开机工作原理

1. 开机工作电路

手机型号种类很多,不过各种机型中与开机工作有关的电路原理是基本相同的。如图1-58所示,当按下手机开机键时,开机触发信号送到电源 IC,逻辑电压调节器被启动,输出逻辑电源到 CPU 模块。一个专门的电源输出到手机的基准频率(一般为 13 MHz)时钟电路,给基准频率时钟电路供电,基准频率时钟输出逻辑时钟信号到 CPU 模块。电源模块电路输出复位信号到逻辑电路,使 CPU 清零。逻辑电路在基准频率时钟信号稳定后开始工作,启动开机程序,若得到暂存和码片上的软件支持,逻辑电路输出开机维持信号到电源电路,使电源电路保持电源输出,完成开机。

目前,国产手机 MT 芯片组已成系列化,用量极大,种类也很多,有:MT6217、MT6218、MT6219、MT6226、MT6225 和 MT6223 等。MT 系列手机的开机电路比较有代表性,可以用

来作为学习手机维修的模板。如图 1-59 所示，是以 MT6305 电源 IC 为代表机型的开机原理图，与图 1-54 相比，图 1-59 结合了具体芯片，更为详细，其中 MT6305 芯片对应图 1-54 的电源 IC，MT6226 芯片对应的是 CPU，其余部分请读者自行对照。

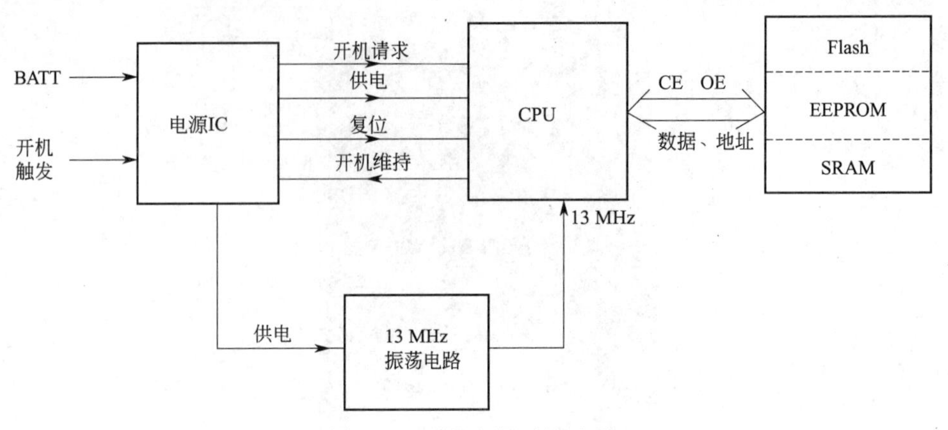

图 1-58 手机电源开机过程

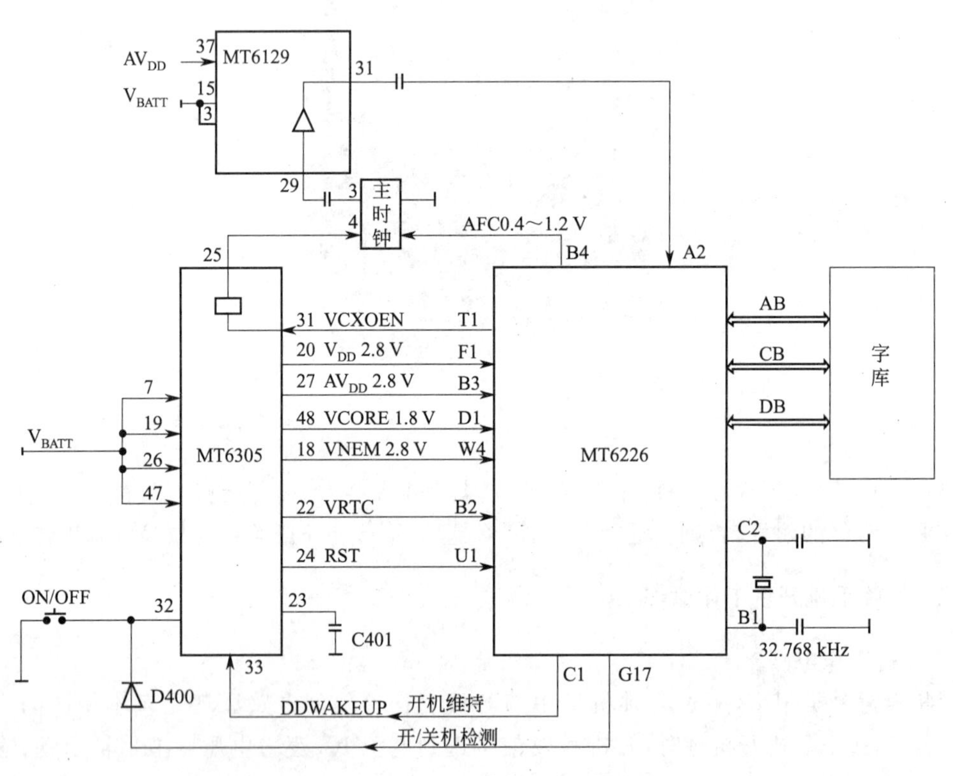

图 1-59 MT6305 电源开机原理图

2. 手机开机流程

给手机加电时，V_{BATT}电压送至电源 MT6305 的 7 脚、19 脚、26 脚、47 脚，另一路通过一个保险电阻器送至 MT6305 的 4 脚。此时 MT6305 的 22 脚马上输出一稳定的 1.5 V 电压，一路经过一个电阻器给备用电池充电（图中未画出）；另一路直达 CPU 的 B2 脚，供电给 CPU 的 B1 脚、C2 脚内部的实时时钟电路，从而启动 CPU 内 32.768 kHz 实时时钟电路（注：只要备用电池有电，这部分电路在加电之前就一直工作），同时 MT6305 的开机触发脚 32 脚输出一高

电平(3.6 V 左右)。另外 V_{BATT} 电压也送至射频 IC(MT6129)的 3 脚、15 脚,但这时射频 IC 并不工作;V_{BATT} 电压直达的元件还有功放、屏灯控制管、和弦音乐 IC、MP3 放大管、尾插,以及一些五端稳压管(很多手机的摄像头、蓝牙 IC 都由五端稳压管供电)。

MT6305 是属于低电平触发启动的电路,手机加电后按下开机键,电源 MT6305 的 32 脚对地短接,电位拉低而启动,立即输出各路稳定的电压,其中 20 脚的 2.8 V 音频供电(V_{DD})一路送至 CPU 的 F1、K1、R1、L19、E19、E15、E13、E6、D4 等脚;一路送至内存卡座及触控 IC;另一路返回至 MT6305 的 45 脚。45 脚在电源内部相连一个电子开关,控制着 18 脚的输出,开关闭合时 18 脚输出 2.8 V(VMEM)电压给字库供电,送至字库的 D6、C5、H9、J5、J6 脚及 CPU 的 W4、W7 等脚。27 脚的 2.8 V 逻辑供电(AV_{DD})送至 CPU 的 B3、C15、B13、D7、A7、C4 等脚。48 脚的 1.8 V 是 CPU 核心供电(VCORE),送至 CPU 的 C16、D1、M1、H19、V8、V16 等脚。以上是按开机键输出的四路供电,加上原来加电就有的实时时钟供电电路,组成了电源的 5 路稳压输出,这 5 路供电是手机开机必须的,缺一不可。

以上供电输出的同时,电源会产生复位电压给字库和 CPU。复位电路由电源 MT6305 的 23、24 脚组成,23 脚外接一个延迟电容(先充电再放电)。2.5 V 的复位电压从 24 脚输出先到达 CPU 的 U1 脚,再从 CPU 的 R18 脚输出送至字库的 D5 脚和 K2 脚完成复位。

CPU 得到供电和复位后,其内部一个电子开关工作,从 CPU 的 T1 脚输出一控制信号,一路送至电源 MT6305 的 31 脚作为主时钟启动信号;另一路送至射频 MT6129 的 14 脚作为射频供电启动信号。电源的 31 脚得到启动信号后,马上通过内部的电子开关启动稳压电路,从 25 脚输出 2.8 V 电压给 26 MHz 晶体供电(VTCXO)。2.8 V 送至 26 MHZ 晶体的 4 脚,起振后从 3 脚输出 26 MHz 的信号送至射频 MT6129 的 29 脚。

由于射频 IC 的 3 脚、15 脚加电就有了电池电压,14 脚的启动信号一到,4 脚马上输出一路 2.8 V 射频供电(V_{CC}RF),送回射频 IC 的 47 脚、48 脚、49 脚。同时 16 脚也输出一路 2.8 V 的频率合成供电电压(V_{CC}SYN),送回射频 IC 的 24 脚、25 脚、27 脚、30 脚、33 脚。射频 IC 现在已经得到了所有的供电,部分电路开始工作,对 29 脚送入的 26 MHz 信号进行放大,放大后的信号从射频 IC 的 31 脚输出送至 CPU 的 A2 脚。

当 CPU 供电、复位、副时钟(MT 的 CPU 开机需要 32.768 kHz 副时钟信号支持)和主时钟正常后,CPU 就开始从字库中调开机的自检信息,这时开机键要一直按住不放(MT 的开机时间一般设计为 4～10 s),CPU 首先检测其 G17 脚的电压,这是开机请求检测脚,从 CPU 的内部输出一高电平,通过开机线上的开机二极管通往开机键。如果开机键一直按下不放,CPU 的 G17 脚电位就会被一直拉低,CPU 就会判断为用户要开机,从而继续从字库中提取开机程序,若获得软件的支持,开机程序运行正常,CPU 的 C1 脚便输出一开机维持信号,送至电源 MT6305 的 33 脚,这时可以松开开机键了,从而实现开机。手机开机后就会搜网、入网。

现在有些手机把内存卡、摄像头、显示屏也列入了硬件自检的名单内。内存卡不安装可以开机,但一旦安装了损坏的内存卡,手机自检便通不过。有的手机还必须安好摄像头、显示屏,CPU 找不到它们就不会执行下一程序,造成持续不断自检。开机自检不通过工者不断自检都会表现出不能开机的故障现象。

三、手机开机的几个条件

手机开机需要具备以下几个条件:

(1)供电正常,包括电池电压 V_{BATT}、开机线、逻辑供电等。

(2)时钟正常,32.768 kHz副时钟、26 MHz主时钟及放大电路。

(3)复位正常,RST整机复位、初始化。

(4)自检正常,单片机(CPU+字库)三总线自检、软件运行等。

(5)维持要正常,维持信号由CPU送给电源。

四、手机中关键信号的流程

1. 发射的信号流程

话筒将声音转化为模拟音频信号,经模/数转换,转换成数字音频信号,送入逻辑电路进行DSP处理,然后进行GMSK调制,从而得到发射基带信号TX I/Q。TX I/Q信号再送至I/Q调制器进行调制得到发射中频信号TX IF,TX IF信号再送往发射上变频电路从而得到基站所需要的频率。最后经功率放大,天线开关ANT发射出去,如图1-60所示。

现代移动通信设备的发射机分为三种基本框架结构,即:带发射变换电路的发射机(前期摩托罗拉、三星等采用);带发射上变频电路的发射机(早期手机采用);直接变频的发射机(诺基亚8210以后及现行多数手机采用)。

2. 接收的信号流程

基站发来的无线蜂窝信号很微弱,同时混有噪声波及杂波。手机天线感应到的这种信号首先经天线匹配电路、天线开关(ANT)、接收滤波器(FL)滤波后送至低噪声放大器(LNA)放大,经LNA放大后的信号再滤波后送至混频器(MIX)与本机振荡信号(RX VCO)进行混频,得到中频信号(IF),经中频放大后在解调器中进行正交解调得到接收基带(RX I/Q)信号。接收的基带信号送往逻辑电路进行GMSK解调、DSP数字信号处理,再进行数/模转换,还原成模拟音频信号,推动听筒转换成声音信号。

五、手机典型电路的功能分析

1. 天线开关的功能

(1)完成接收信号与发射信号的双工切换,防止收发信号相互干扰。

(2)完成双频或三频的切换,使手机在某一频段工作时,其他频段空闲。

2. 接收滤波器的功能

接收滤波器是一种带通滤波器,目的是将接收信号中的噪声、杂波滤除。手机工作于EGSM频段时,接收滤波器只允许925~960 MHz的信号通过;当工作于DCS频段时,只允许1 805~1 880 MHz的信号通过。

3. 低噪声放大器的功能

对接收的高频信号放大,以满足混频器对输入信号幅度的要求。当天线开关、接收滤波器、低噪声放大器虚焊或损坏时会引起手机信号差、无网络的故障。图1-61为手机接收电路的方框图。

六、现代移动通信终端接收机的基本框架结构

现代移动通信终端的接收机分为三种基本框架结构。即超外差二次变频的接收机;超外差一次变频的接收机;直接变频的线性接收机。

1. 超外差二次变频的接收机

这种结构的接收机有两个混频器。第一次混频是射频信号(RF)与一本振信号(通常诺基

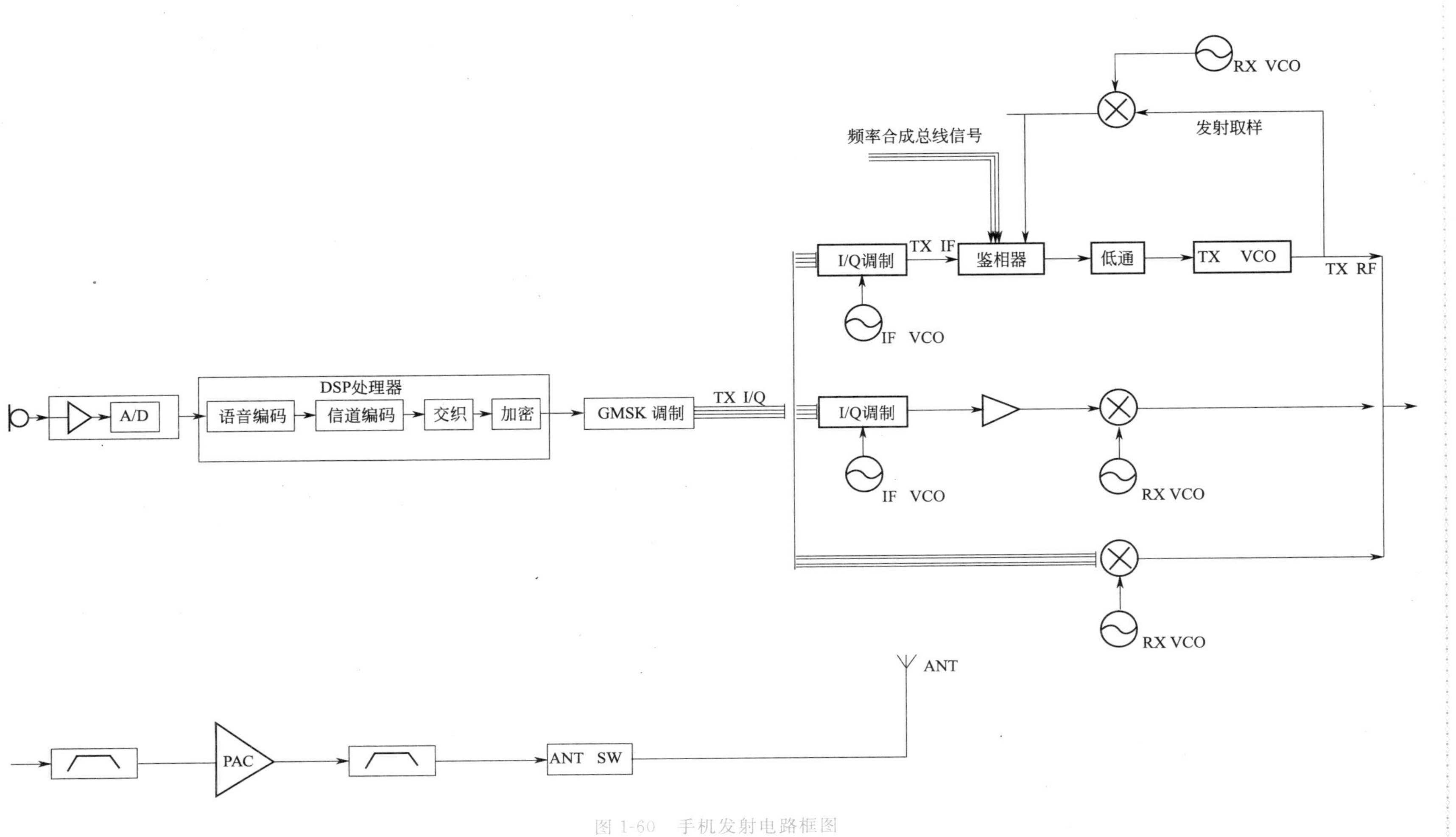

图 1-60　手机发射电路框图

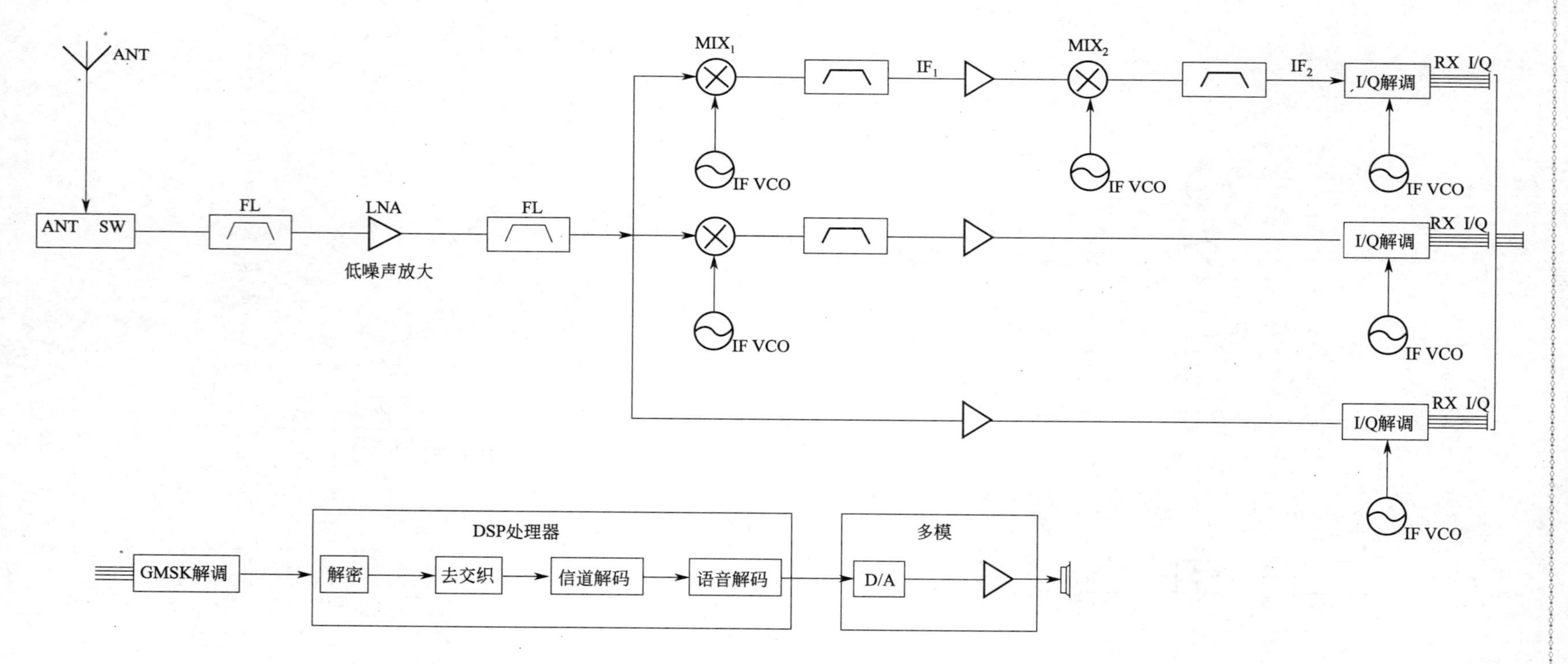

图 1-61 手机接收电路方框图

亚手机叫 UHF VCO、三星手机叫 RX LO)混频得到二者的差频为一中频(IF_1);第二次混频是一中频信号(IF_1)为二本振信号(诺基亚手机叫 VHF VCO、三星手机叫 IF LO)混频得到二者的差频为二中频信号(IF_2)。前期的诺基亚、三星等手机基本采用这种方式,如:诺基亚 N5110,IF_1 为 71 MHz、IF_2 为 13 MHz;三星 T108 IF_1 为 225 MHz、IF_2 为 45 MHz。

2. 超外差一次变频的接收机

这种结构的接收机只有一个混频器,即射频信号(RF)与一本振信号(RX VCO)混频之后得到中频信号 IF。前期摩托罗拉手机采用此方式,如:MOT V998 中频信号为 400 MHz。

3. 直接变频的线性接收机(又称零中频接收机)

它是一种比较特殊的接收机,它将接收的射频信号(RF)直接被还原出基带信号(RX I/Q)。在该接收机中,要求本机振荡信号的频率等于载频信号的频率。诺基亚 8210 之后的手机及现行大多数手机都采用这种接收机。

无论上述哪种模式的接收机,接收的基带信号(RX I/Q)都要经 GMSK 解调还原出数字信号,然后送至 DSP(数字信号处理器)电路进行均衡、解密、去交织、信道解码、语音解码等处理。再经数/模转换器(D/A)将数字音频信号转换成模拟音频信号,经过放大后送往听筒还原出声音。

技能训练

熟练掌握常用维修工具及检测仪器的使用。

1. 熟练使用热风机(如图 1-62 所示)和电烙铁(如图 1-63 所示)等维修工具拆焊各元器件

图 1-62　热风机

图 1-63　调温、恒温电烙铁

2. 熟悉直流稳压电源(如图 1-64 所示)、万用表(如图 1-65 所示)和示波器(如图1-66所示)等测试仪器的使用方法

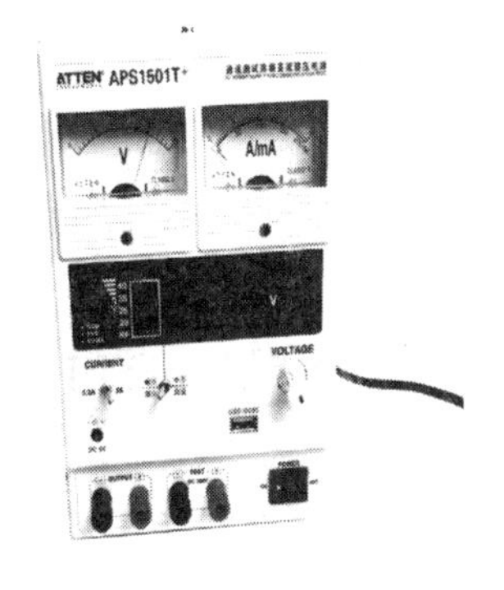

图 1-64　直流稳压电源

图 1-65　数字万用表

3. 会用编程器(如图 1-67 所示)编程并写入芯片

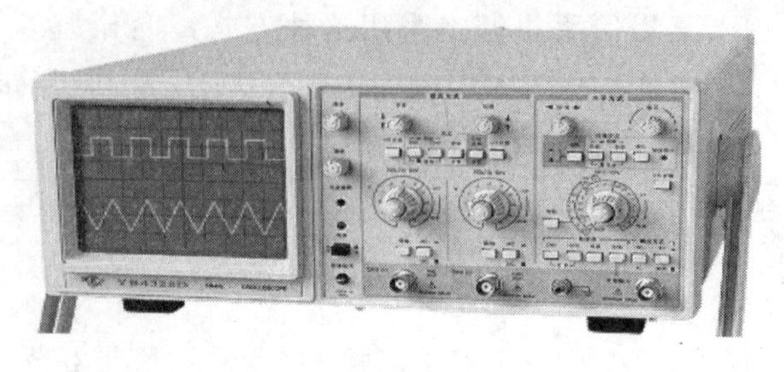

图 1-66　示波器

图 1-67　编程器

任务完成

本任务可单人操作或两人组队完成。

两人组队,由一人负责记录维修过程的日志;另一人按维修工作的几个阶段排除待修手机的故障。完成后,两人讨论整个维修过程的得失。然后两人交换角色,完成另一部手机的维修工作。最后,教师组织进行维修成果的展示和汇报,并完成评价。

评　　价

评价总分 100 分,分三部分内容:(1)能否迅速地查找故障点、分析故障原因共 30 分;(2)处理故障步骤是否合理、操作是否准确共 30 分;(3)故障排除是否完全 30 分;(4)外观是否美观、整洁共 10 分。见表 1-15。

表 1-15　GSM 手机维修评价表

评价内容	学员自我评价	培训教师评价	其他评价
能否迅速地查找故障点、分析故障原因			
处理故障步骤是否合理、操作是否准确			
故障排除是否完全			
外观是否美观、整洁			
合　　计			

教学策略讨论

本部分教学内容可分为两部分进行:

(1)GSM 手机开机的基本工作原理的理论教学。要求学生熟悉各元器件、模块功能,学会正确分析电路、准确判断出故障部位。

(2)手机维修实训教学。要求学生熟悉常用焊接工具的性能特点及操作使用方法,掌握不同元器件的拆焊方法及注意事项,熟悉各种测试仪器的操作方法,掌握写码操作。

请就以下问题展开讨论:

(1)手机不开机的故障原因有很多,由教师提出分组教学,每组给予一个不同类型故障的方法,请讨论这种方法的可行性和实施要点。

(2)在故障定位、故障原因分析和拟定维修方案等环节上,可以实施小组讨论的教学方式。请讨论如何组织小组讨论,以及教师在学生讨论过程中如何进行引导和配合。

最后,请将讨论记录如下:

(1)讨论记录:________________________________

(2)讨论记录:________________________________

(3)讨论心得记录:________________________________

任务4　CDMA手机常见故障检修

现阶段CDMA手机在市面上数量还远小于GSM手机,但是随着时间的推移,3G手机将逐步取代GSM手机,此类手机的维修工作也将逐渐红火起来。

相对而言,尽管GSM手机生产厂家较多,各自的电路图都有所差别,但其维修技术已趋于成熟。而CDMA手机有别于GSM手机,同时很多新功能、新机型的涌现,使得其故障种类花样繁多。CDMA手机的维修技术还处于摸索阶段,其工作难度相对来说要大一些。

本任务选取CDMA手机不能通信——无信号,无法拨入和呼出作为典型故障。与上一任务相比,任务难度递进一层,典型故障种类增加了一种。学员可多做对比,总结提炼出维修工作的一般过程和方法,并在这个过程中学会对不同故障进行处理的维修技术。

任务描述

小张用的是一款CDMA手机,他发现自己的手机没有信号,无法拨入和呼出。于是他将手机拿到维修中心。维修中心需要对其 CDMA 手机进行检测、判断故障、分析故障并维修，恢复正常通话功能。

任务分析

随着通信技术的发展，CDMA 技术日趋成熟以及其优良的性能，吸引了越来越多的手机用户，CDMA 手机功能较多，故障的种类多种多样，故障的大致范围如下：

1. 自动开机（加上电池后，不用按开/关键就处开机状态了）

主要由于开/关键对地短路或开机线上其他元器件对地短路造成。

2. 自动关机（自动断电）

振动时自动关机：这主要是由于电池与电池触片间接触不良引起。

按键关机：手机只要不按键盘，手机不会关机，一按某些键手机就自动关机，主要是由于 CPU 和存储器虚焊导致。

发射关机：手机一按发射键就自动关机，主要是由于功放部分故障引起，一般是由于供电 IC（或功放控制）引起此故障。

3. 发射弱电和发射掉信号

发射弱电：手机在待机状态时，不显弱电，一打电话，或打几个电话后马上显示弱电，出现低电告警的现象。这种现象首先是由于电池与触片接口间脏了或接触不良造成；其次是电池触片与手机电路板间接口接触不良引起；再其次就是功放本身损坏引起。

发射掉信号：手机在待机状态时，信号正常，手机一发射马上掉信号，这种现象是由于手机功放虚焊或损坏引起的故障。

4. 漏电

手机漏电是较难维修的故障。首先判断电源部分、电源开关管是否烧坏造成短路；其次判断功放是否损坏；再其次，漏电流不太多的情况，给手机加上电源 1～2 min 后用手背去感觉哪部分元件发热严重，此元件坏了，将其更换。如果上面的方法仍没有解决故障，就只有去查找线路是否有电阻、电容或印刷线短路。

5. 不入网

不入网可分为有信号不入网、无信号不入网两种情况。目前在市场上有些系列手机，只要其接收通道是好的，就会有信号强度值显示，与有无发射信号无关，有些系列手机必须等到手机进入网络后才显示。

6. 信号不稳定（掉信号）

由于接收通道元器件有虚焊所致（摔过的手机易出现此故障）。主要对接收滤波器、声表面滤波器、中频滤波器和接收 IC 等元器件进行补焊，大多能恢复正常。

7. 软件故障

手机软件故障主要现象有：

（1）手机屏幕上显示联系服务商、返厂维修等信息。此类故障为软件故障，重写码片资料即可。

（2）用户自行锁机，但因原厂密码已被改动，因此出厂开锁密码无用。重写码片资料即可。

（3）手机能打出电话，但设置信息无记忆、显示黑屏、背光灯不熄、电池正常弱电告警等故障。在相关的硬件电路正常情况下，软件也能引起这些故障，必须重写码片资料。

其中像 CDMA 手机无收发用户这样的故障大约占据整个故障的 40%，解决 CDMA 手机

无信号的故障的任务就显得尤为重要。对于手机出现不入网(没信号)故障首先要区分是接收部分还是发射部分的原因造成的,搞清楚后才可"对症下药"。

一、故障定位

(一)初步确定是发射故障或是接收故障

一般情况下可通过手机自身的网络搜索功能,初步确定不能入网的故障是发射问题或是接收问题。具体的方法是在手机和菜单的网络设置子菜单中,选搜索网络,进入后再选手动搜索网络。

若可以搜到网络(在屏幕上会显示中国移动、中国联通或中国电信)就初步说明手机接收部分是工作正常的,不入网(没信号)故障是发射部分的问题。

如果只显示中国移动或中国联通的其中一个,应该是手机的接收部分通路不畅顺或 13 MHz VCO 有频偏。

若不能搜到网络就说明手机接收电路部分出了问题。CDMA 手机的内部部分电路图如图 1-68 所示。

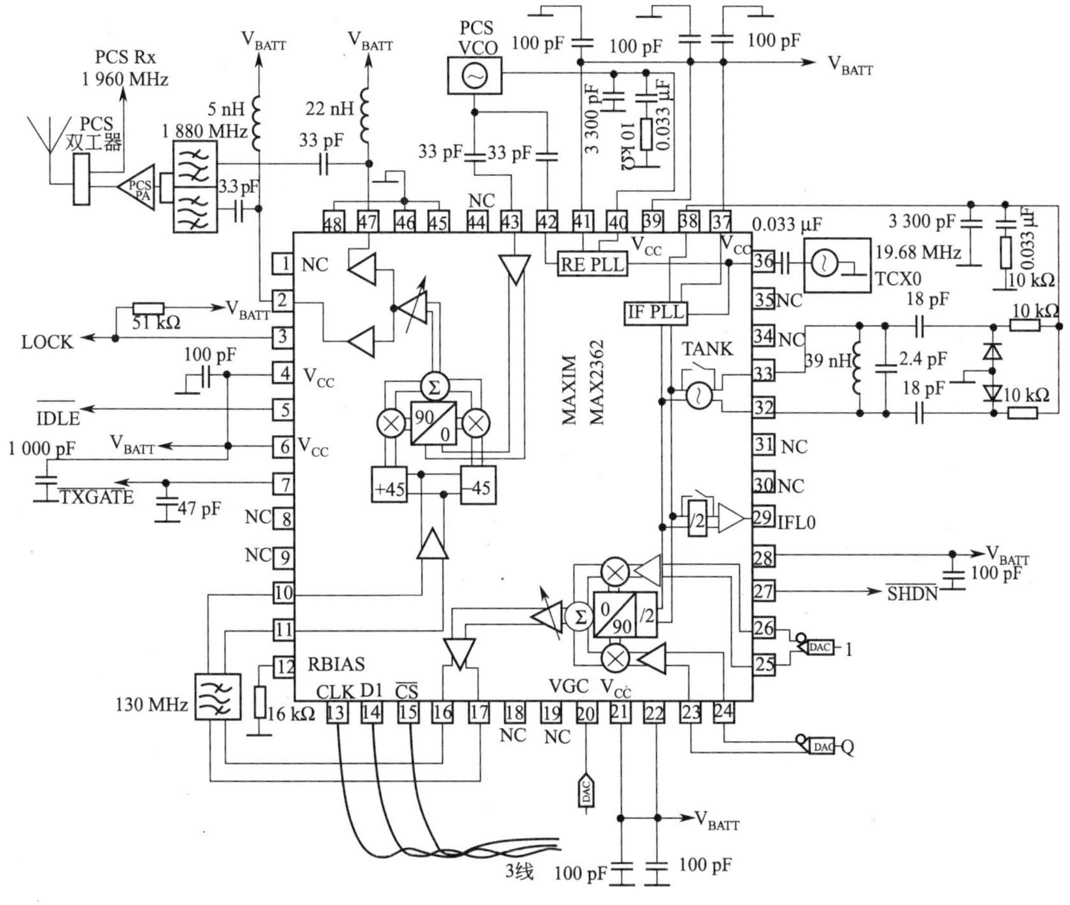

图 1-68　CDMA 手机电路图

(二)电路检测,准确定位故障

根据初步判定结果,在电路板的测试点上使用仪器仪表,通过对关键点的电压、电流、信号追踪,可以对故障进行准确定位。

1. 无接收故障定位

看有无搜索电流，一般搜索电流在 5～20 mA 之间来回跳动，有信号时约 1 s 摆动一次。

有搜索电流无网络：故障发生在接收前端的有关电路，如天线开关、接收滤波器和一、二中频滤波器，一般为元件虚焊或损坏。

有搜索电流且电流在 100～150 mA 间不断地跳动，此种故障多发生在 VCO(压控振荡器)不正常和 13 MHz AFC(自动频率跟踪)不正常的情况下，应重点检查这两部分和与之关联的电路。

无搜索电流无网络：故障发生在逻辑部分，一般为 CPU 无输出 RX-ON 信号，音频 IC 的 RX I/Q 无输出，码片、CPU 虚焊或软件资料不对，电源 IC(供电管)不能给接收电路供电。

有搜索电流但偏大(超过 200 mA 以上)，故障一般是发生在中频 IC 及与之相连的元件，可检查中频 IC 有无虚焊或损坏。

2. 无发射故障定位

看有无发射电流，可拨 112 试机。发射正常的电流在 200～300 mA 之间，并在接通后会回落至 100～150 mA 之间且有规则地摆动。

注：CDMA 手机、小灵通不摆动。

(1)有发射电流而不能打电话

具体表现为，拨 112，按发射键时电流从待机电流上升至 100 mA 左右，定住一段时间后又回落到待机电流，此种故障一般是发射末级出现问题，应重点检查天线开关(或合路器)、发射滤波器、功放等元器件。具体办法可拆去天线开关和发射滤波器，直接用小电容将发射滤波器的通路连接上，再用两根细线(约 10 cm)分别焊接到接收前端和发射信号输出端，再拨 112 试机。若可以打出电话，则说明天线开关或发射滤波器有问题；若打不出电话，电流反应和先前一样，此时可再将功放拆下，再用两根细线(约 10 cm)分别焊接到接收前端和发射信号输出端(功放的输入端、VCO 的输出端)，再拨 112 试机。若可以打出电话，则说明功放有问题；若还是打不出电话，则要重点检查中频 IC 和 VCO。

(2)无发射电流

具体表现为，拨 112，按发射键时电流没什么变化。这种故障一般是在逻辑部分，一般是 CPU 无输出 TX-ON 信号、音频 IC(CPU、中频 IC)没有 TX I/Q 信号输出、码片(字库)资料不对、音频 IC(CPU、中频 IC)虚焊等，可分别检查各部分。

(3)发射电流偏大或偏小

具体表现为，拨 112，按发射键时，有时可打出，但电流较大(在 400 mA 以上)，或较小(在 100 mA 以下)，这种情况一般查功放、高放(发射预放大)管是否有损坏。

(三)故障定位经验之谈

(1)对于接收电路，应重点检查天线开关、滤波器、13 MHz 的 AFC(应有约 1～1.5 V 的跳变)、VCO 的供电电压(一般是 2.8 V)和控制电压(应有约 1～2.8 V 的跳变)、RX I/Q 信号(有些手机是两路，有些手机是四路)、RX-ON 信号(一般在 CPU 输出)等。有些机子还有单独的高放电路(如诺基亚和三星等)，也应测量一下高放管的好坏和工作电压是否正常。

(2)对于发射电路，应重点检查天线开关、滤波器、发射 VCO 有无控制电压和供电电压(一般是 2.8 V)、功放、TX-ON 信号(一般在 CPU 输出)、音频 IC(CPU、中频 IC)没有 TX I/Q 信号输出、码片(字库)资料不对、音频 IC(CPU、中频 IC)虚焊、功率控制有无输出信号(若是 MOTO-V998 系列也要看有无负压)等。

二、故障排除

根据故障定位结果，补焊各可能的虚焊点或更换有故障的元器件。

三、整机测试

故障排除后，还应对手机各项功能进行测试，确认已排除所有故障后再交给用户。

四、记录维修日志

维修日志表见表1-16。

表1-16 维修日志表

手机型号		序列号		送修日期	
故障现象描述					
故障原因分析					
故障处理方案					
故障处理过程					
故障处理结论					
维修日期				维修人员	

相关知识

一、CDMA工作原理及技术特点

CDMA，即码分多址（Code-Division Multiple Access，CDMA）。通信系统中，不同用户传输信息所用的信号不是靠频率不同或时隙不同来区分，而是用各自不同的编码序列来区分，或者说，靠信号的不同波形来区分。如果从频域或时域来观察，多个CDMA信号是互相重叠的。接收机可以在多个CDMA信号中选出其中使用预定码型的信号。其他使用不同码型的信号因为和接收机本地产生的码型不同而不能被解调。它们的存在类似于在信道中引入了噪声和干扰，通常称之为多址干扰，是近年来在数字移动通信进程中出现的一种先进的无线扩频通信技术。它能够满足市场对移动通信容量和品质的高要求，具有频谱利用率高、话音质量好、保密性强、掉话率低、电磁辐射小、容量大、覆盖广等特点，大量减少投资和降低运营成本。

CDMA的技术特点：

(1)CDMA是扩频通信的一种，它具有以下特点：

①抗干扰能力强。这是扩频通信的基本特点，是所有通信方式无法比拟的。

②宽带传输，抗衰落能力强。

③由于采用宽带传输，在信道中传输的有用信号的功率比干扰信号的功率低得多，因此信号好像隐蔽在噪声中，即功率话密度比较低，有利于信号隐蔽。

④利用扩频码的相关性来获取用户的信息，抗截获的能力强。

(2)在扩频CDMA通信系统中，由于采用了新的关键技术而具有一些新的特点：

①采用了多种分集方式。除了传统的空间分集外，由于是宽带传输起到了频率分集的作

用，同时在基站和移动台采用了 RAKE 接收机技术，相当于时间分集的作用。

②采用了话音激活技术和扇区化技术。因为 CDMA 系统的容量直接与所受的干扰有关，采用话音激活和扇区化技术可以减少干扰，可以使整个系统的容量增大。

③采用了移动台辅助的软切换。通过它可以实现无缝切换，保证了通话的连续性，减少了掉话的可能性。处于切换区域的移动台通过分集接收多个基站的信号，可以减低自身的发射功率，从而减少了对周围基站的干扰，这样有利于提高反向链路的容量和覆盖范围。

④采用了功率控制技术，这样降低了平准发射功率。

⑤具有软容量特性。可以在话务量高峰期通过提高误帧率来增加可以用的信道数。当相邻小区的负荷一轻一重时，负荷重的小区可以通过减少导频的发射功率，使本小区的边缘用户由于导频强度的不足而切换到相临小区，使负担分担。

⑥兼容性好。由于 CDMA 的带宽很大，功率分布在广阔的频谱上，功率话密度低，对窄带模拟系统的干扰小，因此两者可以共存，即兼容性好。

⑦CDMA 的频率利用率高，不需频率规划，这也是 CDMA 的特点之一。

⑧CDMA 高效率的 OCELP 话音编码。话音编码技术是数字通信中的一个重要课题。OCELP 是利用码表矢量量化差值的信号，并根据语音激活的程度产生一个输出速率可变的信号。这种编码方式被认为是目前效率最高的编码技术，在保证有较好话音质量的前提下，大大提高了系统的容量。这种声码器具有 8 kbit/s 和 13 kbit/s 两种速率的序列。8 kbit/s 序列从 1.2 kbit/s 到 9.6 kbit/s 可变，13 kbit/s 序列则从 1.8 kbit/s 到 14.4 kbit/s 可变。最近，有一种 8 kbit/s EVRC 型编码器问世，也具有 8 kbit/s 声码器容量大的特点，话音质量也有了明显的提高。

二、电路板维修知识（详见任务 2）

技能训练

一、仪器设备的认识和使用

操作过程中需认识和使用的仪器设备主要有：

(1)万用表、电烙铁、螺丝刀、镊子组合。

(2)热风枪、电烙铁。

(3)手机综合测试仪、频谱分析仪、手机信号源，如图 1-69、图 1-70 和图 1-71 所示。

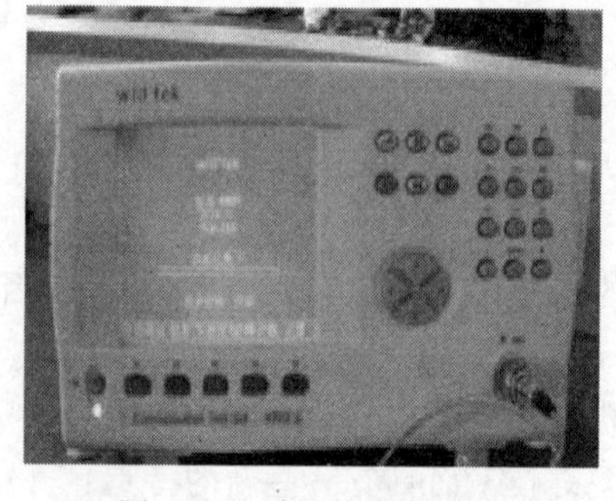

图 1-69　手机综合测试仪

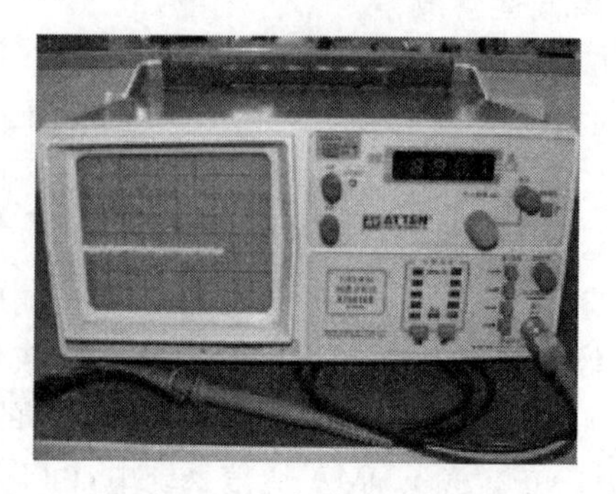

图 1-70　频谱分析仪

二、技能练习

(1)练习拆焊和焊接技术

用一些普通的电路板做练习,可以焊接收音机、电话机等。

(2)练习测试仪器使用方法

主要针对手机综合测试仪、频谱分析仪和手机信号源3种仪器的基本使用方法进行训练,以备在维修过程中使用。

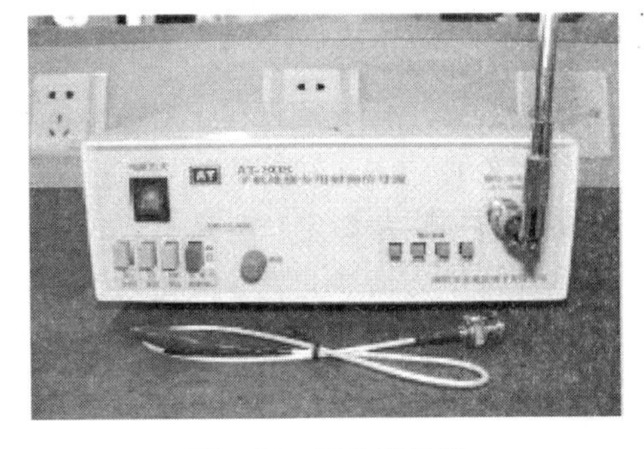

图1-71 手机信号源

建议基地教师结合手机维修师对学员进行手机综合测试仪、频谱分析仪和手机信号源3种仪器的操作专题训练。

任务完成

根据实际情况,可以选取4人为一组来协同完成该任务。其中一人为组长,负责分析故障;其余3人分别完成:准备和整理仪器,排除故障,记录分析测试结果。手机维修场景如图1-72所示。

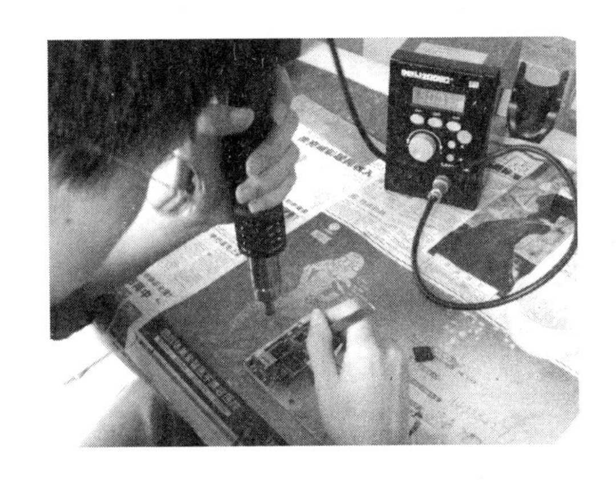

图1-72 手机维修场景图

评 价

评价总分100分,分三部分内容:(1)能否迅速地查找故障点、分析故障原因共30分;(2)处理故障步骤是否合理、操作是否准确共30分;(3)故障是否完全排除共30分;(4)外观是否美观、整洁共10分。见表1-17。

表1-17 CDMA手机维修评价表

评价内容	自我评价	教师评价	其他评价
能否迅速地查找故障点、分析故障原因			
处理故障步骤是否合理、操作是否准确			
故障是否完全排除			
外观是否美观、整洁			
合计			

教学策略讨论

终端维修工作的重点在于对故障的定位和处理。相对而言，有了前几个任务的训练，对于一般故障处理的方法和技能，学员应已具备。加之移动终端功能复杂，故障种类繁多，所以本任务的教学应以故障定位为重点。

请就以下方面展开教学策略的讨论：

(1)教师在引导学员分析故障原因时，应在哪些地方把理论知识适当、适量和适时地引入。

(2)对学员思路的拓展可以采用哪些教学方法？

(3)如何让学员在体验和总结故障定位时，分层次、分步骤地逐步有效推进？

(4)仪器仪表的熟练使用是故障准确定位的重要手段，如何加强这方面的训练？

最后，请将讨论记录如下：

(1)讨论记录：______________________________

____

____

(2)讨论记录：______________________________

____

____

(3)讨论记录：______________________________

____

____

(4)讨论记录：______________________________

____

____

(5)讨论心得记录：______________________________

____

____

任务5　移动手机的刷机操作

"刷机"是一种改变手机操作系统的一种行为，就是用新版本的手机软件来替换手机中原有版本软件的过程，当然也可以是将当前版本的软件重新刷入手机，相当于给电脑装上不同版本的 Windows 操作系统或者电脑重装系统。

在前一任务对手机典型故障分析处理中，我们就已经发现，不少故障特别是软件类故障，需要通过刷机来解决。如解决了反应速度慢、音量小、短信模板失效、死机、显示亮度不够、不可调等问题；还有些是为了增强原机型的功能，比如增加数码变焦、像框种类、图像的编辑能力等，即在不改变手机硬件的情况下提升其功能。

总结起来，除了解决手机故障外，刷机还有其他作用：(1)提升手机的版本，获取更多、更稳定的性能。(2)软件汉化，把不是中文操作软件的手机汉化成中文。(3)解锁、解密，这是维修

部经常遇到的事情，把被锁的手机刷开或把被限制的功能启用等。(4)部分硬件平台相似的不同厂家手机，可通过刷机“变身”。

由于刷机好处多多，刷机就成了维修技师必须掌握的技能。不同厂家、不同型号的手机，其刷机过程也有所不同，但总的来说都大同小异，本任务以比较典型的三星 S8003 为例，培训技师掌握刷机技能。

任务描述

小李有一台三星 S8003 手机，使用快一年了，他同事最近也买了一台同样的手机。但小李发现自己的手机与同事相比反应速度越来越慢，而且有很多好玩的游戏也不支持。小李四处打听原因是什么，最终了解到原来是手机软件版本偏低，需要升级，于是决定去维修站请维修人员刷机。

任务分析

手机反应慢、功能不齐整，不全是软件版本的问题，也有硬件设备的问题。但是小李的手机使用了一年除了反应慢一点其他都正常，据推断基本上属于软件版本落后的问题。手机刷机的一般过程如下：

(一)与客户沟通

刷机是有风险的，首先，可以肯定刷机是不会损坏手机硬件的。但是不当的刷机方法可能带来不必要的麻烦，比如无法开机、开机死机、功能失效等后果。维修人员在刷机前应提醒客户备份好手机中个人的资料，如通信录等。对刷机可能带来的不良后果也应适度向客户说明。适度是指既不要把不良后果说的过于严重，导致客户信心丧失，损失客源；又要向客户说明情况，取得客户信任和共识，避免可能扩大的纠纷。

当然，维修技师不断总结经验教训，提高自己的技能，是规避风险的根本方法。

(二)刷机前的准备

刷机前要注意的几个事项如下：

(1)手机与电脑的连接状态

只要是能与电脑正常连接的机器就能刷，不论是正常使用中还是白屏中。如果手机已经与电脑无连接反映(例如黑屏)，那么就得另加设备；普通数据线是没办法刷机器的，只能传图片及 MP3 文件等。

此外不同手机的刷机方式和连接方式也有不同，比如 NOKIA 刷机需要专用的刷机盒。

(2)手机保持一定电量

刷机时一定要确保手机电池电量在一半以上，否则当刷机进行到中途时，因手机缺电导致刷机中断，可能造成手机系统被破坏。

(3)刷机软件的准备

刷机时所需的软件应注意其存放位置，否则不仅造成刷机失败，手机原有系统也可能被破坏。

(4)刷机软件的版本

建议在手机原版的基础上刷序列号不变的版本。序列号的改变可能意味该软件适用于其他硬件版本。

(5)手机原版软件的备份

刷机前，应尽量将手机原版软件进行备份，或通过其他方式获得待刷手机的原版软件。这样当刷机失败，或用户不满意刷机效果时，可进行恢复。

(三)手机刷机的实施过程

以三星 S8003 手机刷机为例。

1. PC 机上软件的安装

在电脑上安装相应刷机软件。

2. 使手机进入刷机状态

将手机关机,按住侧面的音量键(上下一起)、照相键和开机键,待屏幕出现红色英文后松开。

3. 打开刷机软件,连接手机(USB 线)

注:部分类型手机需要先连接手机然后再使手机进入刷机状态。

4. 使电脑和刷机软件识别待刷手机

单击刷机软件上的【Port Search】按钮,如图 1-73 所示。

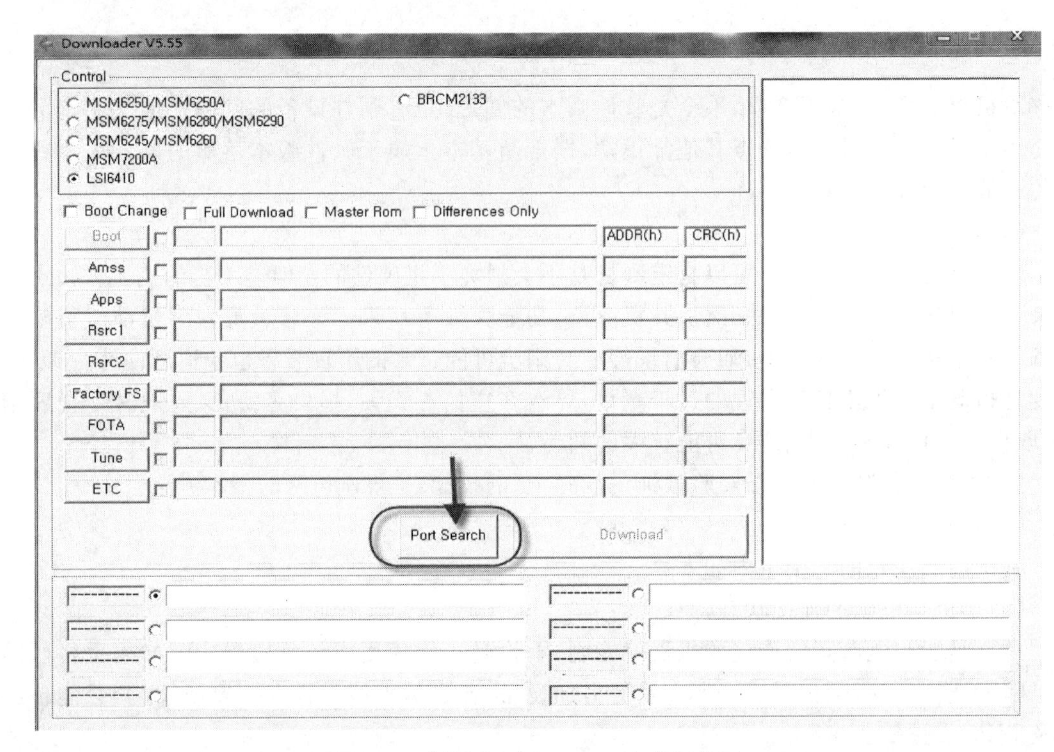

图 1-73 刷机界面 Port Search 按钮指示

刷机软件会自动搜寻端口号和所需要选择的项目,如图 1-74 中画圆圈的地方。

5. 设定刷机内容

本任务需要更新当前手机操作系统,所以需要改变手机启动软件和应用软件。

(1)更新启动软件:勾选 Boot Change,然后再单击下面的【Boot】按钮,找到刷机包里的 S8000CZCIF8_boot 文件夹,系统会自动识别到可刷的文件;注意 Boot 是手机的核心软件,不能选错,否则会导致手机系统被破坏,如图 1-75 所示。

(2)更新应用软件:勾选 Full Download,如图 1-75 框中的 5 个按钮就变得可以选择。

这里需要注意的是:更新文件与类型在选择的时候要对号入座。如 Amss 类型应对应 *. amss. bin 命名的软件;Apps 对应 *. apps. bin 命名的软件,如图 1-76 所示。

在选择 Rsrc2 类型文件时,应选择文件名中有“(Low)”的文件(三星系列手机均有类似问题),如图 1-77 所示。

Downloader V5.55
Control
MSM6250/MSM6250A
BRCM2133
MSM6275/MSM6280/MSM6290
MSM6245/MSM6260
MSM7200A
LSI6410
Boot Change
Full Download
Master Rom
Differences Only
Boot
ADDR(h)
CRC(h)
Amss
Apps
Rsrc1
Rsrc2
Factory FS
FOTA
Tune
ETC
Port Search
Download
COM4
Ready - [BB30-AP]

图 1-74　Port 搜索后的结果

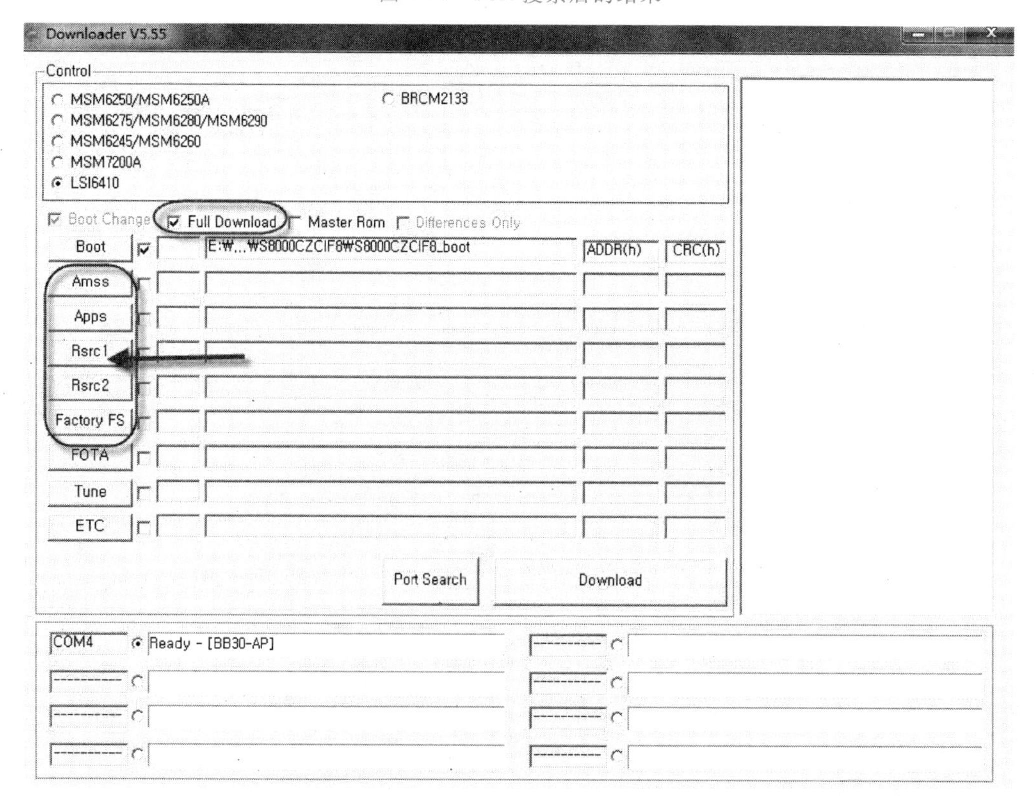

图 1-75　刷机文件选择按钮

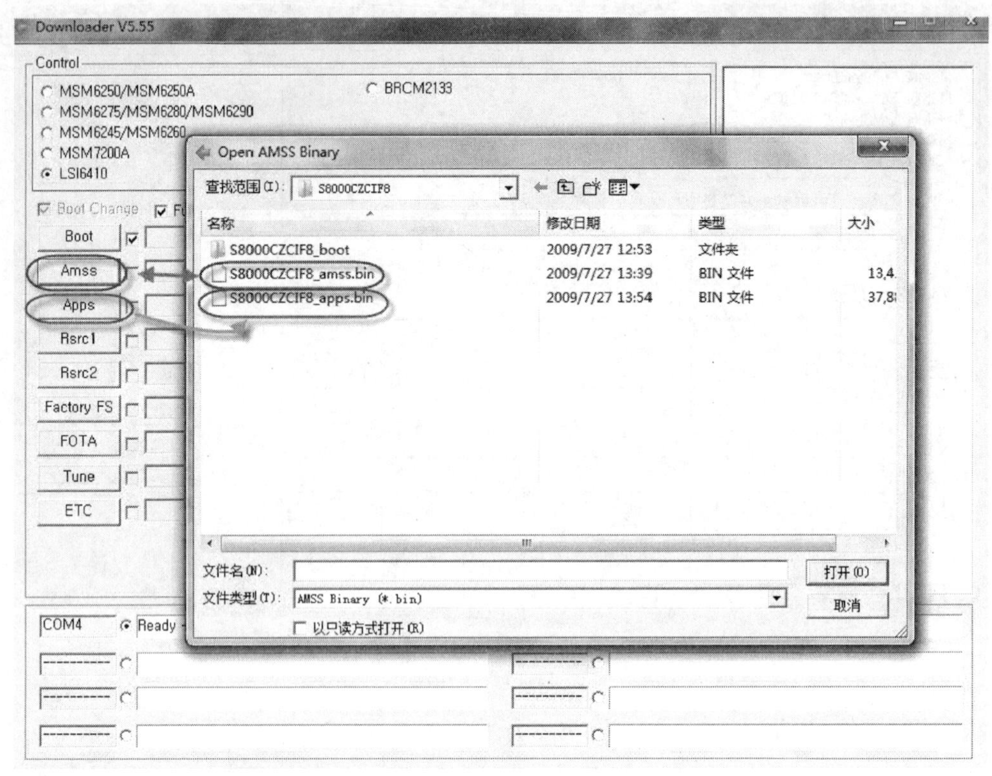

图 1-76　刷机文件选择

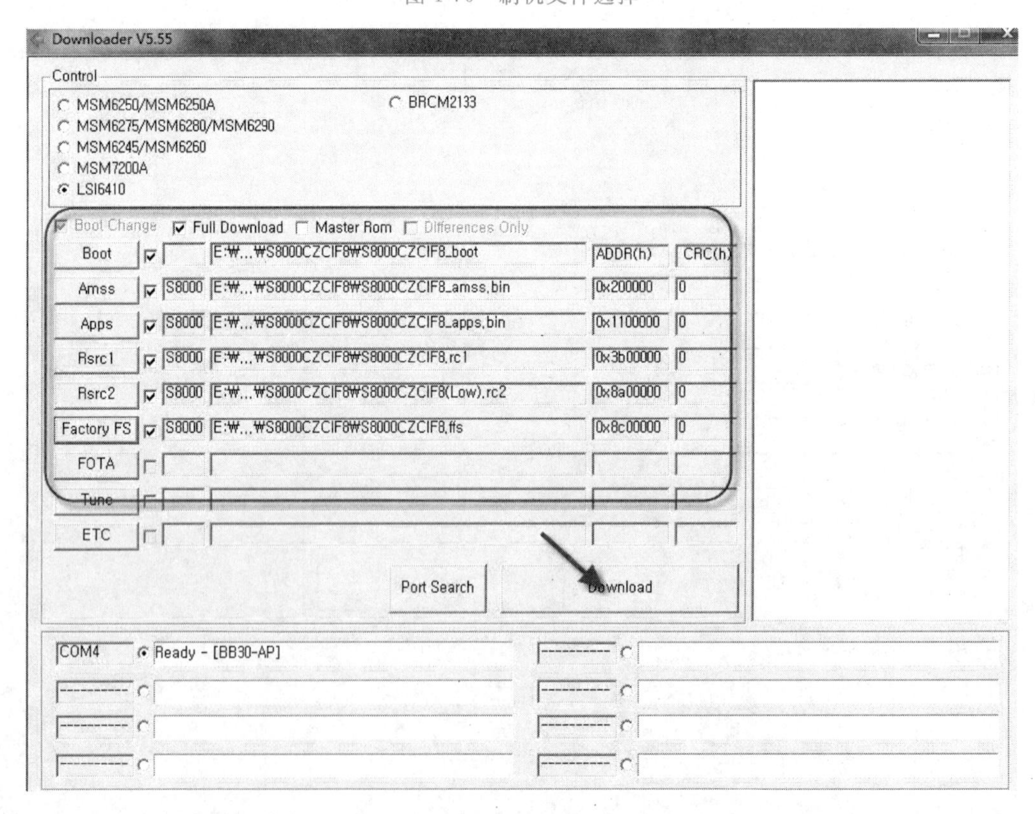

图 1-77　设定好的刷机文件示例

6. 执行刷机前的检查

待刷文件全部选择好了以后，请再次检查确认，如图 1-77 所示。

7. 进行刷机

单击【Download】按钮，执行刷机动作。

注意，在第一次刷机时，一般会出现一次错误，屏幕上的红字会变成绿色，刷机进程也会停下来，如图 1-78 所示。这时候只需要拔掉数据线、取下电池重新装进去，再重复一次之前的操作，刷机就能正常进行了。正常刷机过程如图 1-79 所示。

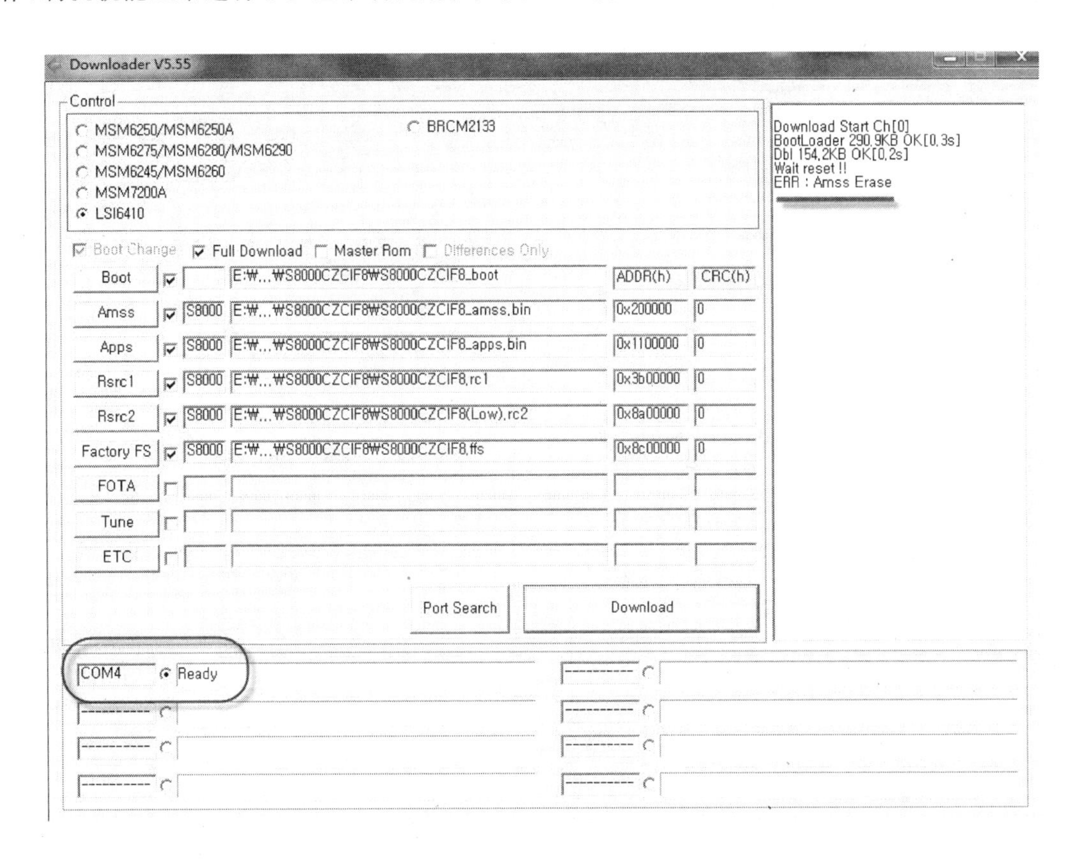

图 1-78 刷机过程的中途停止

8. 检查刷机结果

刷机大概需要 5 min 左右的时间。正常结束后会看到如图 1-80 所示状态。

在右边的状态信息中，当看到“All files complete”的信息提示后，表示刷机过程正常结束。

9. 刷机完成

S8000 手机在刷机完以后，手机会重启两次，第一次会出现蓝屏，不用理会，过一会再重启之后就好了。

（四）刷机后的整机测试

刷机完成后，维修人员需对整机进行功能测试，确认刷机成功后，才能将手机交付给客户。

（五）记录维修日志

维修日志见表 1-18。

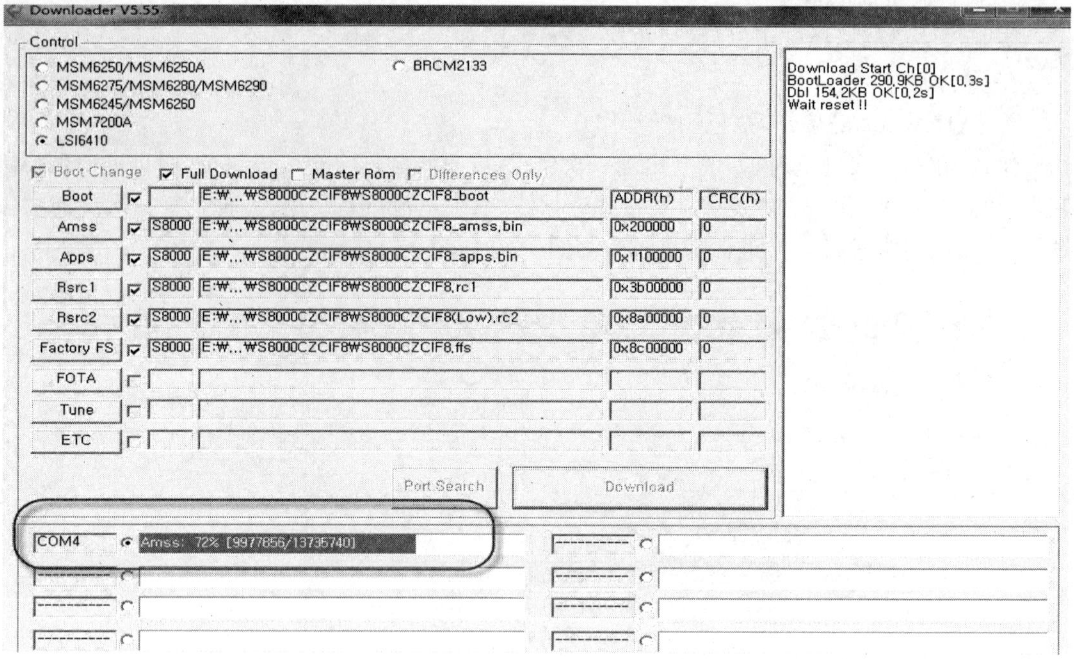

Downloader V5.55

Control

MSM6250/MSM6250A
MSM6275/MSM6280/MSM6290
MSM6245/MSM6260
MSM7200A
LSI6410
BRCM2133

Boot Change　Full Download　Master Rom　Differences Only

			ADDR(h)	CRC(h)
Boot		E:₩...₩S8000CZCIF8₩S8000CZCIF8_boot		
Amss	S8000	E:₩...₩S8000CZCIF8₩S8000CZCIF8_amss.bin	0x200000	0
Apps	S8000	E:₩...₩S8000CZCIF8₩S8000CZCIF8_apps.bin	0x1100000	0
Rsrc1	S8000	E:₩...₩S8000CZCIF8₩S8000CZCIF8.rc1	0x3b00000	0
Rsrc2	S8000	E:₩...₩S8000CZCIF8₩S8000CZCIF8(Low).rc2	0x8a00000	0
Factory FS	S8000	E:₩...₩S8000CZCIF8₩S8000CZCIF8.ffs	0x8c00000	0
FOTA				
Tune				
ETC				

Port Search　Download

Download Start Ch[0]
BootLoader 290.9KB OK[0.3s]
Dbl 154.2KB OK[0.2s]
Wait reset !!

COM4　Amss: 72% [9977856/13735740]

图 1-79　正常刷机过程

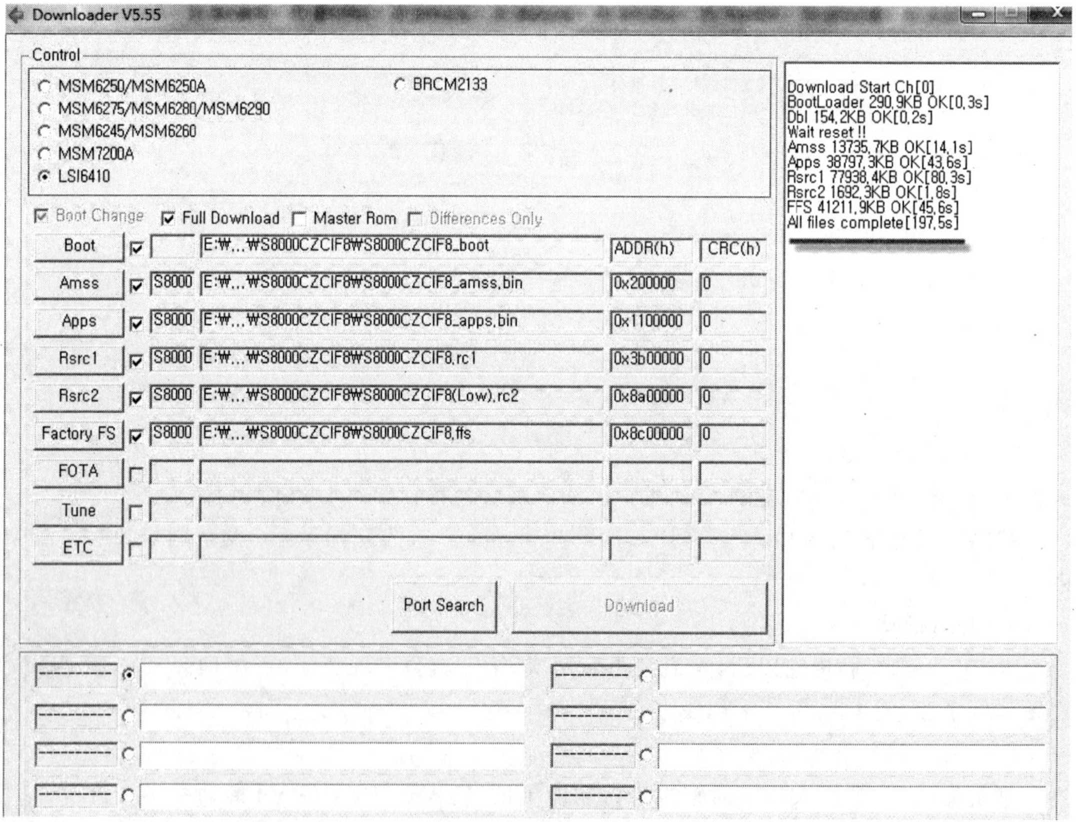

Downloader V5.55

Control

MSM6250/MSM6250A
MSM6275/MSM6280/MSM6290
MSM6245/MSM6260
MSM7200A
LSI6410
BRCM2133

Boot Change　Full Download　Master Rom　Differences Only

			ADDR(h)	CRC(h)
Boot		E:₩...₩S8000CZCIF8₩S8000CZCIF8_boot		
Amss	S8000	E:₩...₩S8000CZCIF8₩S8000CZCIF8_amss.bin	0x200000	0
Apps	S8000	E:₩...₩S8000CZCIF8₩S8000CZCIF8_apps.bin	0x1100000	0
Rsrc1	S8000	E:₩...₩S8000CZCIF8₩S8000CZCIF8.rc1	0x3b00000	0
Rsrc2	S8000	E:₩...₩S8000CZCIF8₩S8000CZCIF8(Low).rc2	0x8a00000	0
Factory FS	S8000	E:₩...₩S8000CZCIF8₩S8000CZCIF8.ffs	0x8c00000	0
FOTA				
Tune				
ETC				

Port Search　Download

Download Start Ch[0]
BootLoader 290.9KB OK[0.3s]
Dbl 154.2KB OK[0.2s]
Wait reset !!
Amss 13735.7KB OK[14.1s]
Apps 38797.3KB OK[43.6s]
Rsrc1 77938.4KB OK[80.3s]
Rsrc2 1692.3KB OK[1.8s]
FFS 41211.9KB OK[45.6s]
All files complete[197.5s]

图 1-80　刷机结束

表 1-18　维修日志表

手机型号		序列号		送修日期	
故障现象描述					
故障原因分析					
故障处理方案					
故障处理过程					
故障处理结论					
维修日期				维修人员	

相关知识

本部分涉及大量软件类知识，这些知识与刷机过程相关，但并不意味着不充分了解这部分知识就不能正确完成刷机动作。因此，本部分以知识链接的形式组织内容，供学员根据兴趣进行拓展。

（1）手机软件架构。

（2）手机操作系统及类型。

（3）嵌入式系统架构。

（4）刷机原理及手机软件更新方法。

技能训练

一、对连接线、接口的识别

根据不同手机的刷机要求，选择适当的连接线。目前市面上大量采用 USB 线，USB 的接口又分有多种类型，注意识别，如图 1-81 所示。

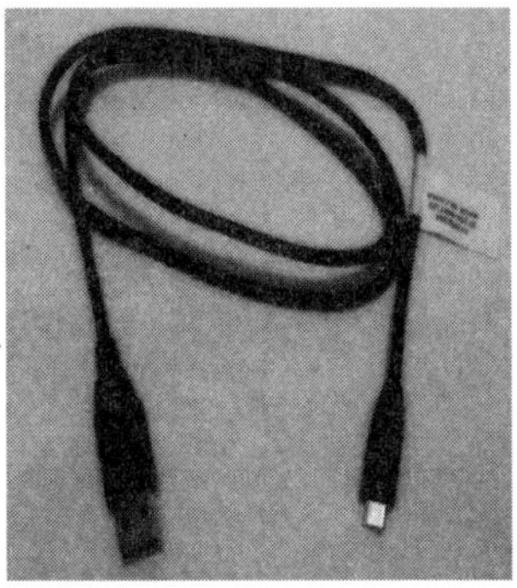

图 1-81　手机与 PC 机的连接线

二、刷机失败的处理

刷机失败后，如果手机原系统没有被破坏，则可再次刷机或使用原版软件进行恢复。如果手机原系统被破坏，特别是不能进入刷机状态时，则需要按照厂家说明进行特殊处理——往往需要开盖，使用特殊接口、连线和软件等方式对手机软件进行重置。

维修人员应在刷机前学会针对此类故障的恢复方法，至少做到心中有数，有补救的方案。

三、刷机软件的使用

刷机软件功能选择较多且多为英文界面，在刷机前，应对刷机软件的各项功能有初步认识和了解。

四、手机刷机状态的进入

为避免用户误入刷机状态，导致不必要的损失，在手机的设计中，往往需要一系列特殊的操作和对操作步骤中对时间差的正确把握，才能进入刷机状态。维修人员应在刷机前对这一

操作进行专门训练，达到熟练掌握的程度。

五、特殊刷机设备的使用训练

部分手机需要特殊的刷机设备来完成刷机动作。如果要使用这些特殊设备，应先对这些设备进行使用训练。

任务完成

本任务可单人操作，也可两人组队完成。刷机前，学员需完成刷机准备工作，并记录软件、工具和刷机环境的准备情况。刷机过程中，学员需详细记录刷机过程中的各项操作和现象，并填写维修日志。在任务完成后，教师可组织学员进行刷机成果的展示并完成评价。

评　　价

评价总分 100 分，分 3 部分内容：(1)能否迅速地查找手机升级软件包 20 分；(2)能否正确做好刷机准备共 20 分；(3)刷机步骤是否正确共 40 分；(4)刷机后功能是否完全共 20 分。见表 1-19。

表 1-19　手机刷机评价表

评价内容	自我评价	教师评价	其他评价
能否迅速地查找手机升级软件包			
能否正确做好刷机准备			
刷机步骤是否正确			
刷机后功能是否完全			
合　计			

教学策略讨论

根据本任务的特点，建议学员们针对以下方面展开教学策略的讨论：

(1)在任务分析中，我们已经认识到刷机具备一定的风险性，在引导学生体验使用怎样的沟通方式才能有效取得客户信任时，教师还可以采用哪些教学方法？

(2)维修日志是对维修人员工作的详细记录，对于维修人员查找维修成败原因、总结经验教训十分重要。但是初学者总是将维修日志当做一种不得不做的表面文章，要么简单记录、敷衍了事；要么报喜不报忧、不愿反映维修真实情况。针对这一现象，教师还可以采用哪些教学方法引导学生体会到维修日志的重要性？

最后，请将讨论记录如下：

(1)讨论记录：

(2)讨论记录：

(3)讨论心得记录：

任务 6 手机故障维修实例选编

概 述

现在的手机十分小巧精致，功能越来越多，结构非常复杂，市场上流行的机型层出不穷，维修类课程的教学难以做到面面俱到，而仅仅通过罗列众多的机型和故障维修案例，只是授人以“鱼”，而非授人以“渔”。

本任务选编的维修案例，均来自于从事手机维修培训工作的教师的真实工作，具有典型性。通过研读可以给培训基地教师提供丰富的教学案例，也为培训学员提供学习、研究的样本，有较高的价值。

在实际维修中故障现象五花八门、千奇百怪，能从纷乱的表象后面迅速、准确地找到故障元件，是需要长期的积累、丰富的经验、扎实的理论基础和实际动手能力的。

为了便于学员学习，不至于被杂乱的机型弄得眼花缭乱，下面的维修过程以诺基亚 N73 为例。

本任务的目的：认识和了解多功能、智能手机的电路结构；学习更多更复杂手机故障的维修；学习手机故障方法判断思路和方法。

维修的基本知识、基本操作参见教材前述几个任务的相关内容，建议结合任务 6 选编的案例，在基地教师的指导下，进行专题培训，开展手机维修技能培训。

手机维修案例精选

一、维修案例 1

故障现象：诺基亚 N73 手机不读多媒体卡。

故障分析与排除：

不读多媒体卡是 N73 常见的故障之一，多数为卡供电管 N3501 及卡保护管 Z7542 损坏引起。N73 的保护管与 N93，N93i 等机型通用。N73 的卡供电管和卡保护管在主板上的位置和元件外型如图 1-82 所示。

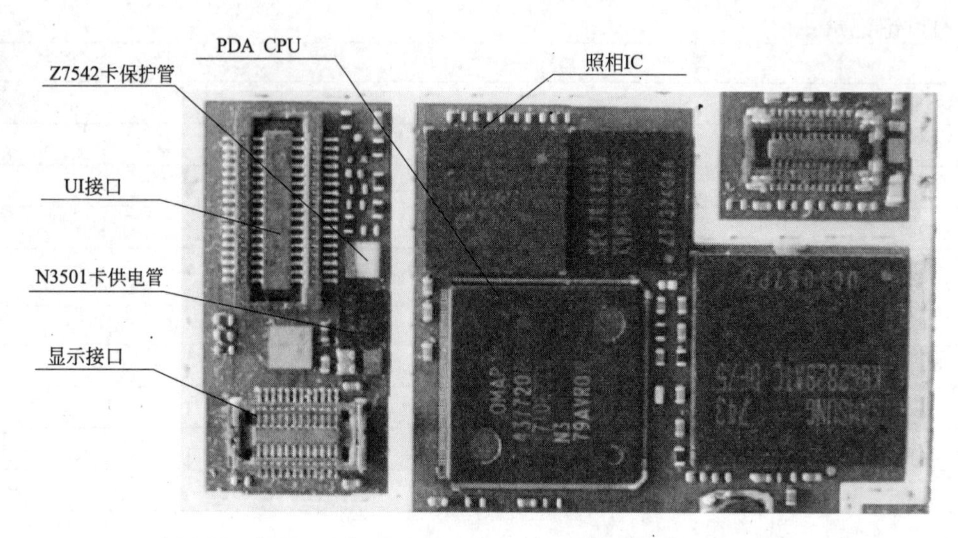

图 1-82　诺基亚 N73 的卡供电管 N3501 及卡保护管 Z7542 位置

二、维修案例 2

故障现象：诺基亚 N73 手机无振铃。开机试机，手机除无振铃外，通话等其他功能一切正常。

询问客户：该机无摔压或挤压，用户反映手机是在播放音乐时突然无声。

故障分析：拆机发现该机此前没有维修过，用户是在播放音乐时突然无声的，怀疑是振铃放大电路有问题，其原因主要有：(1)振铃损坏；(2)放大管未供电；(3)无控制信号；(4)放大管损坏。该机是双扬声器，两个扬声器同时损坏的可能性小，电源和 CPU 的逻辑控制出问题的可能性也不大，基本可以断定是振铃放大管(N6509)故障。

故障排除：更换该放大管故障排除。振铃放大管相关电路如图 1-83 和图 1-84 所示。

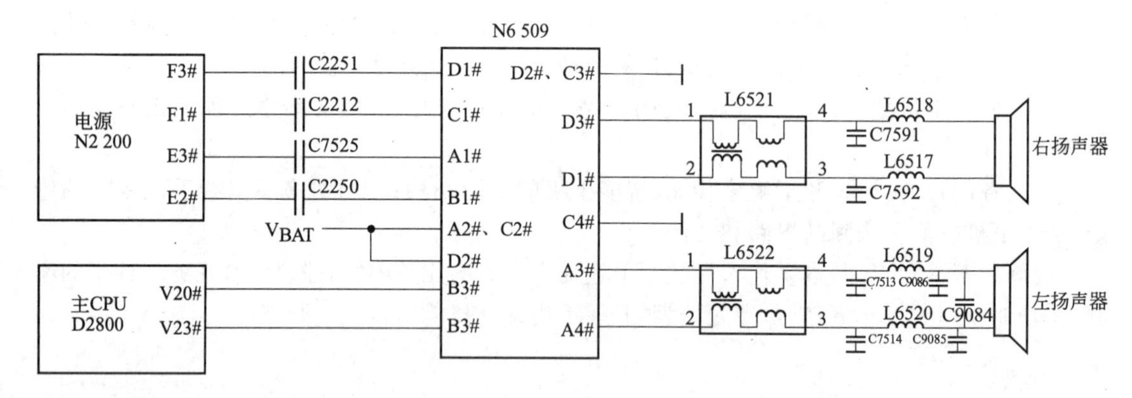

图 1-83　诺基亚 N73 振铃放大电路原理图

三、维修案例 3

(1)故障现象：诺基亚 N73 手机进水不开机。加电试机不开机，按开机键电流在 30 mA 定住不动。

询问客户：该机在待机时掉入水中，用户取掉电池，两天后装上电池不能开机。

故障分析：加电按开机键电流在 30 mA 定住不动(注意：诺基亚手机加电时要接上检测

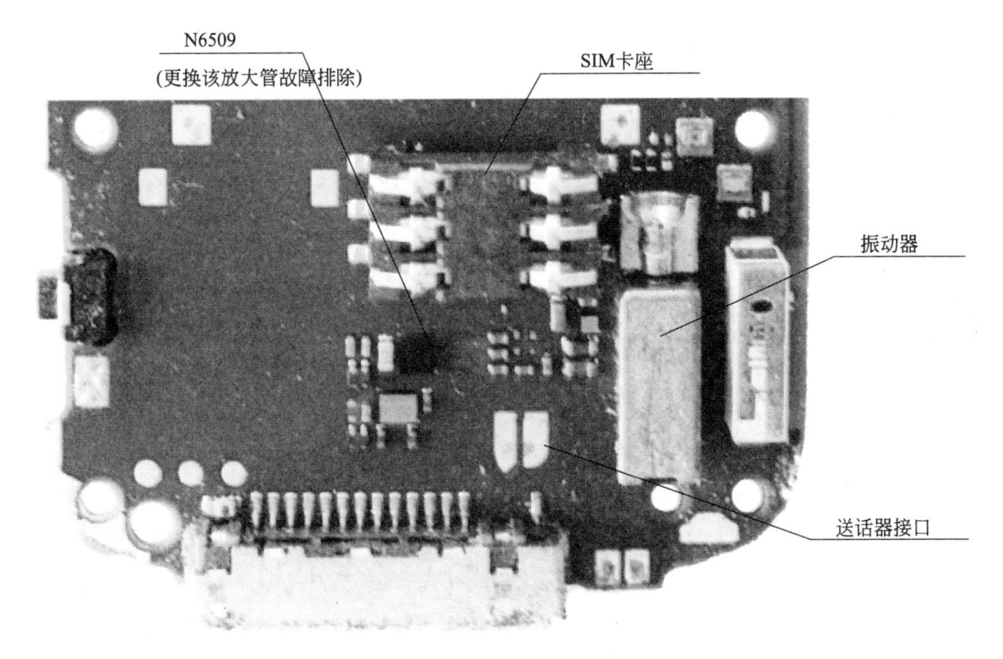

图 1-84 诺基亚 N73 振铃放大电路在主板上的位置图

脚),说明开机线正常,电源局部也启动了,因是进水机,先清洗试机,故障依旧。测量逻辑供电管 N6508 的输出端无 VIO 供电 1.8 V(在 C9075 处测试)。

故障排除:更换此逻辑供电管即可。(该管与诺基亚 6300、7500、5300 等的照相供电管通用)。相关电路如图 1-85 和图 1-86 所示。

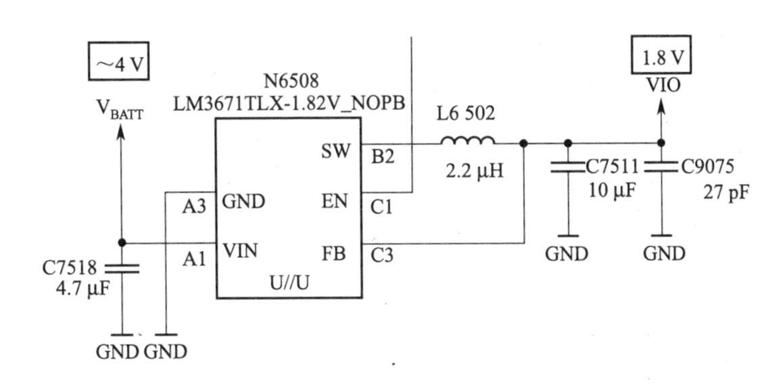

图 1-85 诺基亚 N73 逻辑供电芯片 N6508 电路原理图

(2)故障现象:诺基亚 N73 手机通话正常,但很耗电,待机不到一天。加电试机,开机通话正常,但开机电流有 400 mA。

询问客户:客户说是在正常使用时造成的该故障,通话正常,但待机不到一天,且已到几个维修点修过,都是说 CPU 坏了。

故障分析:打开机壳,拆下主板,发现 CPU 被焊过。加电开机,发现逻辑供电管 N6508 处发热厉害,电感器 L6502 特别烫,引起该故障的原因有二个:①CPU 损坏;②N6508 损坏。拆下 L6502 再次加电开机电流还是 400 mA,说明故障可能在 N6508,拆下 N6508 按开机键大电流消失,但不开机(因为 CPU 没有 VIO 电压)。

故障排除:该故障要更换 N6508 即可解决,若没有该元件可以借用 C2215 处电压(收音机供电 VIOVILMA)，如图 1-87 所示。

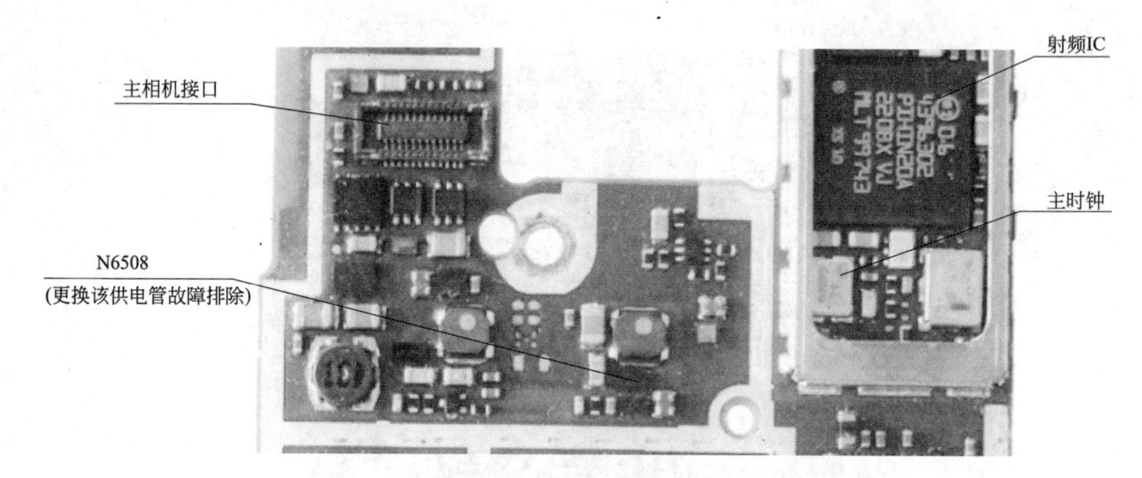

图 1-86　诺基亚 N73 逻辑供电芯片在主板上的位置图

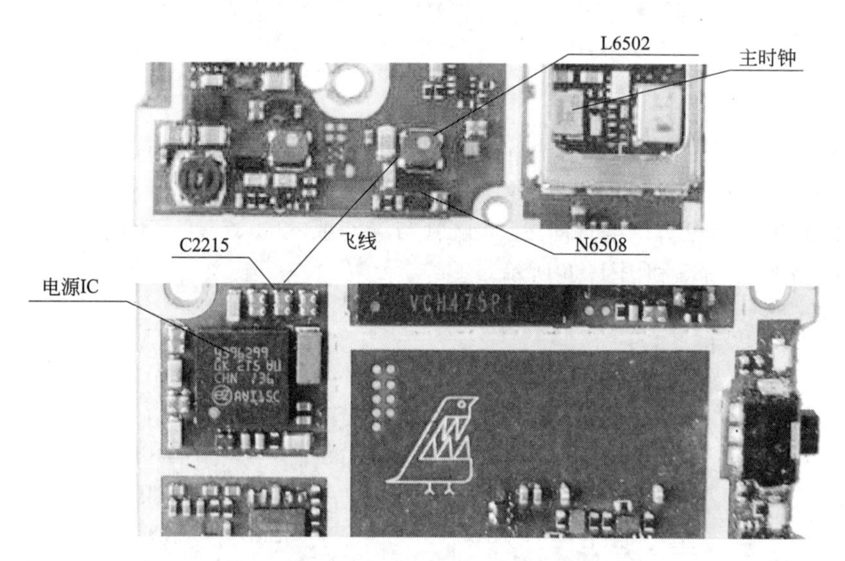

图 1-87　诺基亚 N73 逻辑供电芯片 N6508 在主板上的位置

四、维修案例 4

故障现象：诺基亚 N73 手机不开机加电试机，触发电流有 20 mA 定住不动。

询问客户：客户说是在正常使用时摔到地上后造成的该故障。

故障分析：对于摔过的手机引起不开机故障的原因通常有：(1)主时钟 38.4 MHz 虚焊或损坏(实际维修中摔过的机器 38.4 MHz 损坏较多)；(2)主 CPU、主字库虚焊(这种芯片采用的是无铅焊接技术，焊点不易熔化，补焊时要均匀加热主板与芯片让它们同时受热)；(3)逻辑供电管 N6515 损坏(N6515 输出的 1.35 V 电压供 OMAP 电路提供 VCORE 核心供电)。

故障排除：在诺基亚 N73 的废板上拆下 38.4 MHz 的主时钟更换后故障排除，如图 1-88 所示。

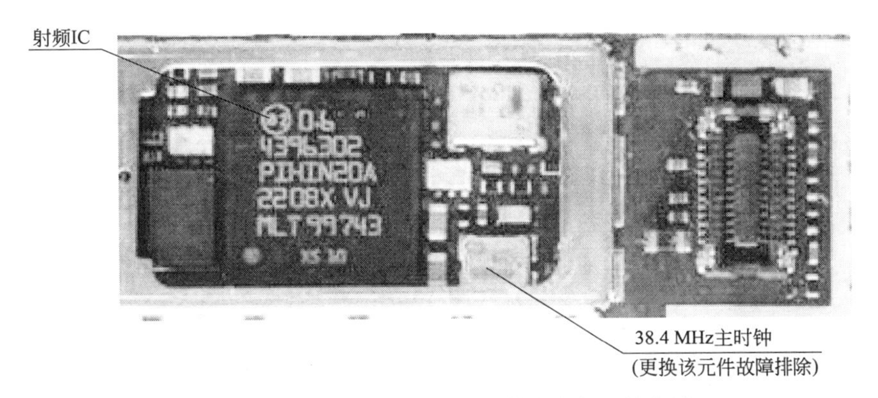

图 1-88　诺基亚 N73 主时钟组件在主板上的位置

五、维修案例 5

故障现象：诺基亚 N73 手机无信号。手机开机正常但无网络信号。

询问客户：客户反映手机曾进过水，自然干后正常使用了一个多月便无信号了。

故障分析：引起该手机无信号的原因通常有：(1)功放虚焊或损坏；(2)射频 IC 虚焊或损坏；(3)天线合路器虚焊或损坏；(4)本振 IC 虚焊或损坏；(5)38.4 MHz 主时钟频率偏移；(6)电源 IC 虚焊或损坏；(7)CPU 虚焊或损坏；(8)软件故障。先装卡试机手动搜网，无法搜到“中国移动或中国联通”的字样，说明故障在接收电路，测试本振控制电压正常，由于该手机曾进过水，故障锁定在射频 IC 上。用热风枪拆下射频 IC，发现 IC 焊盘很脏。

故障排除：清洗焊盘，重植射频 IC 安装后故障排除。原因分析：原来是手机进水后 IC 引脚被腐蚀引起射频 IC 虚焊所致。维修如图1-89 所示。

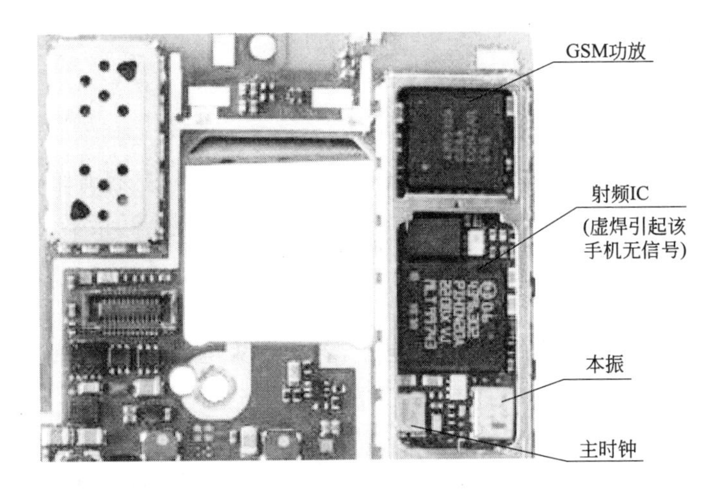

图 1-89　诺基亚 N73 射频组件在主板上的位置

六、维修案例 6

故障现象：诺基亚 N73 手机无送话。

维修思路：(1)查送话器是否损坏；(2)查供电是否正常；(3)查电源是否正常。其电路原理及实物如图 1-90 和图 1-91 所示。

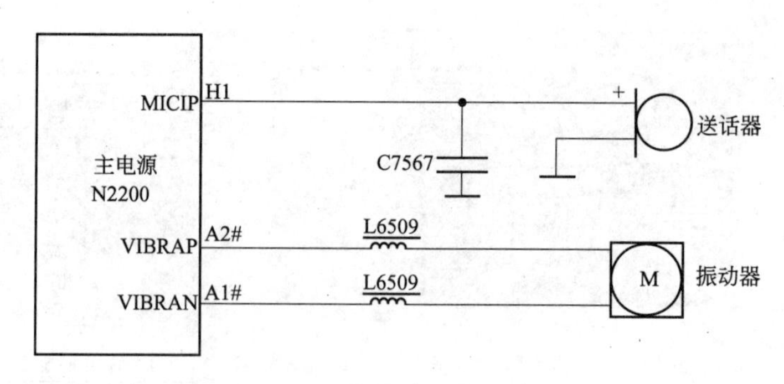

图 1-90　诺基亚 N73 送话电路原理图

图 1-91　诺基亚 N73 送话器在主板上的位置

（一）判断送话器好坏

查送话器：用数字万用表的电阻 2 kΩ 挡测量送话器正负极是否有阻值。若用嘴吹送话器，此时数字万用表阻值是有变化的，若不变化则为送话器坏（注：送话器是有极性的，装反后引起送话音小甚至无送话）。

（二）查供电

在通话时测量送话器两端是否有 2 V 电压，若无则为电源 IC N2200 的 H1＃虚焊或损坏。

（三）查电源

若以上都正常，则可能是电源虚焊或损坏，重植或更换即可。注意换电源需要重新写串号并改网络锁。

七、维修案例 7

故障现象：诺基亚 N73 手机不识卡。

维修思路：（1）查供电；（2）查数据；（3）查时钟；（4）查复位。该电路原理实物如图 1-92 和图 1-93 所示。

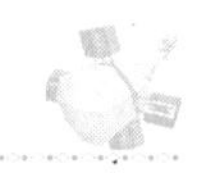

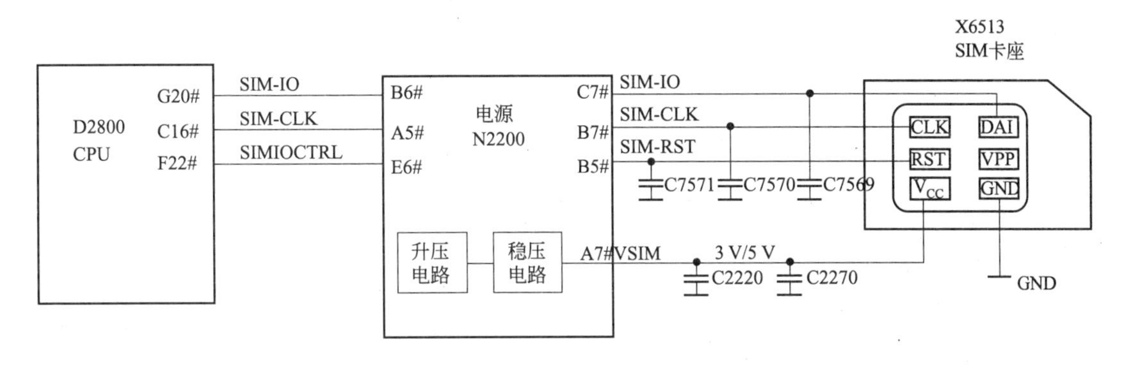

图1-92　诺基亚N73卡识别相关原理电路图

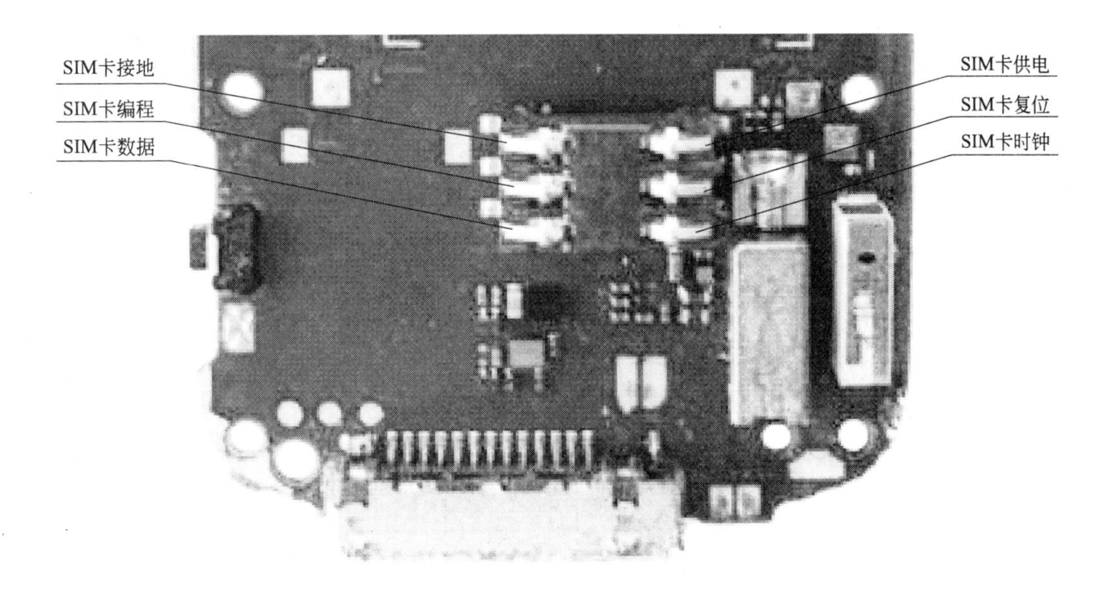

图1-93　诺基亚N73卡识别部分在主板上的位置

(一)查卡供电

(1)手机加电在开机瞬间测SIM卡的供电脚是否有3 V的跳变电压。若无则为主电源IC N2200的A7＃虚焊或损坏。

(2)若卡供电脚无3 V电压,则所有的脚都测不到3 V跳变电压,若全部脚测不到3 V时,必须先查供电脚。

(二)查数据

测数据脚是否有3 V跳变电压,若无则为主电源IC N2200的C7＃虚焊或损坏。若更换电源无效,则为主CPU D2800的G20＃虚焊或损坏。更换即可,断线飞线解决。

(三)查时钟

测时钟脚是否有3 V跳变电压,若无则为主电源IC N2200的B7＃虚焊或损坏,若更换电源无效则为主CPU D2800的C16＃虚焊或损坏,更换即可,断线飞线解决。

(四)查复位

测复位脚是否有3 V跳变电压,若无则为主电源IC N2200的B5＃虚焊或损坏。

教学策略讨论

根据本任务的特点，建议学员们针对以下方面展开教学策略的讨论：

(1)手机维修技术含量很高，对从业人员的能力和素质要求也很高，有条件的基地建议到手机维修车间、店铺里实地训练，做到“手把手”。对一些基本的技能，希望学员做到“人人会”。

(2)手机是非常精巧的、精致的、高价值的艺术品，维修操作非常严格，稍微不小心就会给维修机器留下不可逆转的损伤，所以在拆装过程中要选用正确的工具，按照严格的操作手法和步骤。

(3)接修手机，用户需要高质量的服务。严格维修日志是对维修人员工作的详细记录，对于维修人员查找维修成败原因，总结经验教训十分重要，但是初学者总是将维修日志当做一种不得不做的表面文章，或者简单记录、敷衍了事；或者报喜不报忧、不愿反映维修真实情况。针对这一现象，教师可以引导参培教师在实际维修岗位中体会维修日志的重要性。

(4)针对手机故障类教学任务，采用哪些教学方法更加合理、有效？

最后，请将讨论记录如下：

(1)讨论记录：

(2)讨论记录：

(3)讨论记录：

(4)讨论记录：

(5)讨论心得记录：

项目 2　宽带接入服务

伴随 Internet 网络应用的飞速发展，用户要使用 Internet 上的各种服务，必须以某种方式接入网络。为了实现用户接入网的数字化、宽带化，提高用户上网速度，光纤到户（FTTH）是接入网今后发展的主流方向。由于光纤用户网的成本过高，近年来人们提出了多项过渡性的宽带接入网技术，包括 N-ISDN、Cable Modem、ADSL 等，其中 ADSL（非对称数字用户环路）是目前应用最为广泛的一种，而且将在未来较长时间内存在。

为了适应宽带用户数量的快速增长及用户对网络服务质量要求的不断提升，通信运营商对网络运行质量维护人员的技术水平和维护能力要求也在逐步提高。宽带维护工作从业者需要具备：扎实的理论基础知识，如计算机网络知识、计算机基础知识、ADSL 技术知识及通信线路相关知识；规范的宽带客户服务能力，如上门安装行为规范、线路操作规范、客户端安装规范等；用户安装、维护的综合技能，如 ADSL 基本用户安装、增强型服务功能安装、故障的查找及排除技能等。

本项目围绕 ADSL 宽带服务的安装与维护等内容展开。以 6 个具体任务来推进，分别是网线接头制作、宽带业务初装、ADSL 客户培训、宽带新天地业务安装及维护、宽带线路故障排查解决和宽带客户端故障维护。6 个任务的设计从易到难，并且涵盖了宽带任务领域的各个方面。本项目以任务引领的方式组织内容，将通信运营商宽带维护职业工作过程融入在教师专业技能培训中。

根据《中等职业学校通信技术专业教师教学能力标准（试行）》的要求：上岗级教师须熟练掌握宽带安装工作流程，掌握常用软硬件的安装、使用方法，具备初步排除故障的能力；提高层级教师须具备发现故障并排除常见故障的能力；骨干层级教师须具备发现并能排除综合型及特殊类故障的能力。为满足各层级参训教师的需要，建议上岗级教师选择任务 1 网线接头制作、任务 2 宽带业务初装和任务 3ADSL 客户培训，提高级教师选择学习任务 2 宽带业务初装、任务 3ADSL 客户培训、任务 4 宽带星天地业务安装及维护和任务 5 宽带线路故障排查解决，骨干级教师选择任务 4 宽带星天地业务安装及维护、任务 5 宽带线路故障排查解决和任务 6 宽带客户端故障维护。

任务 1　网线接头制作

任务描述

张工程师接到用户投诉，称几个月前安装的 ADSL 宽带接入突然不能使用了。由于用户不具备上网的知识和技能，对故障不能准确描述，需要维修人员上门服务。张工来到现场后，按照宽带维修一般流程，首先检查硬件设备，上电工作状态指示正常，接着他又开始检查连接情况，发现用户电脑与 ADSL Modem 的网络连接指示灯不显示。他初步判定连接网线出现故障，接着他又使用测线仪，进一步证实故障原因为网线不能接通。现在他需要重新制作网线接头来解决故障。

任务分析

尽管网线 RJ-45 接头的设计已经充分考虑到了接头的耐用性，如通过压接接触替代了传统的焊接方法，但是由于工程人员的疏忽，没有按照技术规范操作到位，如接头金属片压制不到位；网线外套没有压制在接头内；剥皮或剪断网线时，已经暗伤内部线芯等，这些不规范的操作都将导致网线在多次插拔或扭动后，出现线芯折断或脱落等不能接通的故障。

除了接头金属片压制不到位的故障可通过用压线钳重新压制解决外，网线不能接通的故障一般只能通过剪去原接头，重新制作新的接头来解决。因此在制作、安装一根新的网线时，必须留有足够余量的长度，为今后的线路维修提供可能。

网线接头一般制作过程如下：

（一）网线接头类型决策

按照国际标准的规定，网线接头分为 A、B 两种类型。

两端均采用 A 或 B 接头的网线被称为“直通线”，用于网络设备与计算机之间的连接。如集线器、交换机或 ADSL Modem 与计算机之间的网线。

一端采用 A、另一端采用 B 的网线被称为“交叉线”，用于网络设备之间或计算机之间的连接。

如果接头制作与连接类型不对应，则即便网线通过测试是接通的，但是两端设备仍无法使用该网线，如在需要直通线的场合，制作了“A＋B”的两端接头的网线。

所以制作网线接头之前首先需要决策应该制作的网线是什么类型的接头。本任务是制作 ADSL Modem 到计算机之间的连线，连线类型为直通线，但是究竟是需要 A 型还是 B 型接头，仍需要在判断了网线另一端接头类型，才能决定。

此外，随着技术的进步，很多设备、计算机的以太网接口具备了“智能接口类型识别并自适应”的能力。只要连接的一段具备这种能力，只需要按照规范制作直通型网线即可。

（二）工具准备

制作网线的主要工具是压线钳和测试仪。建议多准备一把剪刀，以备剥去线缆绝缘皮时的需要。典型的专用压线钳的结构如图 2-1 所示。

（三）制作网线

网线一般的制作过程如下：

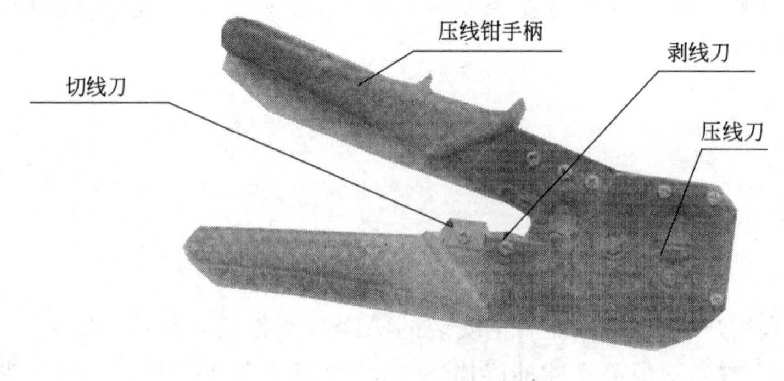

图 2-1　压线钳结构图

1. 剪断

利用压线钳的剪线刀口剪取适当长度的网线或剪去坏掉的线头。

2. 剥皮

用压线钳的剪线刀口将线头剪齐，再将线头放入剥线刀口，让线头角触及挡板，稍微握紧压线钳慢慢旋转，让刀口划开双绞线的保护胶皮，拔下胶皮，露出胶皮内的4对8根铜芯双绞线。线芯的露出长度控制在2.5～4 cm，一个大拇指节的长度。

3. 排序

剥除外包皮后即可见到双绞线网线的4对8条芯线，并且可以看到每对的颜色都不同。每对缠绕的两根芯线是由一种染有相应颜色的芯线加上一条只染有少许相应颜色的白色相间芯线组成。4条全色芯线的颜色为：棕色、橙色、绿色、蓝色。每对线都是相互缠绕在一起的，制作网线时必须将4个线对的8条细导线一一拆开、理顺、捋直，然后按照规定的线序排列整齐。排序的结果就是对不同类型接头的选择。

4. 剪齐

把线尽量捋直(不要缠绕)、压平(不要重叠)、挤紧理顺(一根接一根紧靠)，然后用压线钳把线头剪平齐。这样，在双绞线插入水晶头后，每条线都能良好接触水晶头中的插针，避免接触不良。如果以前剥的皮过长，可以在这里将过长的细线剪短，保留的去掉外层绝缘皮的部分约为14 mm。

5. 插入

一只手的拇指和中指捏住水晶头，使有塑料弹片的一侧向下，针脚一方朝向远离自己的方向，并用食指抵住；另一手捏住双绞线外面的胶皮，缓缓用力将8条导线同时沿RJ-45头内的8个线槽插入，一直插到线槽的顶端。注意8根线芯均要完全抵达线槽顶端，如果发现有个别线芯过短，不能抵达时，要拔出，重新将线剪齐后再操作。

6. 压制

确认所有导线都到位，并再次检查一遍线序无误后，就可以用压线钳压制RJ-45水晶头了。将RJ-45头从无牙的一侧推入压线钳夹槽后，用力握紧线钳(如果您的力气不够大，可以使用双手一起压)，将突出在外面的金属插片全部压入水晶头内。

(四)测试

使用网线测试仪，测试制作的线缆是否正确。然后再接到设备上，看线路连通故障是否排除。

(五)记录维修日志

最后记录维修日志。

相关知识

一、双绞线的制作标准

双绞线的接头学名为RJ-45，俗称水晶头，因多采用透明塑料而得名。采用透明塑料作为材质是为了让维修人员观察线序和压制是否到位。

双绞线的制作方式有两种国际标准，分别为EIA/TIA568A及EIA/TIA568B。而双绞线的连接方法也主要有两种，分别为直通线缆及交叉线缆。简单地说，直通线缆就是水晶头两端都同时采用T568A标准或者T568B的接法，而交叉线缆则是水晶头一端采用T586A的标准制作，而另一端则采用T568B标准制作，即A水晶头的1、2对应B水晶头的3、6，而A水晶头的3、6对应B水晶头的1、2。如图2-2所示是RJ-45连接器的TLA/EIA

568B 标准视图。图 2-3 所示是 RJ-45 连接器的 EIA/TIA568A、TLA/EIA 568B 标准对应视图。

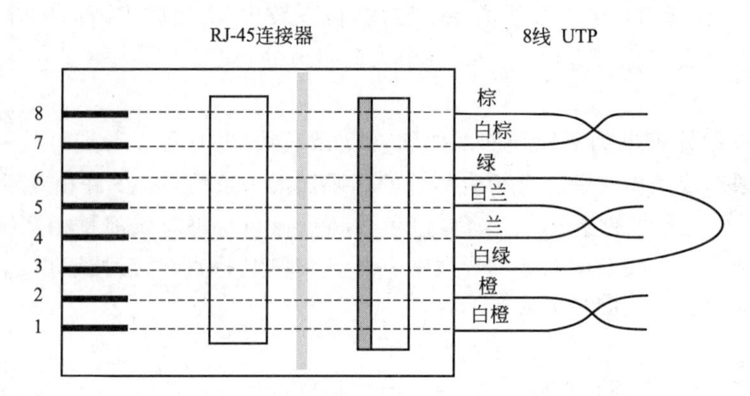

图 2-2 RJ-45 连接器的 TLA/EIA 568B 标准

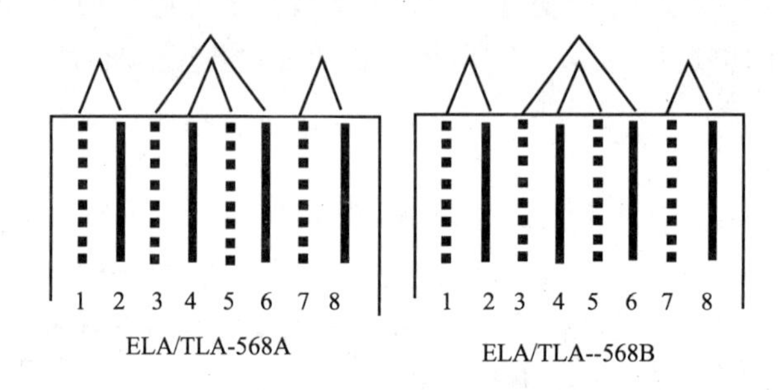

图 2-3 双绞线接头类型

T568A/B 标准描述的线序从左到右的顺序见表 2-1。

表 2-1 T568A/B 接头线序

(a)

T568A 线序	颜色
1	绿白
2	绿色
3	橙白
4	蓝色
5	蓝白
6	橙色
7	棕白
8	棕色

(b)

T568B 线序	颜色
1	橙白
2	橙色
3	绿白
4	蓝色
5	蓝白
6	绿色
7	棕白
8	棕色

注：×白，指白线上有×颜色的斑点，与×颜色的色线绞在一起成为一对线。

二、网线测试仪

网线测试仪又称测线仪，一般由主模块和远端模块构成。如图 2-4 所示是网线测试仪的两种外形结构。图 2-4(a)为较高档的带液晶显示的测试仪，图中左边大的部分为主模块，右边小的部分为远端模块；图 2-4(b)为普通测试仪，左边小的为远端模块，右边大的为主模块。

(a) 高档测试仪　　　　(b) 普通测试仪

图 2-4　网线测试仪

主模块安放电池。发射测试信号和检测由远端模块回弹的信号，从而得出线路是否连通的结论。

测试仪上一般具备两种接口，可以提供对同轴电缆的 BNC 接口网线及 RJ-45 接口的网线进行测试。

以普通测试仪为例把一根双绞线的 RJ-45 两端接头分别插入测试仪的两个模块的接口之后，打开测试仪可以看到测试仪上的两组指示灯都在闪动。

若测试的线缆为直通线缆，即两端同为 T568A 或 T568B 接头，在测试仪上的 8 个指示灯应该依次显示为绿色，证明网线制作成功，可以顺利地完成数据的发送与接收。

若测试的线缆为交叉线缆，即一端为 T568A 接头，而另一端为 T568B 接头，其中一侧同样是依次由 1～8 闪动绿灯，而另外一侧则会根据 3、6、1、4、5、2、7、8 这样的顺序闪动绿灯。

测试过程中若出现任何一个灯为红灯或黄灯，都证明存在断路或者接触不良现象，此时最好先对两端水晶头用网线钳用力重新压一次，再测。如果故障依旧，再检查一下两端芯线的排列顺序是否正确，如果发现错误，则剪掉有错的水晶头，换一个新的重新制作接头。

三、拓展型知识点——网络接口的自适应

当网络设备接口标示有“MDI/MDIX”字样时，表示该接口可以智能接口模式识别并自动翻转即可以根据对端接口类型和线路接头类型，来自动调整本方接口类型，使线路接通。该接口上既能使用直通线，也能使用交叉线。请查阅相关资料，学习、讨论自动适应接口模式、自动适应接口通信速率等自适应技术的工作原理和对工程建设的影响。

技能训练

一、网线测试仪的使用方法

测线仪的使用方法比较简单，将网线两端分别插入测试仪主机接口和分离模块接口。按动测试开关，测试仪主机就开始发出测试信号。测试信号通过网线，在分离模块显示出每条芯线的连接情况。当对应线性的指示灯没有亮起时，说明该线芯出现故障。

由于普通测线仪不能检测出是哪一端的接头出现故障，在选择重做线头时，只能根据经验来选择损坏可能性较大的一头。如线头露出过短或过长，线头插入线槽不整齐，金属插片位置有偏差，线芯有伤痕等。

二、网线制作中关键技巧

网线制作过程中某些环节的关键技巧需要反复练习，才能保证网线制作质量。

(一)剥皮的技巧

剥皮看似为一个简单的工作，但是如果用压线钳剥皮时，捏钳力度掌握不好或网线本身的粗细与标准有偏差，则很容易导致压线钳刀口伤及内部线芯，成为网线使用寿命不长或网线联通质量不稳定的元凶。

只有通过多次练习，才能掌握好捏钳的力度。也可以使用剪刀来代替压线钳，虽然操作起来麻烦些，但是可以避免线芯的损伤。

(二)剪齐的技巧

线芯剪齐关键在于保留在去掉外层绝缘皮的部分的长度——约为 14 mm，这个长度正好能将各细导线插入到各自的线槽。

如果该段留得过长，一来会由于线对不再互绞而增加串扰，导致通信质量不稳定；二来会由于水晶头不能压住外层护套而可能导致电缆从水晶头中脱出，造成线路的接触不良甚至中断。

但是如果该段留的过短，则导致线芯不能充分插入到水晶头线槽内，使金属插片不能与线芯良好接触，也会导致通信质量不稳定。

所以需要通过多次练习，掌握剪齐的技巧。

(三)压制的技巧

压线时需要用力握紧线钳，将突出在外面的金属插片的针脚全部压入水晶头内，与线芯充分接触。但是压线的力度也是需要掌握到恰到好处。力度过小，显然不能让金属插片与线芯充分接触；但是力度过大，使金属插片陷入线槽过深，露在水晶头槽外的金属片不能与设备接口内的金属弹片良好接触，同样导致通信质量不稳定。

任务完成

本任务需要教师先做示范，并强调制作技巧。学生单人操作或两人一组完成网线制作任务。任务完成后，教师可组织网线制作成果的展示、制作经验的交流和完成评价。

评　　价

本任务的评价分为成果评价和学员能力评价，成果评价见表 2-2，能力评价见表 2-3。

表 2-2　网线制作成果评价表

评价内容	学员自我评价	培训教师评价	小组或其他评价
线缆长度是否合适			
接头线芯是否平齐			
金属插片深度是否适当			
线缆外皮是否被适当压制在接头内			
测线仪测试结果是否正常			
与设备连接，是否能够接通			
制作经验总结的质量			
合　计			

表 2-3　网线制作能力评价表

评　价　内　容		学员自我评价	培训教师评价	小组或其他评价
知识	双绞线接头的类型和应用场合			
专业能力	能否正确使用测线仪判决线路状态			
	网线制作过程掌握是否熟练			
	能否保证网线制作质量			
通用能力	解决问题能力			
	自我管理能力			
态度	是否注意保持工作面的整洁有序，是否主动打扫			
	是否爱惜仪器工具			
	是否耐心、细致			
合　计				

教学策略讨论

根据本任务的特点，建议学员们针对以下方面展开教学策略的讨论：

（1）本任务采用示范教学方法的效果比较好，除了这种方法，还可采用哪些教学法？

（2）本任务操作过程比较简单，教师除了讲解制作技巧外，还可适当讲述相关原理知识，请讨论哪些知识点可结合在本任务的操作过程中讲解？

（3）网线制作技能中有熟练掌握的要求，有教师提出在任务完成的最后阶段可以以竞赛的方式组织学生比赛谁更熟练，请讨论是否可行？

最后，请将讨论记录如下：

（1）讨论记录：________________________________

____

____

（2）讨论记录：________________________________

____

____

（3）讨论记录：________________________________

____

____

____

（4）讨论记录记录：____________________________

____

____

____

任务2 宽带业务初装

任务描述

客户通过电话或营业厅申请宽带初装业务，安装人员经过预约上门为客户安装宽带。

任务分析

给客户安装宽带的目的最终是让客户家中的电脑通过 Modem 连入因特网，因此 ADSL 宽带安装主要涉及到在电信局端和用户入端的跳线，以及用户端设备安装及连接工作。

相关知识

一、ADSL 原理简介

ADSL(Asymmetrical Digital Subscriber Loop)是非对称数字用户线环路技术的简称。它作为一种数据通信接入技术，充分利用现有的普通电话线(铜线)资源，在一对双绞线上提供上行最大 1 Mbit/s、下行最大 8 Mbit/s 的带宽，实现了真正意义上的宽带接入。

下行通道速率为 512 kbit/s～8 Mbit/s，用于用户下载信息；上传通道速率为 16 kbit/s～1 Mbit/s，用于用户上传信息。

传输距离(指用户端 ADSL Modem 至局端 DSLAM 设备之间的线路长度)可达 3～5 km。对于普通用户，一般以下行为主，上行数据量较小，非常适合使用 ADSL。

当前 ADSL 调制解调设备大多采用 3 种线路编码技术，分别为 CAP(Carrier-less Amplitude and Phase，抑制载波幅度和相位)、DMT(Discrete Multitone，离散多音复用)、DWMT(Discrete Wavelet Multitone，离散小波多音复用)。

目前，中国电信使用较多的是 DMT 方式的 ADSL，数据被调制到多个载波之上，每个载波上的数据使用 QAM 进行调制。

传统的电话系统使用的是普通电话线(铜线)的低频部分(4 kHz 以下频段)，而 ADSL 采用 DMT(离散多音频)技术，将原先电话线路 0 Hz～1.1 MHz 频段划分成 256 个频宽为 4.3 kHz的子频带。其中，4 kHz 以下频段仍用于传送 POTS(传统电话业务)，20～138 kHz 的频段用来传送上行信号，138 kHz～1.1 MHz 的频段用来传送下行信号。DMT 技术可根据线路的情况调整在每个信道上所调制的比特数，以便更充分地利用线路。一般来说，子信道的信噪比越大，在该信道上调制的比特数越多。如果某个子信道的信噪比很差，则弃之不用。

二、安装 ADSL 时对用户线路的要求

(一)线路选择

用户线尽量使用具有一定扭绞度的双绞线。在使用平行线时若介质是铁线或铝线，长度要尽量控制在 20 m 内。

对于 ADSL 用户线路，原则上是不要使用有桥接抽头的用户线路。如果有桥接抽头，则桥接抽头数最多不能超过两个。所谓桥接抽头是跨接在双绞线上的未用的支路线路。

为能灵活地增加或改变用户配置，大多数用户环路都并联有一段开路双绞线，称为桥接抽头，一般多靠近用户端，这些抽头对数字传输的高频信号将产生反射，可能会抵消从远端传来的有用信号脉冲。ADSL 要求环路上桥接抽头的总长度小于 800 m，单个桥接抽头小于 650 m，靠近两端 Modem 的桥接抽头对传输影响最显著，应特别注意，可能的话，最好去掉所用的桥接抽头。

（二）线路直流环路电阻

直流环路电阻直接影响线路上信号的衰减。ADSL 业务的用户线路直流环路电阻应不大于 1.1 kΩ，否则就需要选择线径较大的导线。

（三）绝缘电阻

绝缘电阻是两根导线之间或导线对地之间的直流电压与通过它的漏电流之间的比值。绝缘电阻越低，线路损耗越大，外界地线噪声越容易干扰线路信号。当绝缘电阻过低时需要检查是否存在漏电。

ADSL 业务要求线路中两线间的绝缘电阻和两线分别对地绝缘电阻均应大于 5 MΩ。

（四）线路工作电容

线路工作电容参数是用来衡量线路传输高频信号的能力。线间电容越小，对高频信号的衰减越小，信号传输质量越高。

ADSL 业务要求两线间电容不大于 150 nF，最大不能超过 200 nF。并且，两线分别对地电容的差值不大于 5%。

（五）串音

串音是邻近线对之间在对方线路信号上耦合了自己的信号而对对方产生的干扰。

在主干电缆中，邻近的 ADSL 线对之间也会产生串音。如果一对 ADSL 线对长度较短，如小于 1 km，而另一对 ADSL 线对长度较长，如大于 2 km，这时较短线对会干扰较长线对。这种情况主要存在于从主干电缆到不同交接箱电缆的电缆相邻线对。

经过实验室测试发现，0.32 mm、0.4 mm、0.5 mm 线径的线路传输能力，有如下对比关系：

1 km 0.5 mm 线径与 800 m 0.4 mm 线径传输能力相当；1 km 0.4 mm 线径与 800 m 0.32 mm 线径传输能力相当。

因此在安装时要对用户的线路情况有清楚的了解，若用户出现线路不稳定和速率明显下降时，可以更换用户外线或不要在同一主干电缆中使用连续的线对分配给 ADSL 用户。

三、入户线路的安装要求

入户线尽量采用双绞线，不要采用平行线。在新建的住宅小区中有部分采用了四芯平行线，此类用户在安装宽带 ADSL 时，该四芯平行线只能使用其中一对，另外一对空着，不允许把另一对线用作普通电话，更不允许把另一对连接 ISDN 一线通，否则 ADSL 用户会受 ISDN 和电话用户的干扰，变得不稳定，经常断线。

入户线的安装应远离家用电器，如冰箱，音响等设备，否则会增加线路的噪声。若不能避免时建议将用户线换成双绞线。

入户线到用户 ADSL Modem 的分离器之间不能接其他电信设备，如传真机、电话分机、IP 拨号器、音频 Modem、声讯台限拨器、电话防盗器等。这些设备只能连接到分离器电话输出口后面。

入户线的安装接头接触要可靠,接线端子要旋紧;进入用户家中,线路之间的接头不能直接把两根铜线绞在一起,这对普通电话是可以的,但对于 ADSL 业务,表面容易氧化,对高频信号产生衰减,应该用接线子或接线盒连接,保证接触点连接可靠。

技能训练

在宽带安装过程中,主要牵涉到局端、入端跳线及用户端设备安装工作。

一、局端跳线

安装 ADSL 用户必须在局端机房进行相应的跳线。如图 2-5 所示,选择 ADL 单板的空余端口,把原来局端配线架(如图 2-6 所示)和用户端配线架之间的跳线断掉,并重新用跳线连接局端配线架(内线侧)和 SPL 板上 PSTN 口用户电缆的相应端口,用跳线连接用户端配线架(外线侧)和 SPL 板上 LINE 口用户电缆的相应端口,并记下跳线端口的框号、槽位号和端口号。在跳线时最易发生的错误是 PSTN 口和 LINE 口跳线反接,出现用户不能上网或频繁掉线等故障,在安装时机房人员要特别注意。

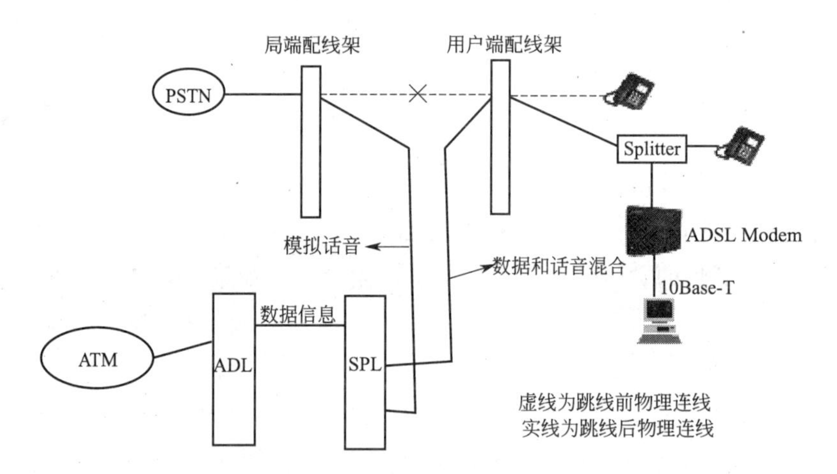

图 2-5　ADSL 局端跳线示意图

图 2-6　局端配线架

对于电话号码串联到网络交换机端口通信的问题,在机房里有语音交换机和网络交换机两种设备。只报装电话的用户运营商在机房只给用户连接到了语音交换机上,而报装了 ADSL的用户运营商需要将用户的电话号码串联到网络交换机端口上,线路进用户家之后通过分离器将语音信号和网络信号分开,才会实现打电话上网两不误。

二、用户端设备安装

用户端 ADSL Modem、用户电话、语音分离器、用户电脑的正确连接方法如图 2-7 所示。

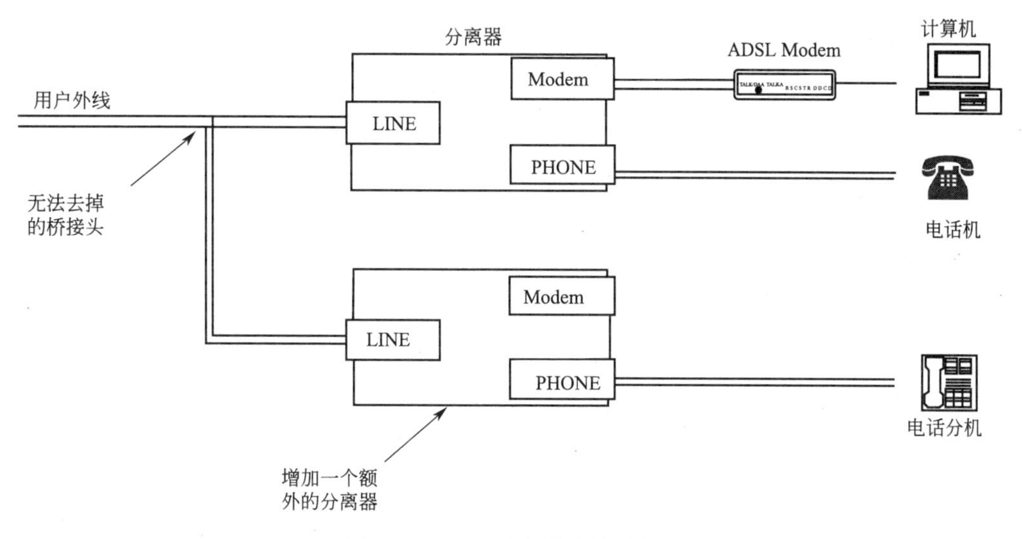

图 2-7　ADSL 用户端连接示意图

对于用户端在分离器之前的桥接线路应当尽可能去掉，如果无法去掉则应当建议用户在该桥接线路的电话分机之前串接额外的分离器。ADSL 用户端连接实物图如图 2-8 所示。

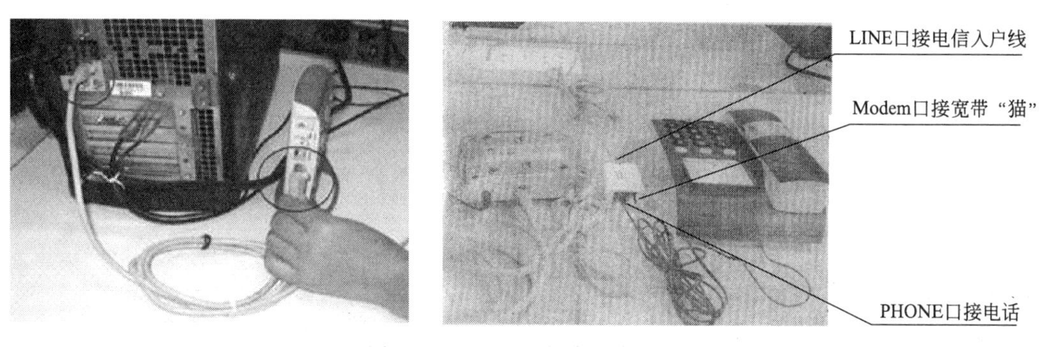

图 2-8　ADSL 用户端连接实物图

任务完成

一、开通操作步骤

安装人员在接到 ADSL 安装工单后，按以下步骤进行开通操作：

(1)上门前与用户预约。

(2)检查下户线和用户室内线路。

(3)如果 ADSL 承载电话上需并副机，制定正确的并机接线方案。

(4)安装 ADSL Modem。

(5)检查网卡设置。

(6)安装拨号软件。

(7)开通证实。

(8)收尾工作。

二、具体上门安装过程

上门安装的具体过程如下：

(1)轻敲用户大门或按门铃，用户开门后，主动向用户表明身份、说明来意并出示证件。

(2)经用户允许后，进门时应换上干净的鞋套。与用户核对登记资料，向用户问清装机位置。

(3)在准备好的垫布上放置工具，工作中应注意工具轻拿轻放。

(4)按照用户的要求进行室内布线，当用户要求的装机位置可能影响到宽带上网质量或存在安全隐患时，应善意提醒用户。室内布线要确保安全、牢固、隐蔽、美观，做到横平竖直，需穿墙打孔时应采取保护措施。

(5)进行用户端预评估测试，指标不合格时应尽快查找原因修复，并向用户解释说明。

(6)调试完毕后，主动向用户介绍上网常识(例如向用户交待分离器、Modem、拨号软件的作用，向用户介绍门户网站、电影网站、游戏网站，并将这些网站加入到收藏夹内，提醒用户对电脑操作系统及时完善补丁，加装杀毒软件，及时升级病毒库等)。

(7)安装完毕，收拾工具，清扫工作现场，恢复室内物品摆放原样，并与用户签认《施工确认单》和《满意调查表》，给用户留下用户服务卡，告知用户服务热线号码。

评　　价

1. 宽带用户初装质量检查

主要检查为用户初装宽带的步骤及流程是否规范、齐全，安装过程及操作是否正确、规范，见表2-4。

表2-4　宽带用户初装质量评价表

评价内容	自我评价	教师评价	其他评价
局端跳线操作正确			
用户端设备及线路连接正确			
用户侧线路走线规范、美观			
用户侧相关软件安装正确			
各种表格签收正常			
服务行为及步骤齐备、标准、规范			
合计			

2. 能力评价

主要检查学员对网线制作的相关配套知识的掌握情况，见表2-5。

表2-5　网线制作能力评价表

评价内容	学员自我评价	培训教师评价	其他评价
ADSL系统原理			
影响线路质量的关键因素及保障要点			
PPPoE在网络中的作用			
Internet网络应用知识			
合计			

教学策略讨论

根据本任务的特点，建议学员们针对以下方面展开教学策略的讨论：

（1）本任务有到客户家里进行安装的环节，如果采用角色扮演法，如何设计教案？

（2）如果采用现场教学方法，应该如何组织现场？

最后，请将讨论记录如下：

（1）讨论记录：____

____

____

（2）讨论记录：____

____

____

（3）讨论心得记录：____

____

____

任务 3　ADSL 客户培训

任务描述

由于电信维护部门每天派出大量维护员工为用户解决网络故障，而相当大一部分故障属于客户可以自己判断或者解决的，为避免人力浪费，电信公司组织免费的宽带知识及简单技能普及培训。

任务分析

面向的客户定位为具有初级电脑水平，因此培训内容包括 Modem 指示灯含义识别、网络连接建立、网络流量查询等。可在维护现场对客户进行培训。

相关知识

一、Modem 指示灯含义

Modem 俗称“猫”，如图 2-9 所示是一种常见 Modem。

Modem 根据接入方式不同，种类也不同。一般电信公司把 ADSL 技术接入的 Modem 称为“宽带 Modem”本任务采用了这种称呼。

每款 Modem 的指示灯大同小异，以华为 MT880 的 Modem 为例，讲讲 Modem 前面板各个指示灯的含义。

图 2-9　ADSL Modem 实物图

华为 MT880 前面板共有 5 个指示灯，从左往右分别是电源灯、ADSL 同步灯、ADSL 数据灯、网卡状态灯、网卡数

据灯,如图 2-10 所示。

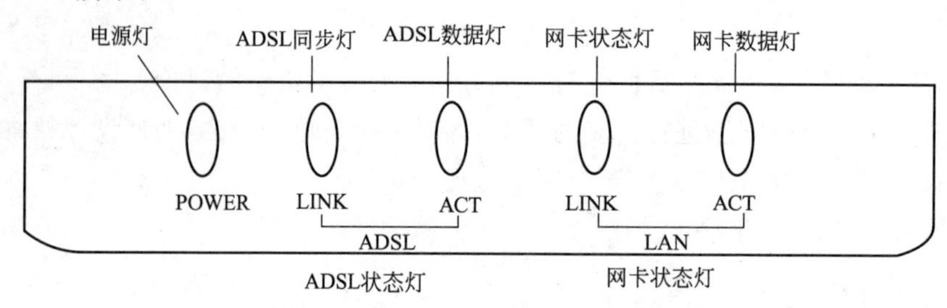

图 2-10 ADSL Modem 前面板图

电源灯:代表宽带 Modem 是否正常供电,熄灭表示没有电压。

ADSL 同步灯:当宽带 Modem 和电信局设备建立连接的时候会闪烁,当建立完毕后该灯稳定长亮。

ADSL 数据灯:当连接到互联网后有上传和下载的数据时,该灯会不停闪烁,熄灭则表示无数据流。

网卡状态灯:当宽带 Modem 和电脑里的网卡连接正常的时候,该灯常亮,否则熄灭。当连接为 100 M 时,该灯为橘黄色,当连接为 10 M 时,该灯为绿色。

网卡数据灯:当电脑有数据需要和宽带 Modem 之间进行传送,该灯闪烁,熄灭则表示无数据流。

宽带 Modem 的后面板一般有电源接口、电源开关、复位孔、网线接口、电话线接口等,如图2-11所示。

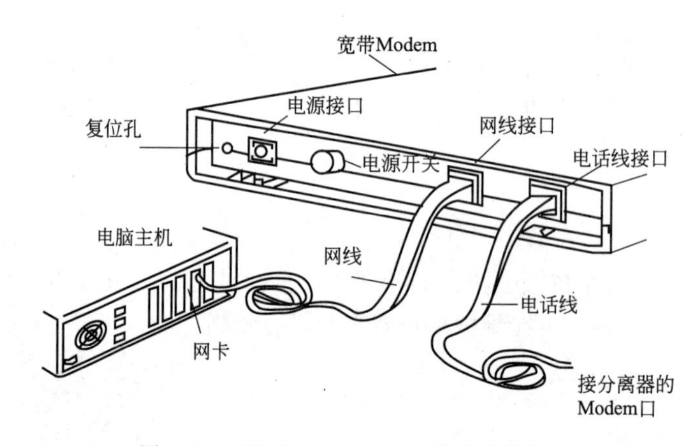

图 2-11 ADSL Modem 后面板及其接线图

电源接口,接宽带 Modem 的电源插头,切不可和不配套的电源插头混用,容易把 Modem 烧坏。

电源开关,关闭和打开宽带 Modem 的电源。

复位孔,当宽带 Modem 不稳定或内部数据被篡改时,可使宽带 Modem 的数据恢复出厂值。

网线接口,通过网线和电脑中的网卡接口连接。

电话线接口,插入从分离器的 Modem 口接出来的电话线,接收来自电信宽带信号的接口。

二、宽带 Modem 使用注意事项

宽带 Modem 长时间使用后芯片会发热,要注意通风散热,不能覆盖散热孔或放在潮湿的

地方。不要把宽带 Modem 放置在音响或手机等有电磁干扰的电器旁边，防止因干扰而掉线。当电压不稳定的时候，使用 UPS 或稳压器供电，防止 Modem 瞬间掉电引发故障。当有雷雨天气的时候，将宽带 Modem 后面的电源和电话线拔除，以防雷电把宽带 Modem 击坏。若怀疑宽带 Modem 发生故障，勿自行拆卸，应立刻拨打服务热线号申告宽带故障。

三、计算机软硬件相关知识

计算机的主要硬件有主板、CPU、内存、显卡、声卡、网卡、硬盘、光驱、机箱、电源、键盘、鼠标、显示器等。计算机主板上各部分插槽位置如图 2-12 所示。

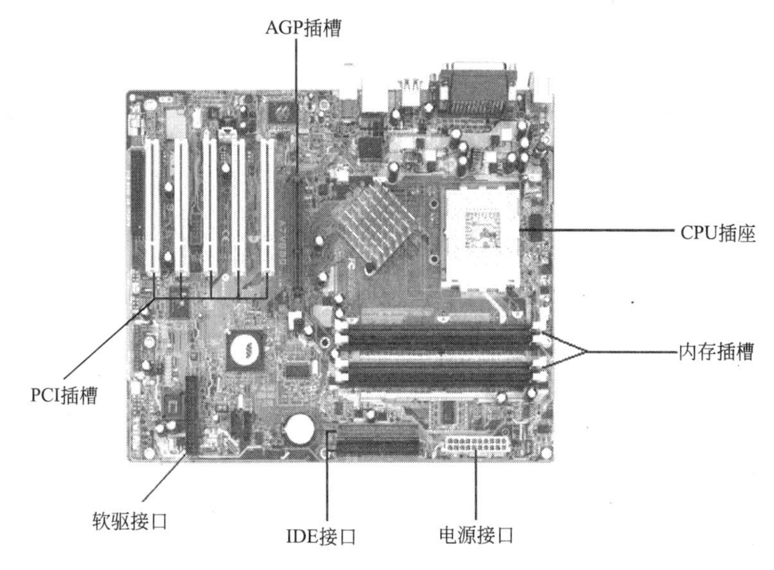

图 2-12 计算机主板各插槽

ADSL 上网所需的网卡就安装在 PCI 插槽中。

计算机外部接口如图 2-13 所示。

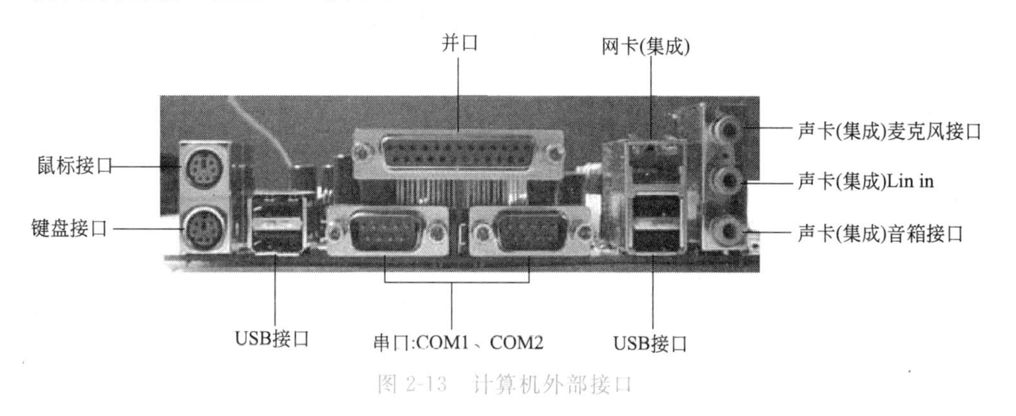

图 2-13 计算机外部接口

串口，连接串口鼠标、外置 56 K Modem 等设备。

并口，连接并口打印机等设备。

USB 接口，连接 USB(通用串行总线)设备，例如：U 盘、摄像头、数码照相机等。如果 ADSL Modem 有 USB 接口，也可以通过 USB 连接线接到计算机的 USB 接口上。支持热插拔设备。

如果没有集成的网卡，开通 ADSL 就需要专门安装一块网卡。

计算机操作系统是计算机的系统软件，由它统一管理计算机系统资源和控制程序的执行。它是计算机系统中各种资源的管理者和各种活动的组织者、指挥者。

操作系统的设计目标有两个：一是使计算机系统使用方便；二是使计算机系统能够高效地工作。

操作系统有 Windows、Mac OS X、Unix、Linux 等。我们常见的 PC 机一般使用 Windows 操作系统，苹果电脑使用 Mac OS X，部分服务器使用 Unix 操作系统。Linux 是一套免费使用和自由传播的类 Unix 操作系统，可以用在 PC 机上，但很少有用户使用。

现在的主流操作系统是 Microsoft（微软）的 Windows 系列，主要有 Windows 98/Me、Windows 2000、Windows XP。这几种版本的操作系统特点如下：

Windows 98，属于比较早期的操作系统，支持 16 位的系统，兼容 DOS。对计算机的硬件配置要求比较低。

Windows Me，内核与 Windows 98 相同。有友好的操作界面，增加了数字电影编辑器和多媒体工具，对网络的支持有所改善，主要针对家用。

Windows 2000，是一种基于 Windows NT 内核的操作系统。安全性、稳定性方面都比 Winddows 98、Windows Me 有较大的提高，操作界面简洁。Windows 2000 有 Professional、Server、Advanced Server 3 种版本。Professional 主要用于个人和单机工作站上，后两种是服务器版本，主要用于服务器上。Windows 2000 的稳定性较 Windows 98 等有较大提升。

Windows XP，也是基于 Windows NT 内核的操作系统。操作界面友好，增强了对于多媒体方面的支持。Windows XP 有 Professional、Home Editon 两种版本。Home 版本主要针对家用，不提供对于 IIS 等网络方面的支持。Windows XP 系统的稳定性和安全性更强，但对系统资源的开销也很大。

四、网络基础知识

局域网（Local Area Network，LAN），也称局域网络，是将位于一个相对有限区域（例如一幢建筑物）内的一组计算机、其他设备（打印机等）按照某种网络结构相互连接起来的通信网络。局域网内的计算机可以实现彼此通信、数据传输和共享资源。网络中所有计算机都通过各自独立的电缆直接连接至中心设备（集线器或交换机），因此，称为星形结构，如图 2-14 所示。

局域网（LAN）也是由硬件和软件两部分组成。

软件部分包括网络操作系统和通信协议。TCP/IP协议就是目前互联网和局域网都可以共同使用的通信协议。

硬件部分包括计算机、通信介质、网络适配器和网络设备。

图 2-14　用集线器进行网络连接

网络由若干计算机相互连接而成，局域网中的计算机基本上可以分为两类，一类是工作站，也称客户机，由普通用户操作；另一类是服务器，由专门的网络管理员来使用、维护。

网络通信介质，主要有同轴电缆、双绞线、光缆等，目前局域网最常用的是超 5 类非屏蔽双

绞线(UTP),双绞线内部有八根电缆,每两根一对,按规定的紧密度相互缠绕。

网络适配器,主要是指网卡(Network Interface Card,NIC),是计算机与局域网相互连接的接口。每一个网卡都有一个全世界唯一的 ID 号,也叫 MAC(Media Access Control)地址,用来识别网络中计算机的身份。

网络设备,主要指网络交换机、路由器、集线器等,用于实现网络内信息的相互交换,是网络的“心脏”。

广域网(Wide Area Network)是在一个广泛地理范围内所建立的计算机通信网,简称 WAN,其范围可以超越城市和国家乃至全球,因而对通信的要求及复杂性都比较高。

将许多国家级的广域网通过高速数字电话线结合在一起,以使各个网络之间可以彼此互通,采用统一的协议和地址,就成为目前遍布全球的“国际互联网(Internet)”了,它是覆盖整个世界的巨大的计算机网络,也被称为因特网。

互联网使用的通信协议是 TCP/IP。IP 地址是互联网上对网络节点的唯一标识。IP 地址是一个 4 字节(共 32 bit)的数字,被分为 4 段,每段 8 位,段与段之间用句点分隔。为了便于表达和识别,IP 地址是以十进制形式表示的如:202.98.96.68。

保留 IP 地址(或称私有地址、内网地址)用于局域网内电脑。常用的有 10.×××.×××.×××和 192.168.×××.×××。ADSL Modem 的缺省地址基本上都用这两种。

技能训练

培训用户帮助其掌握网络连接的建立方法。

以 Windows 7 系统为例,介绍在 Windows 7 的操作系统,系统中建立 ADSL 拨号连接的步骤。从 Windows XP 开始,Windows 系列操作系统中都集成了 PPPoE 协议,ADSL 用户不再需要安装任何其他 PPPoE 拨号软件,直接使用 Windows 的连接向导就可以建立自己的 ADSL 虚拟拨号连接。具体的步骤设置如下:

步骤 1:打开系统控制面板,在“网络和 Internet”控制组里,单击“查看网络状态和任务”,如图 2-15 所示。

图 2-15　控制面板界面

步骤 2:在出现的更改网络设置中,单击“设置新的连接或网络,如图 2-16 所示。

更改网络设置

设置新的连接或网络
设置无线、宽带、拨号、临时或 VPN 连接;或设置路由器或访问点。

连接到网络
连接到或重新连接到无线、有线、拨号或 VPN 网络连接。

选择家庭组和共享选项
访问位于其他网络计算机上的文件和打印机,或更改共享设置。

疑难解答

图 2-16　网络和共享中心界面

步骤 3:选择“连接到 Internet”,并单击【下一步】,如图 2-17 所示。

安装 ADSL 时,也会需要一个 ADSL 的 Modem,也称为 ADSL 调制解调器或 ADSL 路由器。此处不要与拨号调制解调器的选项“设置拨号连接”混淆了。

步骤 4:在选择到 Internet 界面中,单击宽带(PPPoE),如图 2-18 所示。

选择一个连接选项

连接到 Internet
设置无线、宽带或拨号连接,连接到 Internet。

设置新网络
配置新的路由器或访问点。

手动连接到无线网络
连接到隐藏网络或创建新无线配置文件。

连接到工作区
设置到您的工作区的拨号或 VPN 连接。

设置拨号连接
使用拨号连接连接到 Internet。

图 2-17　设置连接或网络

您想如何连接?

无线(W)
使用无线路由器或无线网络连接。

宽带(PPPoE)(R)
使用需要用户名和密码的 DSL 或电缆连接。

图 2-18　连接到 Internet 的类型选择

安装 ADSL 时,会需要一个 ADSL 的 Modem,也成为 ADSL 调制解调器或 ADSL 路由器,此处不要与使用话带 Modem 的普通拨号方式混淆了。

步骤 5:在新建选择中填写连接账号、密码等信息,如图 2-19 所示。

用户在申请 ADSL 业务开通时,一般会立即获得 ISP 提供的账号和密码,此处需要填写这个账号和密码到连接属性中。“连接名称”主要是帮助用户在有多个连接时进行选择,如用户使用过“电信”和“联通”的宽带服务。为它们取不同的名字就容易识别了。

步骤 6:单击【连接】即可拨号上网,如图 2-20 所示。

连接到 Internet

键入您的 Internet 服务提供商(ISP)提供的信息

用户名(U): adsl@169

密码(P): ********

显示字符(S)

记住此密码(R)

连接名称(N): 宽带连接

允许其他人使用此连接(A)

这个选项允许可以访问这台计算机的人使用此连接。

我没有 ISP

连接(C) 取消

图 2-19 连接属性信息

正在连接，通过 WAN Miniport (PPPoE)...

图 2-20 开始连接

任务完成

为用户安装完成后应进行用户使用宽带的简单培训，共 5 个方面的内容：

(1)拨号软件的使用方法。

(2)用户上网访问 Internet 应用的方法。

(3)安全使用计算机及网络的注意事项。

(4)简单故障的排除，如：线路连接处的松动、拨号软件的重装等。

(5)网络应用及与网络应用相关的业务的介绍。

评 价

通过客户调查回单反映培训情况，通过每天的工单数量统计反映培训效果。

1. 宽带用户培训质量检查

主要检查培训用户步骤及流程是否规范、齐全，见表 2-6。

2. 能力评价

主要检查学员对相关配套知识的掌握情况，见表 2-7。

表 2-6　宽带用户培训质量评价表

评　价　内　容	自　我　评　价	教　师　评　价	其　他　评　价
拨号软件安装培训			
网络安全及注意事项培训			
业务介绍			
客户端维护知识培训			
合　　计			

表 2-7　宽带用户培训能力评价表

评　价　内　容	学员自我评价	培训教师评价	其　他　评　价
病毒与木马的防范			
与网络相关的业务			
Internet 网络应用			
合　　计			

教学策略讨论

本任务内容虽然是向客户讲解上网的有关知识和方法，但在真实的职业场景中，与客户的交流互动更为重要，请考虑采用怎样的教学方法更适合让学生掌握交流的技巧？

最后，请将讨论记录如下：

(1)讨论记录：______________________________

____

____

(2)讨论心得记录：______________________________

____

____

任务 4　宽带星天地业务安装及维护

任务描述

电信公司新推出宽带电视业务，需要相应人员进行安装和维护。

任务分析

此类任务需要相应人员掌握新业务的基本情况、相关产品情况，安装技能及维护技能。

相关知识

一、宽带星天地业务介绍

宽带星天地是 2006 年中国电信力推的一款全新宽带业务，是以电视机作为显示终端，利

用家用电脑资源，组成家庭综合信息娱乐中心，主要以软件终端实现宽带影视娱乐功能。用户以遥控器来操作，在电脑或电视机上方便地享受由中国电信提供的宽带影视、音乐、游戏、教育、炒股、购物等丰富的服务。宽带星天地的界面如图 2-21 所示。

图 2-21 宽带星天地界面

二、宽带星天地业务主要故障处理办法

故障主要问题及解决方法如下：

(1)电源指示灯不亮，无法开机

解决办法：更换终端或电源适配器。

(2)STATION 终端电源灯正常，硬盘指示灯长亮，显卡无任何输出

解决办法：先断电并重启几次，如仍然无任何输出，则更换终端。

(3)终端认证失败，连不上网

解决办法：确认硬件版本是否为规定的当前版本。①如不是当前规定版本，则需要返厂更换；②如果是当前规定版本，则用户帐号或密码设置有误或用户网络不稳定。

(4)遥控器无法操作

解决办法：使用置换法，按遥控器后，接收器指示灯无任何反应，如果换一个接收器，指示灯还是无反应，则遥控器可能损坏；如换一个遥控器操作，接收器无任何反应，则接收器是坏的。

(5)强终端中，能进入栏目菜单，但按遥控器，无任何反应

解决办法：按遥控器后，稍停顿片刻，待反应后再按键操作，程序反应有点滞后。

(6)强终端中，进不了宽带星天地或总是提示请插入 VPOD

解决办法：使用一键 Ghost 恢复，将系统恢复到初始状态。

(7)强终端中，若遇到一些无名问题

解决办法：首先使用一键 Ghost 恢复系统，若解决则可，若仍不能解决则联系售后人员。

(8)一直停留在“网络正在连接中”的界面

解决办法：先检查是否能正常上网；再查用户账号设置是否正确；若网络不稳定，多尝试几次拨号。

(9)看节目过程中非常卡，像放幻灯片一样

解决办法：若带宽不够，需提带宽；若为强终端，则有可能系统播放器故障，建议恢复系统。

(10)强终端、节目菜单正常但点播电影时黑屏

解决办法:系统播放器故障,建议恢复系统。

(11)弱终端,只显示黑白色图像

解决办法:更改电视机制式:PAL 或 NTSC,或进入弱终端的视频配置菜单中更改视频输出制式:PAL 或 NTSC。

技能训练

一、宽带网接入

部分用户家中为一台电脑使用单一 Modem 上网,若用户需同时使用电脑上网和宽带星天地业务,则需配置一台配有多个以太网接口的路由器。也可鼓励用户加入 E8 套餐,使用华为 HG520S 来实现多用户同时上网。

路由器设置中建议将 DHCP 打开。

对用户线路进行测试,确保用户线路正常;对路由器分出的线路进行带宽测试,保证线路经路由器后带宽能达到业务开通要求。上述两项测试完毕后必须记录在装移机工单上并建立宽带星天地用户健康档案。

二、布　　线

由于大部分用户家中电视机旁无网络接入,需从 Modem(或路由器)处放一根网线至电视机旁,且使用此业务的大部分用户家中应装修较好,可与用户商量。建议用户不固定网线,无需要时可收起或根据用户要求固定。可为用户备 2～3 m 跳线以便用户自行捆扎。

若用户使用强终端,则可使用强终端＋无线网卡＋无线路由器;弱终端不支持无线网卡。

另有可将电源线路转换成网线的转换设备,若测试通过以后,可引导用户使用该设备。

三、终端摆放及接线

因使用界面为电视机,再加上用户的习惯问题,用户在拿到摇控器后会自然而然的对准电视机进行操作。因此要将宽带星天地终端尽量放在靠近电视机的地方,放置在电视机的上、下方最为宜。若摆放位置稍远,会影响摇控器的灵敏度,导致用户感觉不好。

采用 AV 连接将终端与电视机连接:用 RCA 线连接电视 AV Input 端相应颜色的端口(与普通家用 VCD、DVD 相同)。如果电视机有 S-video 端口及用户有 S-video 线,推荐使用 S-video 连接线(此时 RCA 线的黄色 video 接头不要连接)。

终端接入网络线,接入电源线。

四、终端设置

(一)网络设置

用户开机后如未正常接入网络将出现功能设置菜单。进入其中网络设置菜单(或通过进入系统→功能设置→网络设置)内有“PPPoE”、“DHCP”、“LAN”3 种可选接入方式,请根据用户处网络接入方式选择相应设置。若用户路由器启用 DHCP 功能,但仍建议使用输入与路由

器同一网段的靠后的固定 IP(LAN 方式)。

若采用 DHCP 方式,部分型号路由器 DHCP 功能可能影响业务的使用。

设置完成后,单击【确定】完成设置。

(二)业务设置

在功能菜单中选择“业务设置”。输入业务账号及业务密码,单击【确定】完成设置。服务器接入地址切记不要改变。

(三)视频设置

进入设置界面后,电视机显示为黑白色且效果不好,则进入视频设置,根据电视机所采用的制式选择对应的 PAL 或 NTSC。

五、设备启动顺序

使用业务时,先启动相应宽带网络接入设备(如 Modem、路由器、交换机),确保网络接入设备正常工作后,再打开宽带星天地终端设备。

若宽带星天地终端启动时网络接入设备还未正常工作,则需等到网络接入设备正常工作后重启宽带星天地终端,方能正常使用。

六、业务使用

将电视机切换到视频;正常接入网络且首次使用时会提示软件升级。使用前必须进行升级且升级过程中终端设备不能断电断网,否则只能返厂维修。

当局域网中的电脑使用 BT 等下载软件下载资料时,会影响此业务的使用。建议用户在使用宽带星天地时停止其他大量占用线路带宽的操作。

因终端摇控器灵敏度高而终端响应时间又较电视机慢,在安装完毕后应该告之用户此情况,并指导用户适应操作。如在观看连续剧时如果确定键按住时间太长则用户无法看到选集的界面。另影片播放过程中如果想退出观看,则需按摇控器上的“停止”键,“返回”键无用。

摇控器上的快进与节目缓冲速度有关。当缓冲不充分的情况下,快进键使用效果不明显。

影片播放初期如果停顿较为严重可按暂停键,待影片缓冲一段时间再播放即可。

任务完成

(1)按工单预约客户。

(2)于客户处进行安装前条件检查。

(3)符合条件者进行设备安装与连接设置。

(4)安装完成展示业务。

(5)回单并做好客户记录。

(6)如有故障则出工进行维护。

评　　价

1. 完成质量检查

主要检查增强型应用(宽带星天地)安装步骤及流程是否规范、正确,见表 2-8。

表 2-8 宽带新业务安装质量评价表

评价内容	自我评价	教师评价	其他评价
宽带星天地硬件安装			
宽带星天地软件设置			
业务演示及用户培训			
合计			

2. 能力评价

主要检查学员对相关配套知识的掌握情况，见表 2-9。

表 2-9 宽带新业务安装能力评价表

评价内容	学员自我评价	培训教师评价	其他评价
增强型应用网络结构			
与增强型应用相关的 ATM 简单原理			
增强型应用系统原理			
合计			

教学策略讨论

宽带业务安装人员除了要能够正确安装业务外，还要具备故障排除的能力，教师在准备本环节教学内容时，可预设哪些典型故障？应如何准备？

最后，请将讨论记录如下：

(1)讨论记录：______________________________

____

____

(2)讨论心得记录：______________________________

____

____

任务 5 宽带线路故障排查解决

任务描述

由于城区进行拆迁、改造，铺设在地下的通信线缆时有损伤，导致相应片区用户上网故障。维护人员需要解决此类故障，对宽带线路进行排查解决。

任务分析

需要借助相关仪器资料才能迅速准确地定位故障，如本地线路施工图、线路测试仪等。能根据相关现象做出准确判断，并采取相应措施来解决线路故障。

相关知识

一、线路端故障汇编

线路端故障整理如下：

故障名称	用户线路过长，不适宜开通 ADSL 业务
故障现象	ADSL 用户不能上网，Modem 激活指示灯闪烁
测试分析	(1)在测量台对该用户端口进行 ADSL 线路参数、链路性能、PPPoE 仿真登录、ISP ping 等项测试结果正常，说明该用户端口各项指标正常。 (2)测试线路环阻为 1 670 Ω，估算线路长度大约 3.5 km，通过 TDR 测试，线路长度也大约为 3.5 km，测试线路衰减较大。 (3)由于该用户线路较长，衰减较大，所以不适宜开通 ADSL 业务
维护建议	适宜开通 ADSL 业务的用户线路环阻应当小于 900 Ω(参考值)，如果线路过长会导致用户不能激活或经常掉线

故障名称	用户线路氧化导致接触不良
故障现象	ADSL 用户不能上网，Modem 不能激活
测试分析	(1)在测量台对该用户端口进行 ADSL 线路参数、链路性能、PPPoE 仿真登录、ISP ping 等项测试结果正常，说明该用户端口各项指标正常。 (2)测试线路从测量台到用户家的线路环阻为 4 600 Ω，从测量台到分线箱的线路环阻为 673 Ω，从而判断下户线存在接触不良。 (3)该用户的下户线由几段线路接在一起，更换下户线后用户故障消失
维护建议	如果根据测试到的环阻指标估算的线路长度与通过电容、TDR 测试得到的线路长度偏差较大，则说明用户线路上存在着接触不良和接头氧化的故障现象

故障名称	用户线路受到干扰导致用户上网速度慢
故障现象	ADSL 用户下载文件速度仅 7 kbit/s，并经常掉线
测试分析	(1)在测量台对该用户端口进行 ADSL 线路参数、链路性能、PPPoE 仿真登录、ISP ping 等项测试，结果正常，说明该用户端口各项指标正常，下载速度 80 kbit/s。 (2)在用户端测试用户 ADSL 下行激活速率仅为 96 kbit/s。 (3)测试线路干扰，发现干扰较大，PSD 测试和宽带噪声测试指标不合格。 (4)断开用户下户线，测试主干电缆、配线电缆受到的干扰信号强度符合要求。 (5)在分线箱测试用户 ADSL 下行激活速率 3.8 Mbit/s。 (6)观察发现用户下户线采用平行线，线路较长，从楼下分线盒一直拉到 6 楼，下户线受到的干扰较强导致用户端激活速率低并经常掉线
维护建议	下户线应当避免采用平行线，而使用双绞线，尽可能减小线路长度，从而降低衰减，并提高抗干扰能力。遇到此类故障不妨通过在用户端和分线盒测试到的 ADSL 参数的比对分析下户线对于用户的性能的影响

故障名称	用户线路断路导致不能上网，也不能打电话
故障现象	用户 ADSL Modem 不能激活，电话没有拨号音
测试分析	(1)在测量台对该用户端口进行 ADSL 线路参数、链路性能、PPPoE 仿真登录、ISP ping 等项测试结果正常，说明该用户端口各项指标正常。 (2)在测量台对内测试线路直流电压 52 V，说明 PSTN 交换机馈电正常。 (3)在用户端将 A、B 线短接，在测量台测试的环阻大于 10 MΩ，从而判定用户线路上存在断路故障。 (4)通过 TDR 测试结合巡线发现用户分线箱端子松脱，导致其中一条芯线断路
维护建议	环阻指标大于 10 MΩ 说明没有实现 A、B 线的短接，如果已经在线路的一端进行了短接，则说明线路上存在着断点，结合 TDR 关于断路点的反射信号判断故障点位置

故障名称	局内设备配线施工不当导致部分 ADSL 端口不可用
故障现象	测量台某配线模块上的部分用户不可用，而其他用户工作正常
测试分析	(1)在测量台对该配线模块上的各个用户端口进行 ADSL 线路参数测试，发现有些端口可用，而有些端口不可用。 (2)给这些不可用的端口的交换侧配线模块连接上 PSTN 跳线(即加入 PSTN 馈电)，然后在这些端口的外线侧测试线路电压，发现直流电压为 0 V，从而判断问题出现在从数据机房的 DSLAM 到测量台之间的线路和接头上 (3)重新布设相关。端口的接头和跳线，故障消失
维护建议	在进行线路故障判断时，局内配线也存在着布线错误和施工质量不良的现象，不能忽视。

故障名称	电缆中的用户线纵向平衡性差导致用户上网的掉线
故障现象	某用户使用 ADSL 上网经常掉线
测试分析	(1)在测量台对该用户端口进行测试，各项指标正常表明端口正常。 (2)对用户线路各项指标进行测试，发现该用户线路纵向平衡性能较差。 (3)测试用户线路绝缘性能，发现其中一条芯线的对地绝缘特性不良。 (4)更换该用户在主干电缆中的线对重复以上测试，测试指标正常。 (5)观察用户使用一段时间故障没有再次出现
维护建议	用户双绞线的对称性能越好，抗干扰能力越强，反之则越差。电缆中的“混对”及单一芯线的故障会导致用户抗干扰能力差，容易掉线

二、线路测试仪

ADSL 线路测试仪是宽带维护中很重要的一个工具，以某公司的 D2065 ADSL 线路测试仪为例(如图 2-22 所示)，该产品主要为 ADSL 线路及 Modem 测试提供完整的解决方案。通过对局端宽带交换机(DSLAM)到终端用户之间的任何一点进行同步判断测试，迅速定位出用户无法上网的故障点。

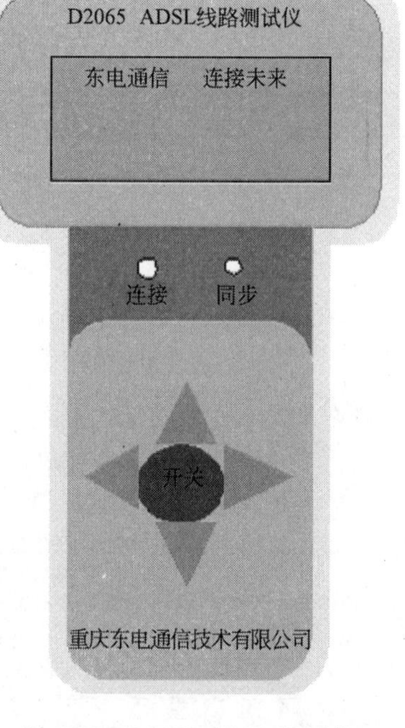

图 2-22 D2065 ADSL 测试仪

在用户端拔掉 Modem 的 ADSL 接口 RJ-11 水晶头或是分离器的 LINE 接口 RJ-11 水晶头，并插入本机 D2065 的 RJ-11 接口。对 D2065 上电，2 s 后进入主界面，可见到 D2065 有 8 项功能块，分别是同步判断、电压、环阻、绝缘、电容、频域衰减、ADSL Modem、仪表管理。也就是可以利用该机直接测量终端用户与 DSLAM 同步后提供的上下行速率、功率衰减、信噪比余度、循环检验错误(CRC)，使用通道及协议版本等参数，从而了解线路和 ADSL 系统的实际运行情况。这些是分析 ADSL 运营商为终端用户所提供服务质量的重要依据。该机也提供线路电压、环阻、绝缘、电容、频域衰减等物理性指标测试，为 ADSL开通前选线和后期维护提供一个良好的工具。

技能训练

线路测量有两种方式，分别如下：

（一）分段测量

分段测量主要针对故障线路进行定位，查找问题的发生段或产生点。在分段测量中，我们一般将整条链路分成局端段、用户线路段和用户段。那么，在局端段主要有机房 DSLAM 端口设备、机房数据管理、交换设备、接入设备等；在用户线路段主要是 112 机房配线、保安器单元、主干电缆、下户配缆、下户线、用户室内线、话音隔离器，以及用户 Modem；用户段包括用户电脑及局域网，如图 2-23 所示。

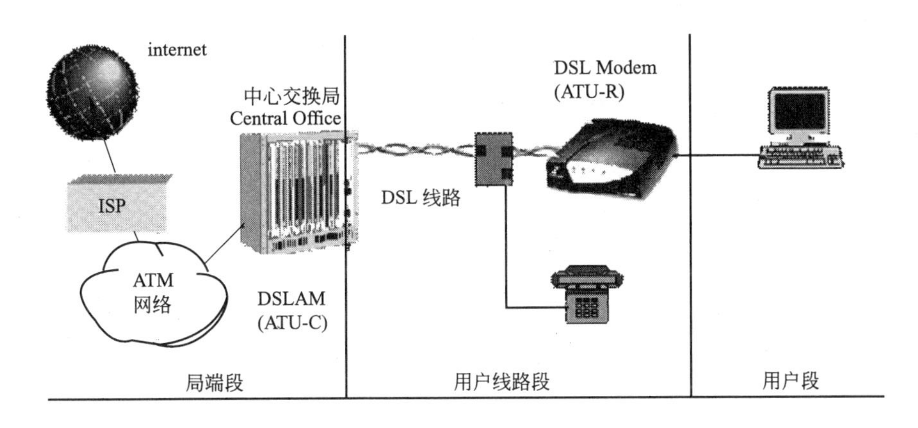

图 2-23　ADSL 分段检测

由于用户线路段涉及的各种线缆质量差异较大，同时 ADSL 传输性能主要受线缆长度和质量的影响，因此，用户线路段问题成为影响 ADSL 传输性能的主要问题。分段测量本着由简到繁的方式进行，我们在机房时，可以先对整个线缆进行测试，毕竟机房地线是标准的接地，然后下户线接线盒，再后是交接箱，最后是 112 机房。

（二）分层测量

分层测量主要分为数据链路层、协议层和物理层测量。数据链路层主要进行 Modem 仿真测试，与局端 DSLAM 进行链接，查看数据链路层上的参数是否正常，是否符合 ADSL 链路传输要求；对协议层主要进行 ping 测试，验证用户账号密码是否有效，同时验证机房数据是否正确；物理层测量为物理线路测试，对线缆质量、物理性能进行测试和评估。在物理层测试中主要通过分段测量来进行定位。对 ADSL 分层检查如图 2-24 所示。

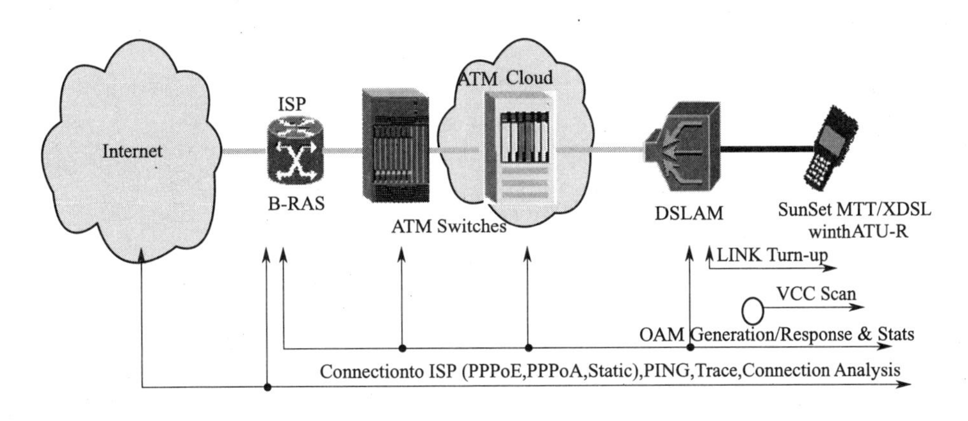

图 2-24　ADSL 分层检测方法

任务完成

由于ADSL用户接入方式为承载在市话铜双绞线上进行高速数据传输的，每个用户都有不同的电脑终端、用户Modem、市话线缆、DSLAM数据端口等，最后经由传输链路接入网络服务器。因此，对一条ADSL线路进行测量时，我们将按照分段测量和分层测量的方式同时进行测试，对故障段的定位和传输性能进行评估。

通过测试得到以下结果：

1. ATU-R用户Modem仿真测试指标和标准(见表2-10)

表2-10 ATU-R用户Modem测试表

链路仿真测试			
名 称		目标值	测量值
快速通道速率FAST	上行(kbit/s)	用户申请值	
	下行(kbit/s)	用户申请值	
交织通道速率INTL	上行(kbit/s)	用户申请值	
	下行(kbit/s)	用户申请值	
线路最大可行速率MAX	上行(kbit/s)	视线路而定	
	下行(kbit/s)	视线路而定	
速率使用比CPTY	上行	小于85%	
	下行	小于85%	
噪声裕量SNR	上行(dB)	大于6	
	下行(dB)	大于6	
线路衰减ATTN	上行(dB)	小于50	
	下行(dB)	小于50	
输出功率PWR	上行(dBm)	一般小于12.5	
	下行(dBm)	小于20	
线路块误码率BLOCK ERR RATE	测量时间15 min	小于10^{-7}	
线路告警特性ALARM	测量时间15 min	无	

2. 物理双绞线测试指标和标准(见表2-11)

表2-11 物理双绞线测试表

物理线路测试			
名 称		目标值	测量值
直流电压DCV	线间电压：T-R	小于1 V	
	T线对地：T-G	小于1 V	
	R线对地：R-G	小于1 V	
交流电压ACV	线间电压：T-R	小于1 V	
	T线对地：T-G	小于1 V	
	R线对地：R-G	小于1 V	

续上表

名 称		目标值	测量值
绝缘电阻 OHM	线间电阻:T-R	大于 5 MΩ	
	T 线对地:T-G	大于 5 MΩ	
	R 线对地:R-G	大于 5 MΩ	
线路电容 CAP	线间电容:T-R	小于 158 nF	
	T 线对地:T-G	小于 158 nF	
	R 线对地:R-G	小于 158 nF	
	线缆平衡:T-G/T-R	大于 98%	
干扰脉冲 IMPULSE NOISE	高值:HI	0	
	中值:MID	0	
	低值:LOW	0	
环路电阻 LOOP RESISTANCE	T-R(远端环回)	小于 800 Ω	
背景噪声 BACKGROUND NOISE	G 滤波	小于−50 dB	
加感线圈 COIL DETECTION	个数	0	
插入损耗 INSERTION LOSS	每一个子通道	小于 50 dB	

评 价

1. 完成质量检查

主要检查查找及排除线路故障的能力,见表 2-12。

表 2-12 ADSL 检测质量评价表

评价内容	自我评价	教师评价	其他评价
仪器仪表的使用			
查找线路故障点			
故障现象与排障			
合 计			

2. 能力评价

主要检查学员对相关配套知识的掌握情况,见表 2-13。

表 2-13 配套能力评价表

评价内容	学员自我评价	培训教师评价	其他评价
线路传输原理			
影响线路传输质量的因素			
线路指标与通信质量的关系			
合 计			

教学策略讨论

如果不能到现场完成实地操作，请考虑采用模拟/仿真方法，如何设计本任务的教学活动？请将讨论记录如下：

(1)讨论记录：______________________________

____

____

(2)讨论心得记录：______________________________

____

____

任务6　宽带客户端故障维护

任务描述

在宽带故障中，客户端故障是最常见的，需要维护人员根据故障现象现场解决问题。

任务分析

需要根据不同的故障表象判断出原因，从而采取相应解决措施。

相关知识

客户端故障汇编如下：

故障名称	网卡设置为“禁用”导致 ADSL 用户无法上网
故障现象	某 ADSL 用户反映不能上网，但是打电话正常，Modem 激活指示灯常亮(正常)
测试分析	(1)从用户反映的现象来看 ADSL 层正常，问题出现在其他部分。在测量台对该用户端口进行 ADSL 线路参数、链路性能、PPPoE 仿真登录、ISP ping 等项测试结果正常，说明该用户端口各项指标正常。 (2)在用户端重复以上测试，各项指标也正常，从而说明线路指标正常。 (3)在用户端使用交叉网线连接维护人员带去的测试机和用户 PC 机，使用 ping 命令测试通断情况，不能 ping 通。 (4)检查用户网络设置，网卡属性设置为“禁用”，解除禁用后用户一切正常
维护建议	用户端的设置会导致某些 ADSL 使用上的故障，针对此类故障可以通过维护经验逐一排除判断，或者利用客户端诊断软件自动诊断可能的故障原因

故障名称	网卡驱动程序安装不全导致用户故障
故障现象	ADSL 用户 Modem 激活指示灯正常但是不能上网，打电话正常
测试分析	(1)从用户反映的现象来看 ADSL 层正常，问题出现在其他部分。在测量台对该用户端口进行 ADSL 线路参数、链路性能、PPPoE 仿真登录、ISP ping 等项测试结果正常，说明该用户端口各项指标正常。 (2)在用户端重复以上测试，各项指标也正常，从而说明线路指标正常。 (3)卸载用户网卡，然后重新安装驱动，故障排除
维护建议	用户端的设置会导致某些 ADSL 使用上的故障，针对此类故障可以通过维护经验逐一排除判断，或者利用客户端诊断软件自动诊断可能的故障原因

故障名称	PPPoE拨号软件问题导致ADSL用户无法上网
故障现象	ADSL用户拨号不能成功，有时虽然显示拨号成功但是无法获得IP地址
测试分析	(1)在测量台对该用户端口进行ADSL线路参数、链路性能、PPPoE仿真登录、ISP ping等项测试结果正常，说明该用户端口各项指标正常。 (2)在用户端重复以上测试，各项指标也正常，从而说明线路指标正常。 (3)在用户PC上拨号成功后运行ipconfig发现有时不能获得IP地址。 (4)卸载原有PPPoE拨号软件(Ethernet 300)，安装其他的拨号软件，重复测试10次均能够正常获得IP地址并正常上网
维护建议	用户端的设置会导致某些ADSL使用上的故障，针对此类故障可以通过维护经验逐一排除判断，或者利用客户端诊断软件自动诊断可能的故障原因

故障名称	PPPoE拨号软件问题导致ADSL用户上行方向速率低
故障现象	某用户申请下行512 kbit/s、上行512 kbit/s的ADSL业务，下载文件速率正常，但是上传文件的速度明显小于下载速度
测试分析	(1)在测量台测试用户端口各项指标及上行、下行速度均正常。 (2)在用户端测试ADSL参数指标，下行开通速率6 400 kbit/s、上行开通速率640 kbit/s，查询用户账号限制速率为上行、下行512 kbit/s (3)卸载用户拨号软件，重新安装新的拨号软件，然后测试上行、下行的速率指标，结果正常
维护建议	某些PPPoE拨号软件会导致用户拨号失败，无法获得IP，以及导致用户带宽不能达到要求，应当根据测试结果建议用户使用特定的软件，不要随意使用网上下载的拨号软件或其他ADSL辅助软件

故障名称	TCP/IP协议安装不全，导致用户无法上网
故障现象	ADSL用户ping网关服务器，时通时不通
测试分析	(1)在测量台对该用户端口进行ADSL线路参数、链路性能、PPPoE仿真登录、ISP ping等项测试结果正常，说明该用户端口各项指标正常。 (2)在用户端使用仪表重复以上测试，各项指标也正常，从而说明线路指标正常，故障初步定为在用户的PC上。 (3)卸载TCP/IP协议，重新安装，故障排除
维护建议	用户端的设置会导致某些ADSL使用上的故障，针对此类故障可以通过维护经验逐一排除判断，或者利用客户端诊断软件自动诊断可能的故障原因

故障名称	分离器安装不当导致用户故障
故障现象	某ADSL用户不能正常上网，查看Modem激活指示灯闪烁，不能激活
测试分析	(1)在测量台测试用户端口性能，各项指标均正常，表明用户端口正常无故障。 (2)在用户端去掉分离器直接将外线接入到Modem上，用户能够正常激活、上网。 (3)查看分离器线路连接关系，发现用户将PHONE口与LINE口接反，重新按照正确的接法接入分离器，用户正确的接法故障消失
维护建议	常用的分离器具有LINE、PHONE、Modem 3个接口，分别对应外线、电话和ADSL的Modem，实际应用时应当注意正确的接法

故障名称	用户安装电话分机导致上网掉线
故障现象	ADSL用户反映每当打电话时上网就会中断
测试分析	(1)在测量台测试用户端口性能，各项指标均正常，表明用户端口正常无故障。 (2)在测量台使用TDR测试发现在用户端存在桥接抽头。 (3)在用户家中发现电话分机直接在线路上桥接，去掉分机使用分离器后的电话呼入和呼出，用户上网均不受影响
维护建议	ADSL用户线路分离器之前不能接电话分机，否则电话产生的干扰信号会直接串入线路形成干扰，导致用户上网掉线。解决办法是应当将电话分机接到分离器的PHONE口之后

技能训练

一、判断电脑至 Modem 通断的方法

判断电脑至 Modem 是否畅通是确定 ADSL 故障段的重要依据。以天邑 ADSL Modem 为例，Modem 的缺省 IP 地址是 10.0.0.2，子网掩码是 255.0.0.0，设置计算机的 IP 地址在同一网段，如 10.0.0.3，子网掩码为 255.0.0.0。在网络浏览器 IE 的地址栏上输入 10.0.0.2，登录天邑 ADSL Modem 的配置界面，看是否能登录上，如果登录不上，可以在 DOS 下，执行 ping 10.0.0.2，如果有返回的时延值，并且小于 10 ms，说明电脑至 Modem 畅通。如果时延值较大或有丢包，说明网卡、网线、Modem 其中的环节有故障。如果出现"Destination host unreachable"，说明电脑至 Modem 不通。

判断其他品牌的 Modem，将 IP 地址更改为相应的 Modem 的 IP，方法同上。

二、通过 Modem 指示灯判断故障

虽然不同品牌的 ADSL Modem 面板指示灯含义不一样，但都分为外线同步指示灯(LINK)、网卡连接指示灯(LAN、PC、Ethernet 等)、数据传送指示灯(TX、RX、DATA 等)和电源指示灯(PWR、Power 等)4 类。

外线同步指示灯(LINK)，用于显示 Modem 的同步情况，常亮或随数据收发闪动，表示Modem 与局端能够正常同步；指示灯颜色改变或有节奏的闪动，表示数据没有同步，正在尝试同步。

网卡连接指示灯(LAN、PC、Ethernet 等)，用于显示 Modem 与网卡或路由器的连接是否正常，如果此灯不亮，则 Modem 与计算机或用户网络设备之间线路不通。正常情况下，此灯应常亮，当网线中有数据传送时，此灯会随数据收发闪动。注意部分品牌的 Modem 要使用交叉数据线。

数据传送指示灯，ADSL 线路上有数据传送时闪动。

电源指示灯，电源正常时显示。

三、常用的故障判断命令

(一)ping

ping 命令是利用 ICMP 协议探测网络数据链路的通畅。

在"开始"→"运行"中输入"cmd"(Windows 98/Me 输入"command"，Windows 2000/XP 输入"cmd")，出现 MS-DOS 窗口，如图 2-25 所示 。

输入"ping 61.139.2.69—t"(图中圈内)，进行 ping 值测试，如图 2-26 所示。主要观察 time 值，该值反映了一个 ping 包从本机发出到收到目标设备反回包的时间。

图中，time=9 ms 表示网络时延值为 9 ms；若显示"Request timed out"表示连接超时，网络不通或不畅；当显示 Host unreachabled，表示无法找到目标主机。

测试结果如图 2-27 所示。

主要观察 Los、Minimum、Maximum 和 Average 值，图中圈内。

Lost，丢包率，测试过程中，出现"Request time out"的比率。

图 2-25 打开 Run 界面

```
D:\WINDOWS\system32\cmd.exe - ping 61.139.2.69 -t
Microsoft Windows XP [版本 5.1.2600]
(C) 版权所有 1985-2001 Microsoft Corp.

D:\Documents and Settings\Administrator>ping 61.139.2.69 -t

Pinging 61.139.2.69 with 32 bytes of data:

Reply from 61.139.2.69: bytes=32 time=10ms TTL=251
Reply from 61.139.2.69: bytes=32 time=9ms TTL=251
Reply from 61.139.2.69: bytes=32 time=9ms TTL=251
Reply from 61.139.2.69: bytes=32 time=9ms TTL=251
Reply from 61.139.2.69: bytes=32 time=9ms TTL=251
Reply from 61.139.2.69: bytes=32 time=9ms TTL=251
Reply from 61.139.2.69: bytes=32 time=9ms TTL=251
Reply from 61.139.2.69: bytes=32 time=9ms TTL=251
Reply from 61.139.2.69: bytes=32 time=9ms TTL=251
Reply from 61.139.2.69: bytes=32 time=9ms TTL=251
Reply from 61.139.2.69: bytes=32 time=9ms TTL=251
Reply from 61.139.2.69: bytes=32 time=9ms TTL=251
Reply from 61.139.2.69: bytes=32 time=9ms TTL=251
Reply from 61.139.2.69: bytes=32 time=9ms TTL=251
Reply from 61.139.2.69: bytes=32 time=9ms TTL=251
Reply from 61.139.2.69: bytes=32 time=9ms TTL=251
```

图 2-26　ping 命令测试

```
D:\WINDOWS\system32\cmd.exe
Reply from 61.139.2.69: bytes=32 time=9ms TTL=251
Reply from 61.139.2.69: bytes=32 time=9ms TTL=251
Reply from 61.139.2.69: bytes=32 time=9ms TTL=251
Reply from 61.139.2.69: bytes=32 time=9ms TTL=251
Reply from 61.139.2.69: bytes=32 time=9ms TTL=251
Reply from 61.139.2.69: bytes=32 time=9ms TTL=251
Reply from 61.139.2.69: bytes=32 time=9ms TTL=251
Reply from 61.139.2.69: bytes=32 time=9ms TTL=251
Reply from 61.139.2.69: bytes=32 time=9ms TTL=251
Reply from 61.139.2.69: bytes=32 time=9ms TTL=251
Reply from 61.139.2.69: bytes=32 time=9ms TTL=251

Ping statistics for 61.139.2.69:
    Packets: Sent = 39, Received = 39, Lost = 0 (0% loss),
Approximate round trip times in milli-seconds:
    Minimum = 9ms, Maximum = 10ms, Average = 9ms
Control-C
^C
D:\Documents and Settings\Administrator>
```

图 2-27　ping 命令测试结果

Minimun，最小时延值，测试过程中的最小的时延值。

Maximum，最大时延值，测试过程中的最大的时延值。

Average，平均时延值，全部测试时延值的平均值。

这些值均越小越好。

（二）tracert

追踪到达目标地址的路径。

例如在 MS-DOS 窗口中输入“tracert 61.139.2.69”将追踪到四川电信 DNS 服务器 61.139.2.69 的路径，如图 2-28 所示。

在结果例表的左边为路由跃点数，中间 3 组数值为本机到该路由跃点的时延，右边的 IP 地址为经过的路由设备的 IP。

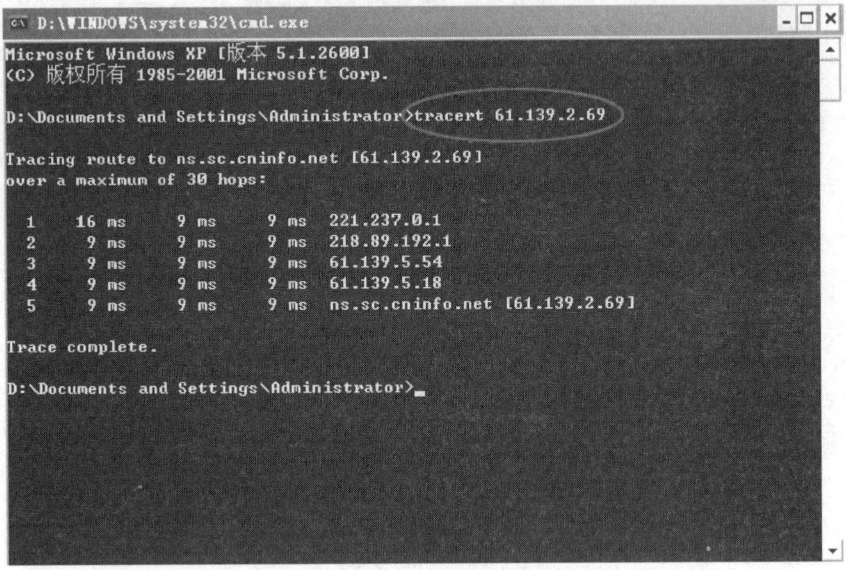

D:\WINDOWS\system32\cmd.exe
Microsoft Windows XP [版本 5.1.2600]
(C) 版权所有 1985-2001 Microsoft Corp.
D:\Documents and Settings\Administrator>tracert 61.139.2.69
Tracing route to ns.sc.cninfo.net [61.139.2.69]
over a maximum of 30 hops:
1 16 ms 9 ms 9 ms 221.237.0.1
2 9 ms 9 ms 9 ms 218.89.192.1
3 9 ms 9 ms 9 ms 61.139.5.54
4 9 ms 9 ms 9 ms 61.139.5.18
5 9 ms 9 ms 9 ms ns.sc.cninfo.net [61.139.2.69]
Trace complete.
D:\Documents and Settings\Administrator>

图 2-28 tracert 命令测试

（三）ipconfig

ipconfig 命令用于显示本机网卡的网络参数。输入“ipconfig”或“ipconfig/all”，执行“ipconfig”命令后，可以看到内网 IP 地址和获取的公网 IP 地址，如图 2-29 所示。

D:\WINDOWS\system32\cmd.exe
Microsoft Windows XP [版本 5.1.2600]
(C) 版权所有 1985-2001 Microsoft Corp.
D:\Documents and Settings\Administrator>ipconfig
Windows IP Configuration
Ethernet adapter 本地连接:
Connection-specific DNS Suffix . : lan
IP Address. . . . . : 10.0.0.1
Subnet Mask . . . . : 255.0.0.0
Default Gateway . . . . : 10.0.0.2
内网IP地址
PPP adapter ADSL:
Connection-specific DNS Suffix . :
IP Address. . . . . : 221.237.8.207
Subnet Mask . . . . : 255.255.255.255
Default Gateway . . . . : 221.237.8.207
获取的公网IP地址
D:\Documents and Settings\Administrator>

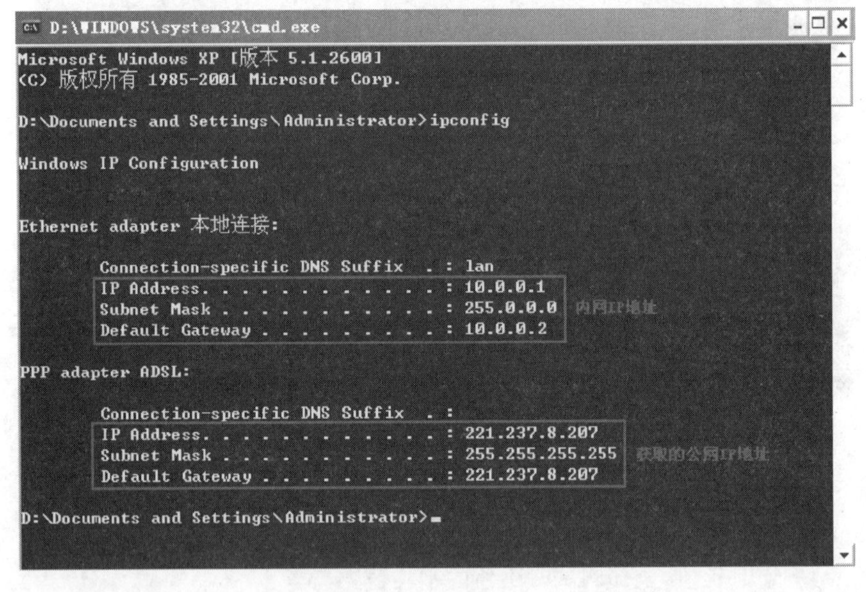

图 2-29 ipconfig 命令

执行“ipconfig/all”命令后，可以看到内网 IP 地址和获取的公网 IP 地址，还能够看到网卡的 MAC 地址等更详细的信息，如图 2-30 所示。

任务完成

（1）按工单预约客户。

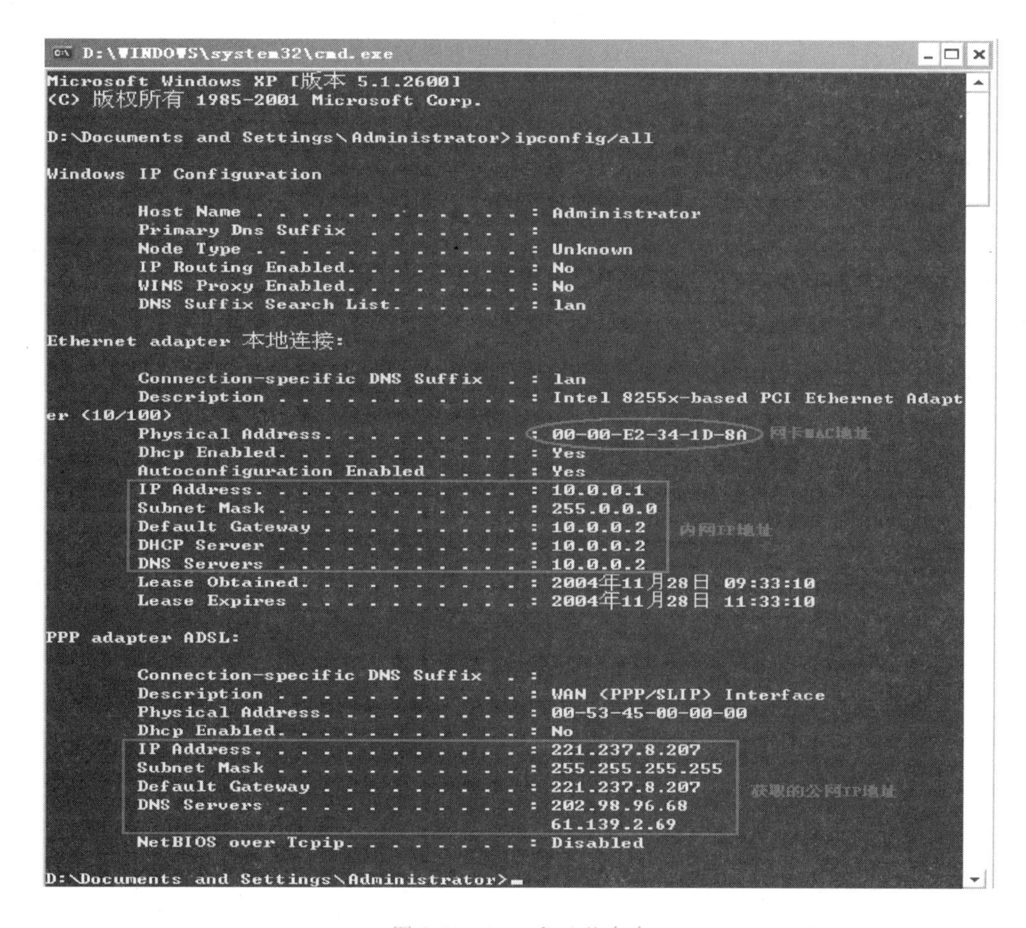

图 2-30　ipconfig/all 命令

(2)获取故障现象。

(3)分析故障成因并采取解决措施。

(4)处理故障后回单。

评　　价

1. 完成质量检查

主要检查查找及排除客户端故障的能力,见表 2-14。

表 2-14　完成质量评价表

评价内容	自我评价	教师评价	其他评价
Modem 和电脑的操作使用			
查找故障产生点			
故障现象与排障			
合　　计			

2. 能力评价

主要检查学员对相关配套知识的掌握情况,见表 2-15。

表 2-15　配套能力评价表

评 价 内 容	学员自我评价	培训教师评价	其 他 评 价
局域网原理			
ping 命令的掌握			
计算机操作系统基础			
合　　计			

教学策略讨论

教师预置故障并指导学生排除，对学生能力提高的效果最明显，请讨论，根据任务内容可以预设哪些故障？

请将讨论记录如下：

(1)讨论记录：______________________________

____

____

(2)讨论心得记录：______________________________

____

____

项目3　通信线务

光纤（光缆）可以远距离传输高质量、高带宽的数字信号，越来越成为通信系统的中坚力量。光纤（光缆）在通信网、广播电视网、计算机网、综合业务光纤接入网及其他数据传输系统中，都得到了极其广泛的应用，目前全球信息量的90%以上均由光纤所承载。

随着信息通信业务与网络的发展，光纤（光缆）在信息传输领域的应用越来越广泛，从光缆线路网络规划设计、工程施工、工程监理到网络运行维护，都需要大量的一线工程规划设计、施工、监理、维护等方面的技能型人才。这就要求相关从业人员必须熟练掌握通信光缆线路施工、维护方面的专业知识、方法和技能；掌握相关工具、材料、仪器仪表、设备的使用。

本部分内容作为通信技术专业培训核心专业教材的第3个项目，其任务领域为通信线务，主要包括光缆敷设、光缆接续、光缆线路故障查找与处理3个任务，3个任务依照通信行业通信光缆线路工程施工工艺流程及维护流程循序渐进。首先介绍任务1光缆敷设，其次介绍任务2光缆接续，最后介绍任务3光缆线路故障查找与处理。

每个任务均包括：任务描述、任务分析、相关知识、技能训练、任务完成、评价、教学策略讨论等7方面内容。

根据专业教师教学能力标准的要求，建议上岗级教师选择学习任务1光缆敷设，提高级教师重点选择学习任务1光缆敷设、任务2光缆接续，骨干级教师重点选择学习任务1光缆敷设、任务2光缆接续和任务3光缆线路故障查找与处理。

任务1　光缆敷设

任务描述

A市某通信运营商正在建设光缆传输网络，需要承接光缆线路工程施工的工程队完成从A1机房到A2机房的某段架空光缆（杆路架空方式）敷设任务。

通过模拟通信工程施工现场场景及现场施工工艺流程和工艺规范、标准，让学生通过岗位角色及工作任务模拟、了解岗位职责、技能、工作流程、任务内容及要求。熟练掌握光缆敷设的施工流程、工程施工验收规范及相关标准，为从事光缆线路工程施工、维护等工作奠定专业技能基础。

任务分析

光缆线路工程建设包括规划、设计、施工等关键环节。光缆的敷设是光缆线路工程施工的一道重要工序，线路施工质量的好坏，将直接影响通信系统的通信质量，故在光缆线路施工的各环节中，均应精心组织，严格按照各项施工标准与规范进行管理。

光缆的敷设包括：架空光缆的敷设、管道光缆的敷设、直埋光缆的敷设、水线光缆的敷设及局内光缆的敷设。

光缆敷设工程的施工队伍应该按照如下流程、标准及要点正确完成架空光缆的敷设任务，架空光缆敷设流程如图 3-1 所示。

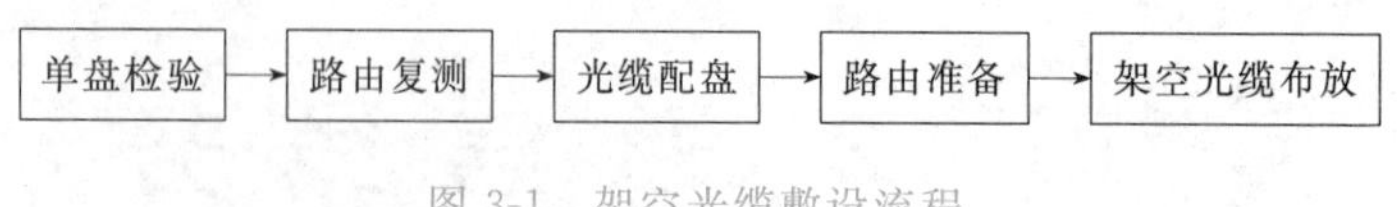

图 3-1 架空光缆敷设流程

一、单盘检验

单盘检验是一项较为复杂、细致、技术性较强的工作，对确保工程进度、施工质量、通信质量、工程经济效益、维护使用及光缆线路的使用寿命都有着重大影响。一定要熟悉单盘检验的目的、一般规定、依据、内容及方法。

(一)单盘检验的依据

光缆主要是根据光缆制造厂家的产品规格和合同书的规定进行单盘检验的，但制造厂家和合同书的规定必须满足国家制订的光纤(光缆)相关技术标准。

(二)单盘检验的内容及方法

单盘检验包括光缆外观检查、传输特性检测和光学性能检测。

1. 外观检查

外观检查时，首先应检查光缆盘的包装是否破损，光缆盘有无变形。如有破损或变形，应做好记录，并请供货单位一起开盘检查。开盘检查光缆外表有无损伤，如有损伤应做好记录，并按出厂记录进行重点测试检查。然后检查光缆的端头是否良好，填充型光缆应检查填充物是否饱满及在高低温下是否存在滴漏和凝固现象。最后剥开光缆端头，核对光缆的端别和种类，并在盘上用红漆标上新编盘号及光缆的端别，在外端应标出光缆的种类。

光缆端别的识别方法为：面对光缆的截面，由领示色光纤按顺时针方向排列时为 A 端，反之为 B 端(领示色规定见光缆制造厂家的产品说明书)。

2. 传输特性检测

传输特性检测的目的在于确保光缆传输质量和性能的可靠，包括光纤衰减系数测试和光纤长度测量。在必要情况下，还应测试光纤其他传输特性参数。各种测试方法都应符合 ITU-T 的有关规定。光纤衰减系数和光纤长度一般采用光时域反射计(OTDR)测试。测衰减系数时，应加上 1 km 以上的尾纤，以清除 OTDR 的盲区。测试结果如超过标准或与出厂测试值相差太大，还应用光功率计采用剪断法测试，并加以比较，以判定是测试误差还是光纤本身的质量问题。测试光纤长度时，测试的结果应与同一光缆内几根光纤的测量长度比较，如差别较大，应从另一端测试或通光检测，以防存在断纤。

3. 光学性能检测

光学性能检测的目的在于核对单盘光缆的规格是否符合订货合同规定或设计要求。检查光缆的出厂质量合格证和出厂测试记录及光纤的几何、光学等特性是否符合合同或设计要求，以便减小接续损耗。

单盘光缆检验完毕后，应恢复光缆端头的密封和缆盘的包装，并在盘上统一编号，注明光缆外端的端别和光缆长度。各种不同类别的光缆应分开排放，其中短段光缆应排放在同种类

光缆盘的一侧，以供光缆配盘和光缆施工布放时选用。

二、路由复测

（一）光缆线路路由复测的主要任务

（1）按设计要求核定光缆路由走向、敷设方式、环境条件及中继站站址。

（2）丈量、核定中继段的地面距离，管道路由要测出各入孔间的距离。

（3）核定穿越铁路、公路、河流、水渠及其他障碍物的技术措施及地段，并核定设计中各种保护措施的可能性。

（4）核定“三防”（防蚀、防雷、防强电）地段的长度、措施及实施可能性。

（5）核定、修改施工图设计。

（6）核定关于青苗、园林绿化等赔补地段、范围及对困难地段“绕行”的可能性。

（7）勘查地形地貌，初步确定接头位置的环境条件。

（8）为光缆配盘、光缆分屯及敷设提供必要的数据资料。

（二）复测的一般方法

1. 路由复测小组的组成

路由复测小组由施工单位组织，通常小组成员由施工、维护、建设和设计单位的人员组成。复测工作应在配盘前进行。

2. 复测步骤

定线、测距、打标桩、划线、绘图、登记。

3. 路由测量的基本方法

对于参加路由复测的每个人，都应掌握线路测量的基本方法，如直线段的测量，转弯点的测量，河（山谷）宽度的测量，高度和断面的测量等。

三、光缆配盘

（一）光缆配盘的要求

光缆配盘时应注意以下几点：

（1）根据路由条件选配满足设计规定的不同程式、规格的光缆，配盘总长度、总衰减及总带宽（色散）等传输指标应满足系统设计要求。

（2）尽量做到整盘配置，以减少接头数量。一个中继段内，尽量选用同一厂家的同种规格型号的光缆，以降低连接损耗。

（3）为了提高耦合效率并利于测量，靠近局（站）侧的单盘长度一般不小于1 km，并应选择光纤的几何尺寸、数值孔径等偏差小、一致性较好的光缆。

（4）光缆配盘后接头点有要求，具体要求如下：

①架空光缆接头一般应安装在杆旁2 m以内或杆上。

②光缆端别的配置要求：为了便于连接、维护，光缆应按端别顺序配置，除特殊情况外，端别不得倒置。长途光缆线路应以局（站）所处地理位置规定配置光缆端别：北（东）为A端，南（西）为B端。在采用汇接中继方式的城市，市内、局间光缆线路以汇接局为A端，分局为B端。两个汇接局间以局号小的局为A端，局号大的局为B端。没有汇接局的城市，以容量较大的中心局为A端，对方局（分局）为B端。分支光缆的端别，应服从主干光缆的端别。

③进行光缆配置时，在有人站、中继站、光缆接头及S弯处应按规定留足预留长度，为避免浪费，应合理选配单盘光缆长度。尽量节约光缆。

(二)光缆配盘的方法

光缆配盘以一个中继段为单元，配盘时应按下列5步进行：

(1)列出光缆路由长度总表；(2)列出光缆总表；(3)初配(通常称列出中继段光缆分配表)；(4)中继段内光缆的配盘(通常称正式配盘)；(5)编制中继段光缆配盘图。

(三)架空光缆布放预留长度

架空光缆布放预留的长度情况见表3-1。

表3-1　架空光缆布放预留长度表

敷设方式	自然弯曲增加长度(m/km)	杆上伸缩弯长度(m/杆)	接头预留长度(m/侧)	局内预留(m)	备　注
架空	5	0.2	一般为8～10	一般为15～25	接头的安装长度为6～8 m,局内余留长度为10～20 m

四、路由准备

架空敷设时预放钢丝绳、挂钩等。

五、吊挂式架设

为了不损伤光缆的护层，一般采取滑轮牵引方式，如图3-2所示。在光缆盘一侧(始端)和牵引侧(终端)各安装导向索和两个导引滑轮，并在电杆的合适位置安装一个大号滑轮(或者紧线滑轮)。再在吊线上每隔20～30 m安装一个导引滑轮(安装人员坐滑车操作较好)，每安装一个滑轮将牵引绳顺势穿入滑轮，采取人工或者牵引机在端头处牵引(注意张力控制)。光缆牵引完毕。再由一端开始用光缆挂钩将光缆吊挂在吊线上，替下导引滑轮。挂钩卡挂间距为50 cm±3 cm，电杆两侧的第一个挂钩距吊线在杆上的固定点约为25 cm，要求挂钩程式一致，搭扣方向一致。

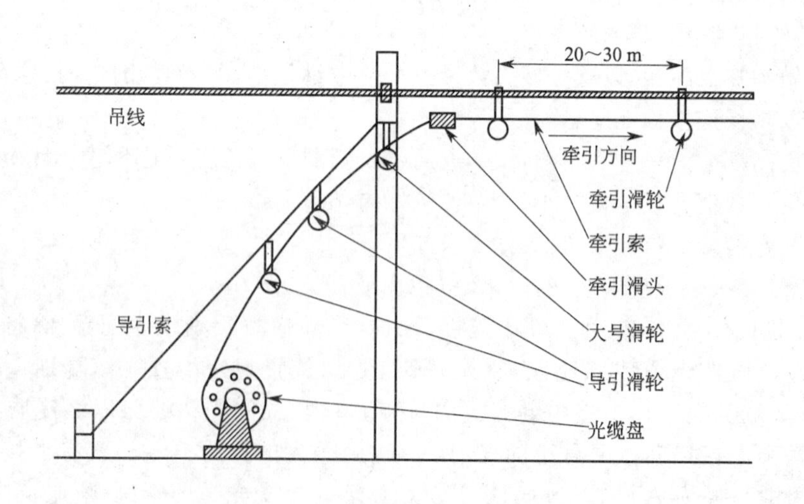

图3-2　光缆滑轮牵引架设方法示意图

六、特殊工艺处理的注意

(一)长杆档架空光缆敷设

光缆线路跨越小河或其他障碍时,可能采取长杆档设计。一般在轻负荷区,杆距超过70 m;中负荷区杆距超过65 m;重负荷区杆距超过50 m均属长杆档。除有吊挂光缆的正吊线外,还需架设副吊线,一般副吊线采用7/3.0钢绞线。长杆档架空光缆架设简图如图3-3所示,要求吊挂光缆后长杆档内的光缆垂度与整个线路基本一致。

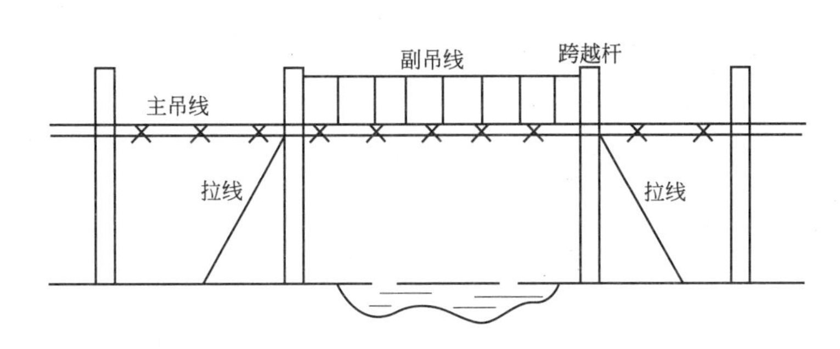

图3-3 长杆档架空光缆敷设简图

(二)杆上伸缩弯

架空光缆在每根杆处均应作伸缩弯,以防止光缆热胀冷缩引起光纤应力,如图3-4所示。架空光缆在电杆上每隔一定距离盘留预留光缆,以备光缆修理时使用。

(三)接头处预留

光缆接头预留长度为8~10 m,应盘成圆圈后捆扎在杆上待用。

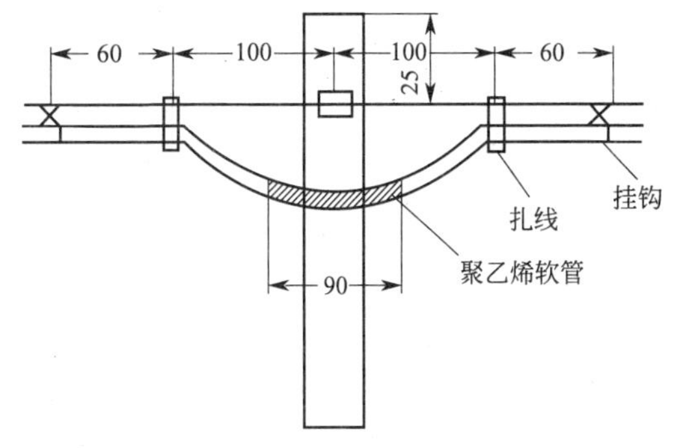

图3-4 杆上伸缩弯(单位:cm)

相关知识

一、架空光缆敷设概述

光缆的重量轻,便于架设,光缆架空敷设主要有杆路架空方式和墙壁架空方式。杆路架空是利用现有的明线杆或新建杆路架设光缆线路,墙壁架空主要适用于城区、小区、村镇有房屋建筑可以支撑光缆的地方。架空光缆主要有钢绞线支承式和自承式两种,我国优先采用钢绞线支承式。钢绞线支承式光缆的架设又分为吊挂式和缠绕式两种方式,目前广泛采用吊挂式(凭借水泥电杆、吊线、挂钩等支撑光缆)架设。

二、光缆线路施工的特点

光缆线路的施工具有如下特点:

(1)光缆的制造长度较长。

(2)光缆的抗张能力较小。

(3)光缆直径较小,重量较轻,一般有充油和防潮层,给施工、维护带来方便。

(4)光纤损耗低,传输距离长,中继站减少,施工简化。

(5)光纤的连接技术要求较高,接续较复杂。

(6)光缆线路工程施工点多、面广、受外界环境影响大,造成光缆线路施工难度大,工程管理、工程协调要求高。

三、光缆线路的施工流程

一般光缆线路的施工流程如图 3-5 所示,也可以把它划分为准备、敷设、接续、测试和竣工验收 5 个阶段。

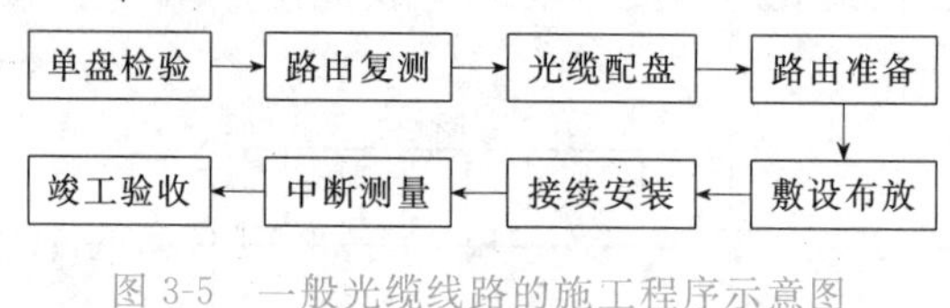

图 3-5　一般光缆线路的施工程序示意图

四、光缆敷设的一般方法及规定

光缆敷设的一般方法及相应规定如下:

(1)光缆敷设的静态弯曲半径应不小于光缆外径的 15 倍,施工过程中的动态弯曲半径应不小于 20 倍。

(2)布放光缆的牵引力不应超过光缆最大允许张力的 80%,瞬间最大牵引力不得超过光缆的最大允许张力,而且主要牵引力应作用在光缆的加强芯上。

(3)有 A、B 端要求的光缆要按设计要求的方向布放。

(4)为了防止在牵引过程中扭转损伤光缆,光缆牵引端头与牵引索之间应加入转环。光缆的牵引端头可以预制,也可以现场制作。

(5)布放光缆时,光缆必须由缆盘上方放出并保持松弛的弧形。光缆布放过程中应无扭转,严禁打背扣、浪涌等现象发生。

(6)人工牵引敷设时,速度要均匀,一般控制在 10 m/min 左右为宜,且牵引长度不宜过长,可以分几次牵引。

(7)为了确保光缆敷设质量和安全,施工过程中必须严密组织并有专人指挥,备有良好联络手段。

(8)严禁未经训练的人员上岗和无联络工具的情况下作业。

技能训练

要成功完成架空光缆敷设任务,需要对学生进行如下基本技能(上下电杆、标杆测量法)的专门训练,这些训练在前面的实验实训课程中进行。

一、上下电杆操作(脚扣登高)

脚扣登高是电信线务工种的最基础要领,必须严格遵守《电信线路安全技术操作规程》,坚持“预防为主”的方针,思想上要高度重视,熟练掌握脚扣上杆要领,保证安全。

具体的实训操作方法和步骤如下:

1. 按照《电信线路安全技术操作规程》进行上杆前检查

(1)检查杆根有否断裂危险,电杆埋深是否达到要求。

(2)检查电杆周围附近地区有无电力线和其他障碍物。

(3)检查脚扣和保安带是否牢固。

(4)检查工具和器材是否齐全。

2. 上杆操作方法

上杆步骤如下：

(1)保安带系在腰下臀部位置。

(2)上杆时不能携带笨重料具，上下杆时不能丢下器材和工具。

(3)保安带系牢杆子或保安带不系牢杆子都可以。

(4)上杆时脚尖向上勾起往杆子方向微侧，脚扣套入杆脚向下蹬，如图 3-6 所示。

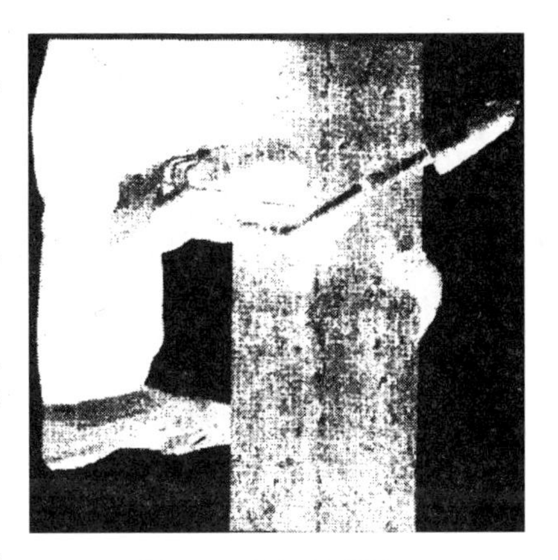

图 3-6 上杆示意图 1

(5)上杆时，人不得贴住杆子，离杆子 20～30 cm，人的腰杆挺直不得左右摇晃，目视水平前方，双手抱住杆子，如图 3-7 所示。

(6)双手与脚协调配合交叉上杆。

(7)到达杆上操作位置时，系好保安带，并锁好保安带的保险环。保安带系在距杆梢50 cm以上，如图 3-8 所示。

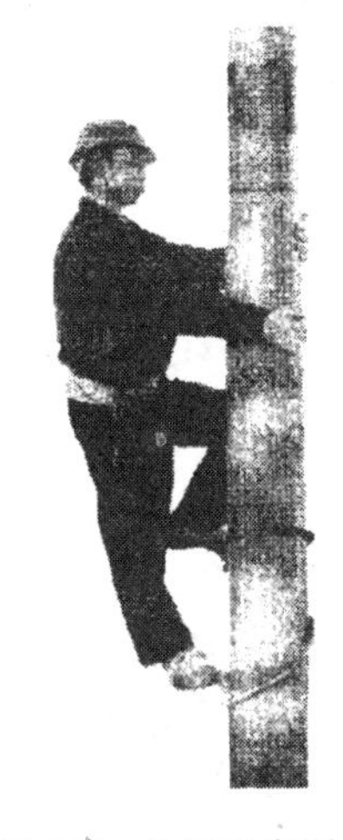

图 3-7 上杆示意图 2

图 3-8 上杆示意图 3

(8)用试电笔检测杆上金属体是否带电，使用试电笔时不得戴手套(遇到太阳光时，另一手遮住太阳光观察试电笔)。

(9)开始杆上操作。

(10)下杆时动作与上杆一致。

(11)下杆后整理好器材和工具。

二、标杆测量(直线段、角深、宽度的测量)

为确保通信线路工程的设计、施工质量，通信线路工程设计、施工、维护人员必须掌握标杆测量的方法。本教材主要介绍直线段、角深、河宽的测量要点。

(一)测量的目的和要求

(1)具体测定路由，丈量杆距。

(2)确定杆位、杆高、杆型及杆上装置。

(3)测定角深、拉线位置,确定拉线程式。

(4)逐杆绘制并填写施工详图等资料。

(二)相关术语

1. 看标

依靠人的眼睛(视力)判断标杆树立是否正确,分为看前标、看后标,如图 3-9 所示。

2. 插标

在地上正确插立标杆(注意:垂直于基准平面、杆身正直不倾、树立牢固),插标人一般使用两根手指(拇指、食指)轻握插标,使其自然下垂,落于地面,然后用力插牢并扶正标杆。

3. 引标

为保证所插标杆位于一条直线上,当线路较长或者地形起伏(有坡度)时,由 1 人手握标杆在看标人的指引下延伸线路,如图 3-10 所示。

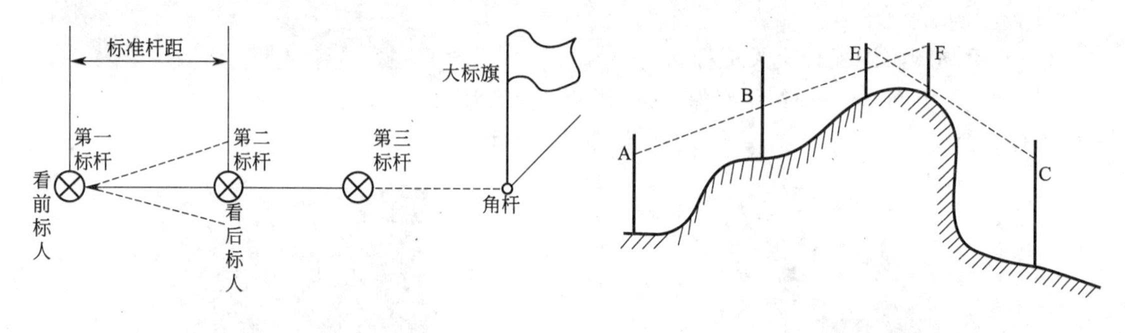

图 3-9　标杆测量示意图　　图 3-10　引标示意图

(三)直线段的测量

1. 插立大标旗

在进行直线段测量时,首先应在前方插立大标旗,以指示测量进行方向。大标旗应竖立在线路转角处。如直线段太长或有其他障碍物妨碍视线时,可以在中间的某处适当增插一面大标旗。大标旗应尽量竖立在无树林、建筑物等妨碍视线的地方,插牢于土中,并用三方拉绳拉紧,保持正直,以免被风吹斜,产生测量误差。沿路插好 2～4 面大标旗后,应等到丈量杆距的人员测到前方第一面大标旗后,才可撤去大标旗,并传送到前方,继续往前插立。大标旗插好后,即可进行直线段的测量。

2. 直线段线路的测量

直线段线路的测量进行情况如图 3-11 所示,其步骤如下:

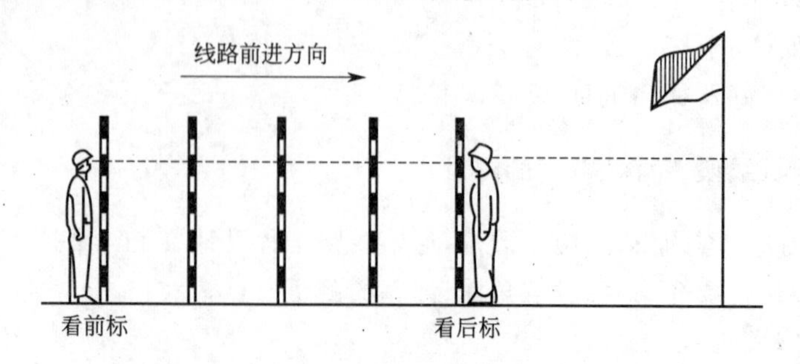

图 3-11　直线段线路测量

(1)在起点处立第一标杆,两人拉量地链丈量一个标准杆距,由看后标人在前链到达的地点立第二标杆。

(2)看前标人从第一标杆后面对准前方大标旗,指挥看后标人将第二标杆左右移动,直到三者成一直线时插定。同时,量杆距人员继续丈量第二个杆距。看标时人应站正用双眼看直线,后边的标杆应在两根虚标杆的中间。

(3)看前标人仍留在第一标杆处对准大标旗指挥看后标人将第二标杆插在直线上。看后标人自第三标杆向第一标杆看,使一、二、三标杆同在一直线上,以便相互校对,但以看前标人为主(下同)。同时,量杆距人员继续向前丈量第三个杆距。

(4)看前标人继续指挥插好第四标杆,使其与后面的三根标杆及大标旗成一直线;而看后标人则自第四标杆向一、二、三标杆看直线,以相互校对。当前后标都看在一直线上时,第四标杆的位置即可确定。

(5)看前标人在指挥插好第四标杆后,就可前进到第三标杆处,继续指挥插好第五标杆,使其与第四标杆和大标旗成一直线。照此继续下去。看前标人与看后标人之间始终保持三根以上标杆距离。

(6)插好第五或第六标杆后,打标桩人员就可以将第一标杆拔去,在标杆的原洞里打入标桩,并照此继续进行下去。

测量登记员应随时登记测量登记表,详细填写表格中的各项。

(四)角深的测量

用外角法和内角法测角深分别如图 3-12(a)和图 3-12(b)所示。

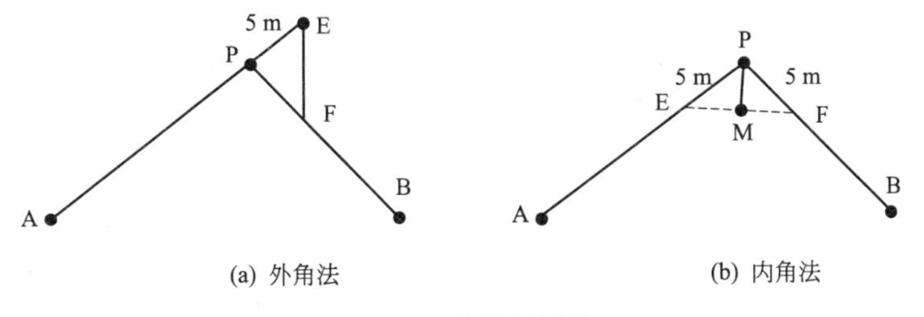

图 3-12 角深的测量

图 3-12(a)中 P 为角杆,AP 为转角前的直线方向,PB 为转角后的直线方向。在 AP 的延长线上测得 E 点,使 $PE=5$ m,又在 PB 方向上测得 F 点,使 $PF=5$ m,则标准角深 $m=EF\times5$。

图 3-12(b)中,在 PA、PB 方向上分别测得 E、F 点,使 $PE=PF=5$ m,用皮尺连接 EF 并在 EF 中点 M 插一标杆,则标准角深 $m=PM\times10$ 。

(五)宽度的测量(对顶角直角三角形测量法)

测量方法如图 3-13 所示。

(1)在河谷地选一较平坦的河岗找出线路进行方向 MN 并插上标杆 A、B。

(2)从 B 杆作直角,找出 BD 方向,并取 BD 为 DC 的整数倍,插好 D、C 两杆。

(3)在 C 杆作直角,找出 CE 的方向,最后手执标杆,使其同时分别对准 C、E 两杆和 A、D 两杆,找出 F 点,并插上标杆。

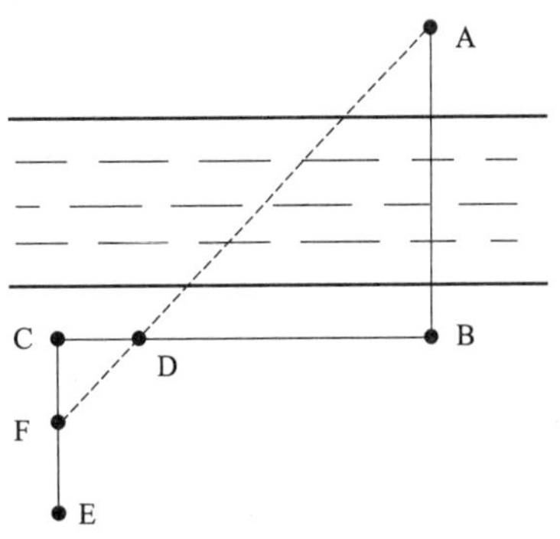

图 3-13 河宽测法之对顶角测量法

(4)测量出 CF 的长度，乘以 BD 与 CD 之比值(设为 a)，即可得河宽 AB。用公式表示为

$$AB=CF\times\frac{BD}{CD}=CF\times a$$

任务完成

本任务主要是严格按照施工流程和工程施工验收规范，采用分组分段方式，利用吊挂式架设方法完成架空光缆敷设。

一、施工前的组织方法

施工前具体组织方法如下：

(1)明确任务，掌握光缆线路路由、光缆特性及技术要求、光缆工程施工技术等情况。

(2)制定周密计划，拟定各种措施。根据任务和人力、物力情况，制订切实可行的施工计划，统一指挥信号，制定工程进度、质量保障等计划和措施，确保安全，防止事故。

(3)做好工具、器材的筹备，如布放光缆用的千斤顶、光缆拖车、上下电杆的工具等。

二、施工组织方法——分组分段作业法

这种作业法由一个或几个工程小组分段负责光缆敷设工作。考虑到让学生充分参与，锻炼实际动手能力。可以根据参加实训的学生人数将学生分成多组，每组人员配置见表 3-2。

表 3-2　施工队人员配置表

分　工	职　责	人　数(人)
施工队队长	负责组织、指挥、协调	1
施工队副队长	负责配合队长做好相关工作	1
工程技术人员	负责现场技术指导	2
普工	负责具体放缆、牵引、整理及架挂挂钩、光缆预留处理等工作	6
监理工程师	负责施工现场监督管理工作	1
合　计		11

每组需要完成的目标任务见表 3-3。

表 3-3　目标任务书

任务名称	任务内容	任务要求
任务一	编制光缆敷设流程图	10 min 内完成
任务二	合作完成光缆敷设任务	严格按照施工标准和工艺规范完成 GYTA-12B1 光缆敷设任务
任务三	编写实训总结报告	实训后根据模板(见后)编制合格的实训报告

评　价

任务成果的展示和评价，采用自评、师评相结合的方法。

学生综合测评成绩(100 分)＝现场测评(80 分)＋个人表现(10 分)＋总结(报告撰写 10 分)。

注意：

(1)现场测评以老师评价为主(80 分)：主要注意团队的表现、团队的整体活动和任务完成情况(具体评价内容参见表 3-4)。

表 3-4 光纤敷设质量评价表

评价表				
评价项目	评价内容	自我评价	教师评价	其他成员评价
现场测评(80分)	团队表现(20分)			
	施工流程是否正确(10分)			
	施工工艺、规范是否正确(30分)			
	工具、仪表操作是否规范(10分)			
	安全操作是否规范(10分)			
个人表现测评(10分)	自评(2分)+团队其他成员评价(3分)+老师点评(5分)			
总结(报告撰写10分)	总结是否反映了个人体会、教训、改善措施			
合计				

(2)个人表现测评(10分)采用自我评价、他人评价、老师评价相结合的方式,个人表现(10分)=自评(2分)+团队其他成员评价(3分)+老师点评(5分)。

(3)总结(报告撰写10分):总结主要体现体会、教训、改善措施。

教学策略讨论

本任务教学活动各环节建议见表3-5,请就建议内容展开讨论。

表 3-5 教学策略建议

序号	名称	内容及建议	备注
1	实训时长	4课时	
2	教学任务	光缆敷设	
3	教学目标	(1)通过岗位工作任务模拟,熟悉岗位职责、技能、工作流程、任务内容及要求。 (2)熟悉光缆敷设的流程、标准、规范。 (3)熟练掌握施工工具、材料的使用及工艺要点和安全作业规程	
4	教学准备策略	包括教学目标的叙写、教学材料的处理、组织形式的设计等。光缆敷设的教学主要要注意施工工具、材料的准备,施工场景的创设、学生分组及任务布置	
5	教学行为策略	本课程教学建议采用动作示范、分组讨论、活动指导等	
6	辅助行为策略	教学中教师要特别熟悉岗位技能要求、施工组织、施工流程、施工工艺规范和标准,结合岗位条件培养与激发学生学习动机	
7	管理行为策略	老师要特别注意教学现场管控、教学实施过程的有效组织,特别要注意安全方面的管理	
8	教学评价策略	本次教学要注重对学生吃苦耐劳、团队合作、知识、技能掌握方面的测评,特别是要突出对施工规范、标准、施工安全(安全操作技术规范、仪器仪表规范操作)方面的测评	

最后,请将讨论记录于下:

(1)讨论记录:____________________

____

____

(2)讨论心得记录:____________________

____

____

任务2 光缆接续

任务描述

A市某通信运营商正在建设光传输网络，承接光缆线路施工的工程队已经将从A1机房到A2机房的某段架空光缆敷设到位，现在需要完成光缆的接续任务。

模拟通信工程施工现场场景及现场施工流程和工艺规范、标准，让学生通过岗位角色及工作任务模拟，实现如下教学目标：

(1)通过岗位角色及工作任务模拟、了解岗位职责、技能、工作流程、任务内容及要求。

(2)熟悉光缆接续的流程、标准、规范；掌握光缆的正确开剥及在接头盒内的固定方法；掌握应用光纤切割刀进行光纤端面制作的要领；掌握光纤熔接机的使用及维护；掌握运用热可缩补强法进行光纤接头保护；掌握余留光纤在接头盒中的收容。

(3)培养沟通、协调和团队协作能力，感受线路工作的艰辛，提倡吃苦耐劳精神。

任务分析

光缆接续是光缆线路工程施工的关键工序，光缆接续质量的好坏，直接影响到光通信系统的传输质量，故在光缆接续中，应精心组织，严格按照各项施工标准与规范进行管理。光缆接续操作包括开剥光缆护套、光纤接续、收容余纤、接头盒封装这几道工序。由于光纤容易折断，所以操作时采用的操作方法、操作步骤的先后安排应充分考虑这一特点。

光缆接续的步骤如图3-14所示，一般包括9道工序。

一、准备工作

准备工作包括技术准备、器材准备和光缆连接之前的检测。

(一)技术准备

主要指对操作人员预先进行培训。

(二)器材准备

包括接续所需的配件应在现场配套齐全，并备有少量备件。准备好连接所需的机具，包括剥离钳、切断钳、帐篷和车辆。

(三)光缆的准备

指敷设后的光缆应完成光纤传输特性的测量，并确认合格。

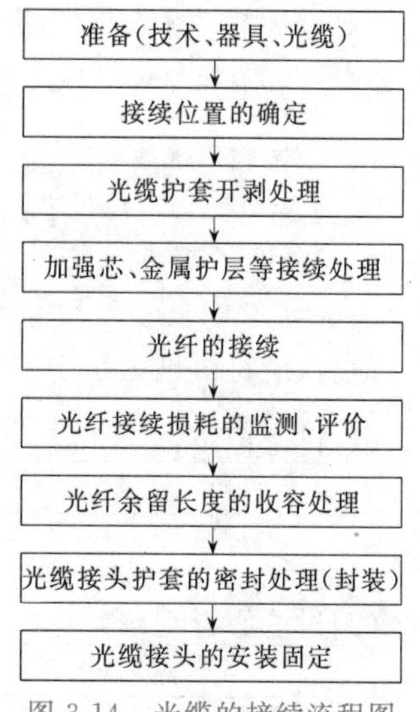

图3-14 光缆的接续流程图

二、接续位置的确定

架空光缆的接头应落在杆旁2 m以内。

三、光缆护层的开剥处理

按光缆余留长度不小于4 m，接头护套内最终余长不小于60 mm的要求，根据实际余长及不同结构的光缆接头护套

所需长度，确定护层的开剥长度，并用PVC胶带作出标记。棉纱擦净护层表面，使用专用工具先切剥掉胶带标记至光缆端头间的光缆外护层和波纹套管。套上光缆接续护套的护肩和套管。从端头处起量出60 cm(当光缆实际余长较长时，此长度可加长至100 cm)剥除内护层。内护层的切剥也要使用切口深度可以控制的专用工具，防止伤及内部的铜线和光纤。

内护层剥除后，光纤的套管、涂层暂不处理，这样对光纤多少有些保护作用。铜导线暂留40 cm，加强芯只留26 cm，多余部分及其他填充线都剪去，但千万不得剪断光纤。用棉纱或专用清洁纸去除油膏，难以擦掉时可使用煤油或专用清洗剂，然后将光纤、铜导线按顺序进行编扎(临时)，最后在护套上沿光缆轴向切开一道2.5 cm的切口，再拐弯开1 cm长的切口，使之呈“L”状。“L”切口是为装过桥线作准备。在“L”切口处，用棉丝带缠扎光纤两圈后，推入护套切口，以保护光纤。

四、加强芯、金属护层的连接

加强芯的连接方法常见的有两种：

(一)金属套管冷压连接

使用紫铜管或不锈钢薄管，与加强芯紧配合套接后，用压接钳在金属套管外交叉方位做若干个压接点(压接点不要只分布在两条线上，以获得平直而牢固的连接)，注意套金属套管之前应剥去加强芯外面的塑料护层。

(二)压板连接

压板连接分电气连通与非连通两种状态，非连通状态用于防雷要求严格的情况。具体采用何种方式，按设计要求选择。采用电气连通方式时，压板为金属材料，非连通方式的压板为绝缘材料。

金属护层的连接根据工程设计也分为电气连通和断开监测两种方式。几乎所有的光缆都有铝箔护层，其连通方法多数采取过桥线连接。

五、光纤的接续

光纤接续一般分为5个步骤，分别是：

光纤端面处理(去除套塑层、去除预涂层、清洗、切割)；轴向校准(人工放置、自动调节)；熔接(预熔、熔接)；质量评价(目测、测量)；增强保护(热缩管法)(加热、质量复检)。

(一)光纤端面处理

光纤有紧套光纤和松套光纤两种结构。紧套光纤是在一次涂覆的光纤上再紧紧地套上一层尼龙或聚乙烯塑料，塑料紧贴在一次涂覆层上，光纤不能自由活动。紧套光纤的外径一般为0.9 mm。松套光纤是在一次涂覆光纤上包上塑料套管，光纤可在套管中自由活动，松套管中可放一根光纤也可放多根光纤。松套光纤一次涂覆外径为0.25 mm。两种光纤的结构虽然有所不同，但光纤端面的处理程序和方法大致相同。

接续前，必须先处理光纤端面。光纤端面处理是光纤接续的关键，端面处理不良直接影响光纤的连接损耗。

光纤端面处理可分为4步：剥除光纤的一、二次涂(被)覆层或松套管，清洗光纤，切割光纤端面，清洗光纤端面。

(1)剥除光纤的一、二次涂(被)覆层或松套管。紧套光纤用护套剥除器剥除一、二次涂(被)覆层。松套光纤应先用器具剥除松套管，然后再用护套剥除器剥除光纤上的一次涂覆层。

护套剥除器有多种型号，应根据涂（被）覆光纤的直径选用相应型号。剥除涂（被）覆层的长度为 35 mm 左右。应当注意护套剥除器的刀刃应与芯线垂直，用力要适中均匀，用力过大会损坏纤芯或切断光纤，用力过小光纤外皮剥不下来。

（2）清洗光纤。光纤的一次涂覆层一般采用硅橡胶等材料，与光纤黏贴很紧，剥除（被）覆层后，光纤上仍黏有硅橡胶，如不清洗就会影响光纤的脆性，从而影响光纤断面的切割质量。清洗裸光纤一般用浸透了丙酮或酒精的纱布擦洗光纤表面，直到擦洗发出“吱吱”的响声为止。

（3）切割光纤端面。光纤端面的切割是光纤端面处理技术的关键，光纤切断器是利用玻璃的脆性达到光纤切断的，而且端面平滑、无毛刺。如果操作不当，将会造成缺陷，应严格按照光纤切断器的操作程序和要求进行操作，以取得理想的光纤端面。

不同的熔接机和不同的连接场合，对光纤的切割长度有不同要求，一般以光纤接头保护管的长度来限制光纤切断长度。有些熔接机（如日本住友公司生产的光纤熔接机）要求切割长度为 16 mm±1 mm。有些熔接机对光纤切断长度不做要求。

（4）清洗光纤端面。

（二）光纤的对准及熔接

按照自动熔接机的操作流程，人工放置好光纤，光纤的对准及熔接由自动熔接机自动完成。光纤自动熔接程序如图 3-15 所示。光纤自动熔接机都有显示屏，可以直接从显示屏上观察接续质量，并估测光纤熔接的损耗值。

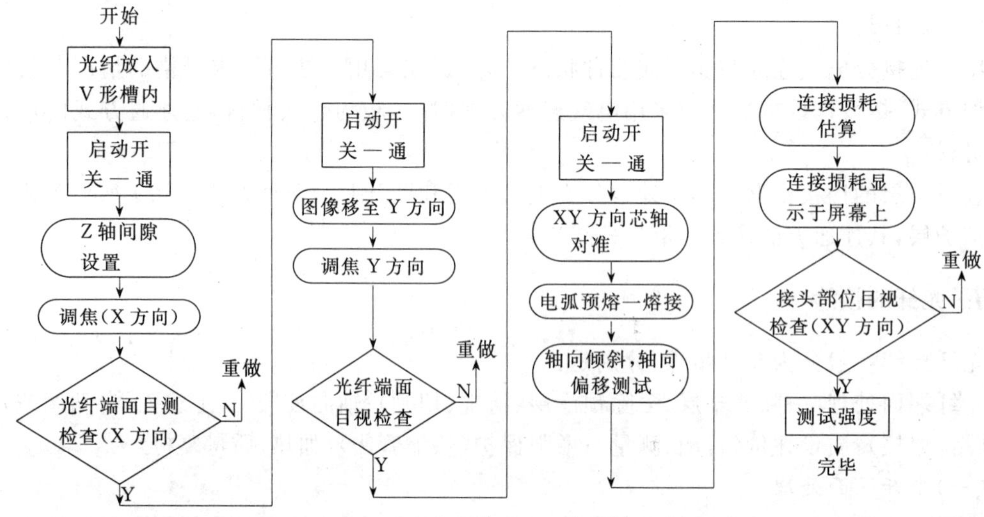

图 3-15 单模光纤自动熔接程序

（三）光纤熔接的质量评价

光纤熔接的质量评价有两种方式：

1. 目测法

直接从自动熔接机的显示屏上观察接头部位，分析评价接续质量。

2. 仪器测试法

（1）自动熔接机的张力（拉力）测试、接头损耗值估测。

（2）OTDR 现场监测。

光纤接续是光缆施工中的一个重要程序，线路传输性能也主要取决于接续质量，保证接续质量在接续中必须进行 OTDR 现场监测。加强 OTDR 监测，对确保光纤熔接质量，减少因盘纤带来的附加损耗和封盘可能对光纤造成的损害，都具有十分重要的意义。

在整个接续工作中，按以下步骤严格执行 OTDR 监测程序：

(1)熔接过程中对每一芯光纤进行实时跟踪监测，检查每一个熔接点的质量。

(2)每次盘纤后，对所盘光纤进行例检，以确定盘纤带来的附加损耗。

(3)封接续盒前，对所有光纤统测，查明有无漏测和光纤预留盘间对光纤及接头有无挤压。

(4)封接续盒后，对所有光纤进行最后检测，检查封盒是否损害光纤。

(四)增强保护(热缩管法)

光纤接头热可缩补强保护法，如图 3-16 所示。这种增强件由三部分组成：易熔管、加强棒(图 3-16 中为钢针)、热可缩管。

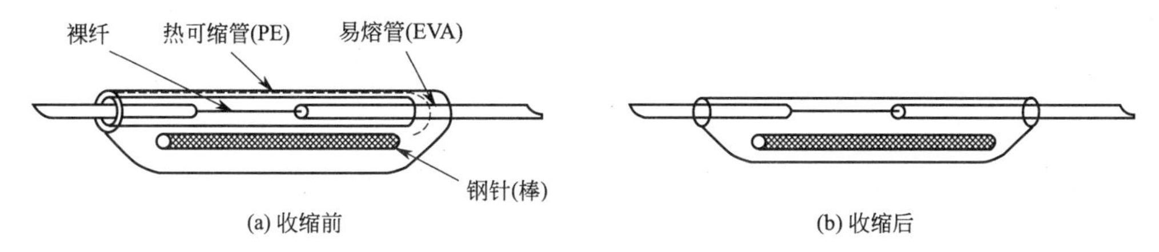

图 3-16 光纤接头热可缩补强保护法

(五)光纤接续注意事项

光纤接续时需注意以下事项：

(1)光纤接续必须在帐篷内或工程车内进行，严禁露天作业。

(2)严禁用刀片剥除一次涂覆，严禁用火焰法制作光纤端面。

(3)光纤接续前，接续机具的 V 形导槽必须用酒精清洗，光纤切割后应用酒精清洗，以保证接续质量。

(4)清洗光纤上的油膏应采用专用清洗剂，禁止使用煤油等。

提示：

不同厂家生产的熔接机，其使用大同小异，实际使用时请严格按照厂家的操作手册进行。对熔接机的使用一定要掌握要领。要熟悉光纤的熔接流程，特别要注意端面制作要领，接续前，必须先处理光纤端面。光纤端面处理是光纤接续的关键，端面处理不良直接影响光纤的连接损耗。

六、光纤连接损耗的监测评价

这部分内容在前面已有叙述。

七、光纤余留长度的收容处理

光纤余留长度的收容方式取决于所用光缆接续护套的结构。光纤在收容盘绕时应注意曲率半径和叠放整齐。留长盘好后，一般还要用 OTDR 仪复测连接损耗，如发现损耗变大，应检查分析原因并排除故障后方可进行护套的密封。

光纤余留长度的收容方式，取决于所用光缆接续护套的结构。一般有四种，近似直线法、平板式盘绕法、绕筒式收容法和存储袋形卷法，如图 3-17 所示。其中工程实践中应用最广泛的是平板式盘绕法。光纤收容盒(板)如图 3-18 所示。

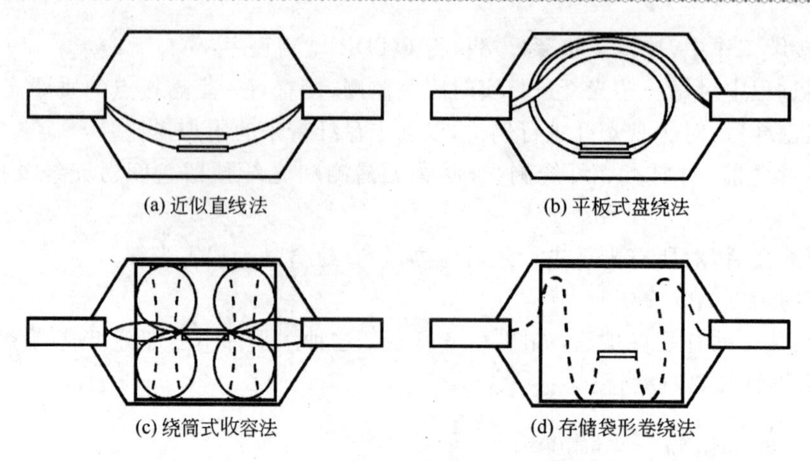

图 3-17　光纤余留长度的收容方式

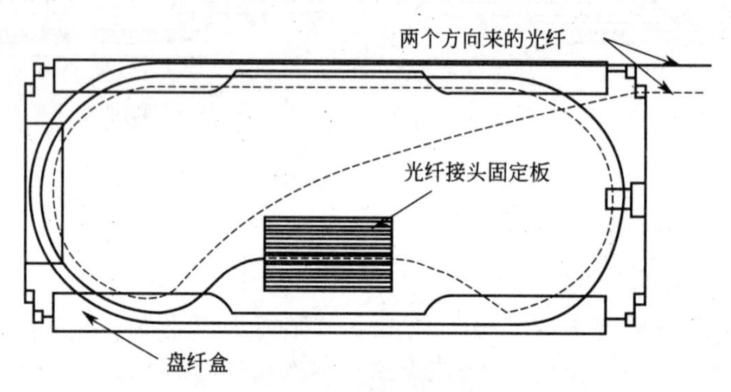

图 3-18　光纤收容盒(板)

八、光缆接头护套的密封处理

不同结构的连接护套的密封方式不同。密封前,对光缆密封部位应做清洁和细磨。注意砂纸的打磨方向应取横向旋转,不得沿轴向来回打磨。光缆护套封装完成后,再做气闭检查和光电特性复测,确认光缆接续良好,接续工作便告完成。

九、光缆接头的安装固定

一般安装固定方式已由工程设计明确,施工中应注意按设计图执行,使接头安装做到规范化、整齐、美观并附上标志。

(1)架空光缆接头安装如图 3-19 所示,架空光缆的接头一般安装在电杆旁,并应作伸缩弯,架空光缆接头两端的预留光缆应盘放在邻杆上。

(2)架空余留光缆箱安装如图 3-20 所示。

(3)架空光缆接头及余留光缆安装如图 3-21 所示。

提示:

由于光纤容易折断,所以光缆接续是一项要求十分细心的实训项目。在训练中,不仅对光缆接续操作方法、步骤应勤加练习,还应当有意识地锻炼耐心操作的心态。

虽然用于光纤接续的熔接机越来越先进,操作越来越方便。但熟悉熔接机的参数正确设置、维护也是十分重要的,否则参数设置错误、不正确的维护方法容易导致无法熔接或接续质量不高。

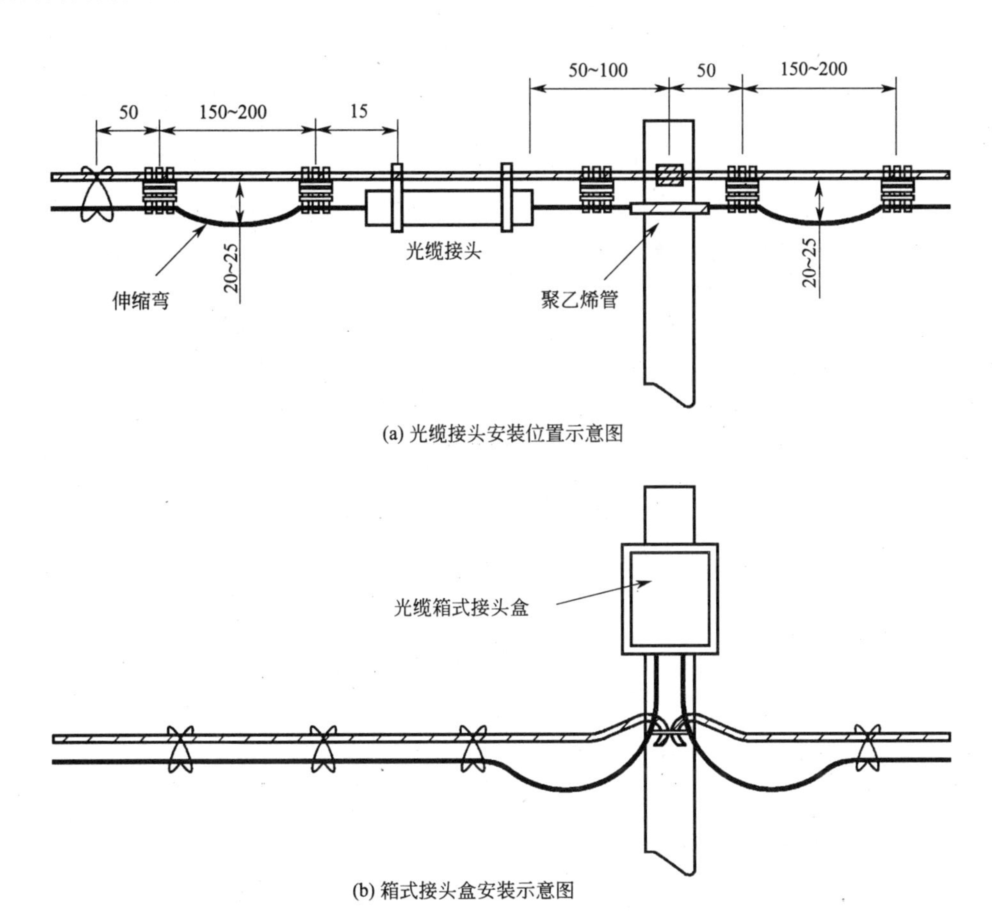

图 3-19 架空光缆接头安装示意图(单位:cm)

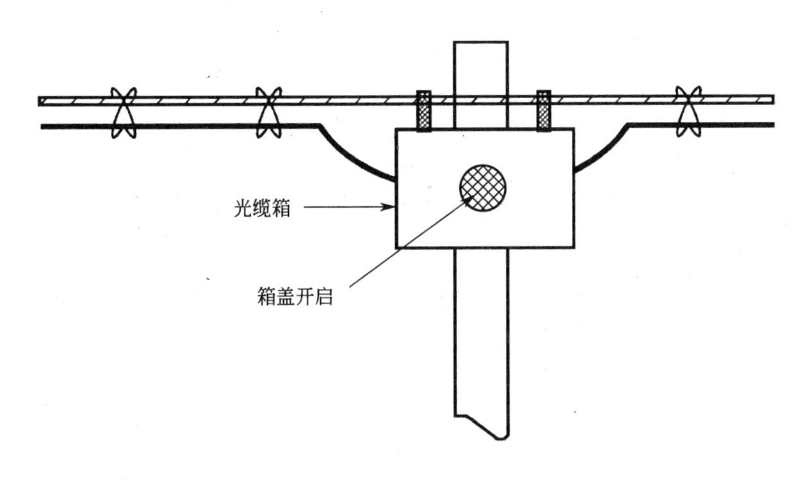

图 3-20 架空余留光缆箱安装示意图

另外在实际工作中经常出现部分断纤障碍和线路迁改时的光缆介入。这两种情况的处理,如果仍然像前述方法进行接续,则人为地制造了全阻。所以在这种情况下应该采用带电路进行操作即所谓带电割接。带电割接与前述光缆的接续主要的区别在于,带电割接的光缆护套和束管采用专门的纵剥工具进行开剥。

十、相关注意事项

(一)熔接机使用注意事项

(1)熔接作业时,约 6 kV 高压加在电极棒上,请千万不要触摸电极棒。

(2)熔接机在使用中,务必接好地线。

(3)熔接机必须在干燥状态下使用,如果被淋湿,请用电吹风吹干后再使用。

(4)本熔接机禁止使用任何润滑剂。

(5)不可使用氟利昂(冷却剂)瓦斯,因为在放电时,它会产生有害气体导致接触不良。

(6)光纤熔接机系精密机械,灰尘、泥土、细砂及湿气等会造成机械动作不良,应特别注意。

(7)如果灰尘进入对物镜头及内镜,用浸有酒精的棉棒轻轻擦去灰尘,注意不要损伤镜头和内镜。

(8)以一年一次定期检修为宜。

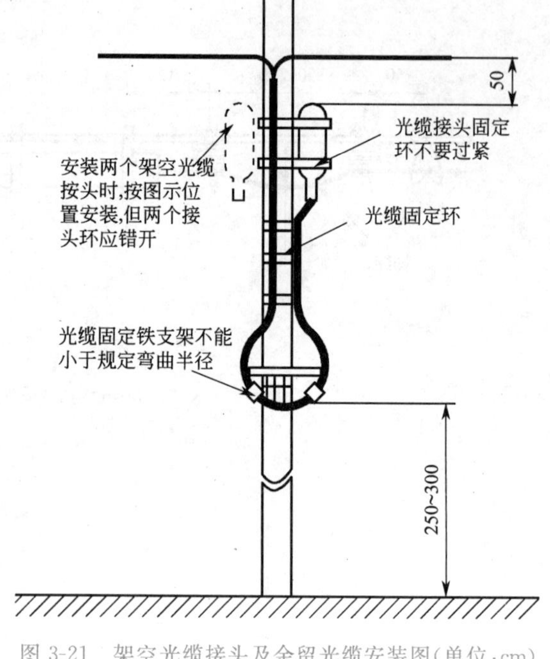

图 3-21　架空光缆接头及余留光缆安装图(单位:cm)

(二)光纤接头补强良好与不良实例

光纤接头补强良好与不良实例如图 3-22 至图 3-26 所示。

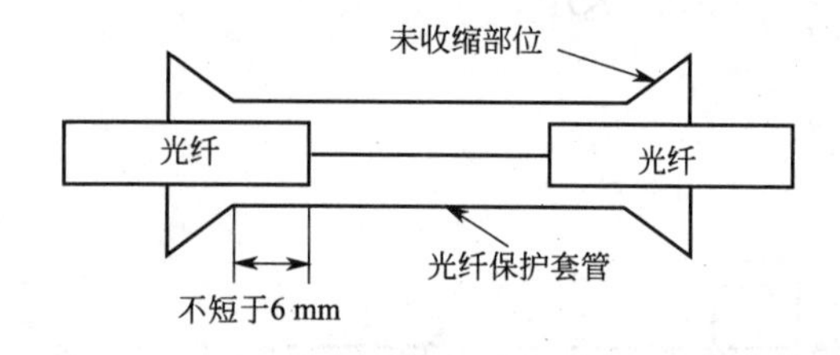

图 3-22　良好实例:保护套管端部未收缩示意图

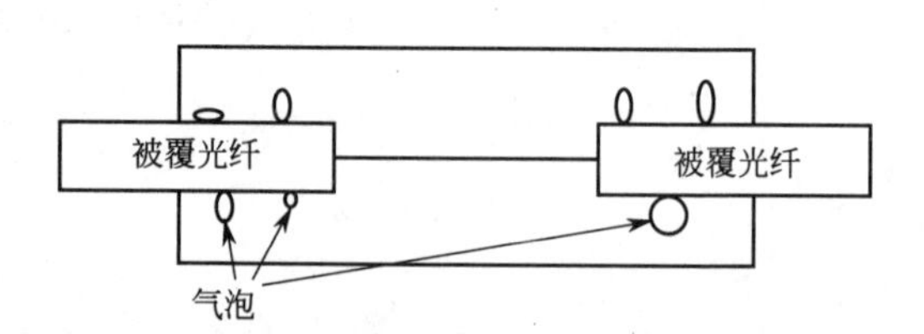

图 3-23　良好实例:被覆部位附有气泡示意图

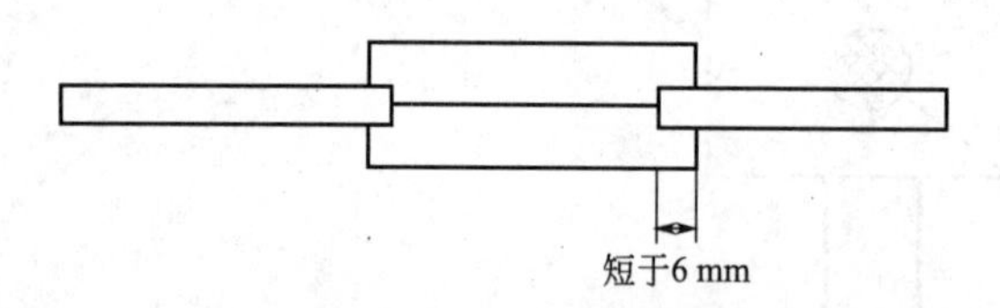

图 3-24　不良实例:进入保护套管的被覆光纤的长度不够

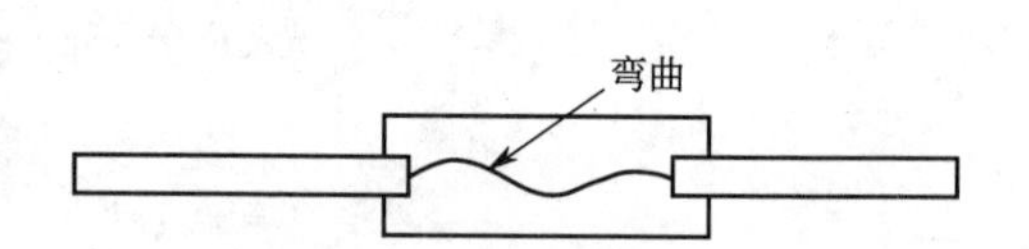

图 3-25　不良实例:熔接部光纤弯曲示意图

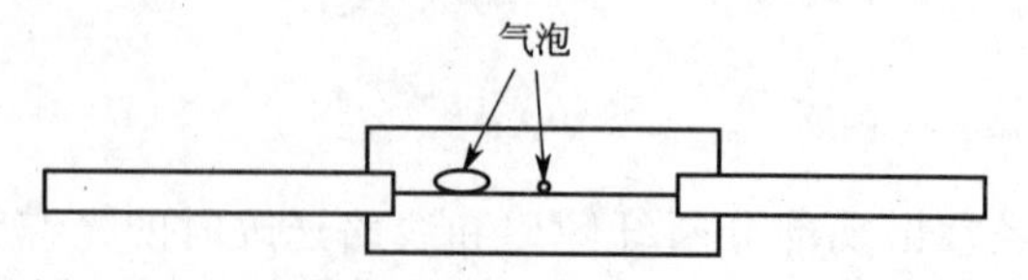

图 3-26　不良实例:裸纤部位上附有小气泡示意图

(三)熔接质量评估

熔接质量好坏是通过熔接处外形良否计算得来的,推定的熔接损耗只能作为熔接质量好

坏的参考值,而不能作为熔接点的正式损耗值。正式损耗值必须通过 OTDR 测试得出。但熔接点的熔接质量也可通过熔接点的外形和推定损耗,大致判断熔接质量的好坏。其具体质量评估、形成原因和处理方法见表 3-6 和表 3-7。

表 3-6 熔接质量不好情况

屏幕上显示图形	形成原因及处理方法
	由端面尘埃、结露、切断角不良及放电时间过短引起。熔接损耗很高,需要重新熔接
	由端面不良或放电电流过大引起,需重新熔接
	熔接参数设置不当,引起光纤间隙过大。需要重新熔接
	端面污染或接续操作不良,选按“ARC”追加放电后,如黑影消失,推算损耗值又较小,仍可认为合格。否则,需要重新熔接

表 3-7 熔接质量正常情况

屏幕显示图形	形成原因及处理方法
白线	光学现象,对连接特性没有影响
模糊细线	光学现象,对连接特性没有影响
包层错位	两根光纤的偏心率不同。推算损耗较小,说明光纤仍已对准,属质量良好
包层不齐	两根光纤外径不同。若推算损耗值合格,可看做质量合格
污点或伤痕	应注意光纤的清洁和切断操作,不影响传光

(四)熔接过程中的异常情况及处理

在熔接操作过程中,由于熔接机或操作原因,可能会出现一些操作异常现象发生,此时熔接机自动停止。在遇到异常现象发生时,请先按下“RESET”键(复位),再根据异常情况做出正确判断,找出正确处理问题的方法,按操作规程排除异常情况,恢复熔接操作。常见异常现象及产生的原因、处理方法见表 3-8。

表 3-8 熔接过程中的异常情况及处理

屏幕显示异常现象	可能的原因	处理方法
ZLF ZRF 极限	光纤相距太远,不在 V 形槽中	重新放置光纤,重新调好压钳杆,检查切断长度是否太短
端面不良	端面不好;有灰	重新处理端面,清扫反光镜
MSX,Y(F,R)极限	—	复位、重新固定光纤,关断电源重新开机,检查驱动时间
画面太暗、发黑	光纤挡住照明灯	重新固定光纤,检查光纤长度
无故障暂停	—	复位、断电重新起动
外观不良	—	重新接续,调整光纤推进量

提示:

不同厂家生产的熔接机,其使用大同小异,实际使用时请严格按照厂家的操作手册进行。对熔接机的使用一定要掌握要领。

相关知识

一、光缆接续任务内容及要求

(一)任务内容

(1)光缆接续准备,护套内组件安装。

(2)加强件连接或引出。

(3)铝箔层、铠装层连接或引出。

(4)远供或业务通信用铜导线的接续。

(5)光纤的连接及连接损耗的监控、测量、评价和余留光纤的收容。

(6)充气导管、气压告警装置的安装(非充油光缆)。

(7)浸潮等监测线的安装。

(8)接头护套内的密封防水处理。

(9)接头护套的封装(包括封装前各项性能的检查)。

(10)接头处余留光缆的妥善盘留。

(11)接头护套安装及保护。

(12)各种监测线的引上安装。

(13)埋式光缆接头坑的挖掘及埋设。

(14)接头标石的埋设安装。

(二)要　　求

根据工程施工的行业标准,光缆接续应满足如下规定:

(1)接续前应该对光缆的程式、端别进行识别,测量光缆的传输特性,检查护层对地绝缘电阻。防止错接或将不合格的光缆接续后再返工。

(2)接头处开剖后,光纤应按序作出标记,并作记录。

(3)接续操作一般应在车辆或接头帐篷内进行,防止灰尘和某些有害气体(如氟里昂)的污染。环境温度低于0 ℃时,应采取合适的升温措施,以保证光纤的柔软性和焊接设备的工作正常。

(4)光缆余量一般不少于4 m,接头护套内光纤的最终余长应不少于60 cm。

(5)光缆接续工序应尽可能连续工作,如果由于条件限制无法完成接续,则应注意防潮和安全防护。

(6)光纤连接后应测量接头损耗合格后再封装保护管。

(7)直埋式光缆的接头坑应位于路由A-B的右侧,如因地形限制不得不位于路由左侧时,应在路由施工图上标明。

(8)架空光缆的接头一般安装在电杆旁,并应作伸缩弯。接头余留长度应盘放后固定在相邻杆上。

(9)管道敷设光缆的接头箱应安装在入孔的较高位置,防止雨季时被入孔内的积水浸泡。

二、光缆接头盒护套接续的种类及方法

光缆护套接续分为热接法和冷接法两大类。在实际的光缆工程接续中一般采用冷接法,也就是利用光缆接头盒完成光缆的接续。冷接法的种类比较多,应用比较广泛的是机械式护

套接续法。机械式护套接续法是采用压紧橡胶圈来达到密封的护套接续方法,也可采用粘接剂在机械半壳接口处实现密封的护套接续。

三、光缆线路工程相关施工工具和仪表

(一)光缆施工工具箱

光缆施工工具箱主要用于光缆线路工程施工,如图3-27所示。其标准配置为:横向开缆刀(管子割刀)、光纤剥纤钳 、加强芯剪断钳 、老虎钳、钢锯 、配套锯条、酒精泵 、卷尺(5 m)、尖嘴钳、斜口钳、开弗拉剪刀、剥线钳、记号笔、镊子、松套管钳、组合旋具、内六角套装、十字螺丝刀、一字螺丝刀、多用刀、多用刀刀片。

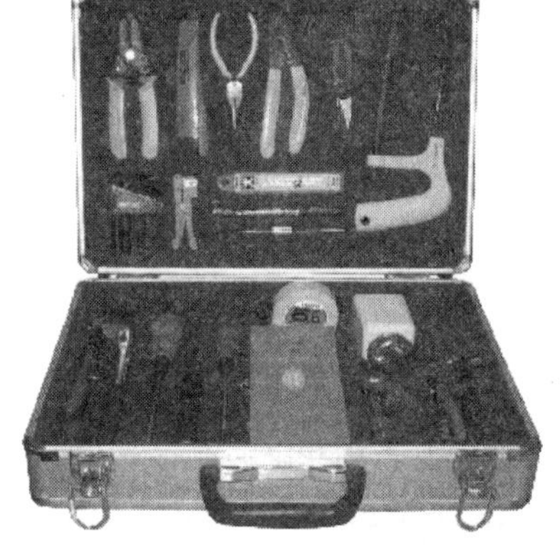

图 3-27 光缆施工工具箱

(二)光纤自动熔接机

用于工程中的光纤自动熔接,是光缆线路工程施工维护最主要的设备之一,如图 3-28 所示。

(三)OTDR

OTDR 用于工程及维护中光缆线路的测试,是光缆线路工程施工维护最主要的设备之一,如图 3-29 所示。

图 3-28 光纤自动熔接机

图 3-29 OTDR

(四)光纤端面处理工具

光纤端面处理的主要工具有光纤护套剥除器和光纤切断器,另外还有光纤清洗工具、清洗容器和超声波清洗器。

(1)光纤护套剥除器。光纤表层涂有一、二次涂覆层,紧套光纤还有二次被覆层。护套剥除器是剥除光纤涂(被)覆层的专用工具。护套剥除器有 3 种规格,分别适用于剥除外径为 0.9 mm、0.4 mm 和 0.25 mm 的光纤护套。光纤护套剥除器如图 3-30 所示。

(2)清洗容器(酒精泵)。该容器用于盛装丙酮或酒精,光纤剥除涂覆层后用纱布蘸丙酮清洗光纤表面。

(3)超声波光纤端面清洗器。光纤在断面切割过程中容易沾染灰尘和杂质,为了保证光纤的接续质量,熔接之前应清洗光纤端面。超声波光纤端面清洗器,通过超声波使容器内的酒精振动,振动产生的水波可清除光纤端面的灰尘和杂质,但在现在的接续工序中一般省去了此步骤。

(4)光纤切断器。光纤切断器的种类较多,老式的有住友电工 FC-3 型。这种切断器人为因素影响大,操作技能要求高,比较难掌握。为了克服人工操作的缺陷,提高切割光纤端面的

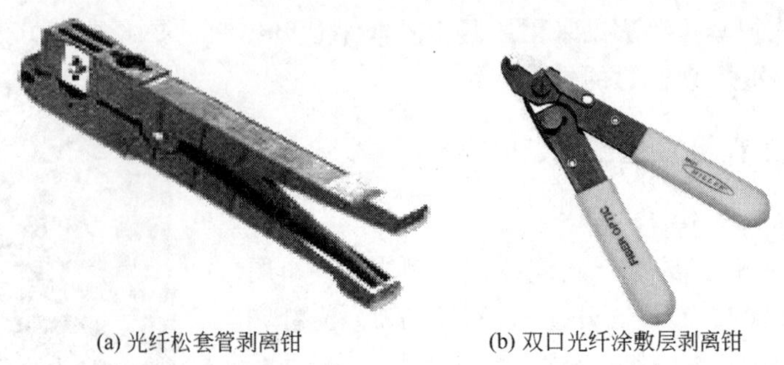

(a) 光纤松套管剥离钳　　(b) 双口光纤涂敷层剥离钳

图 3-30　光纤护套剥除器

质量，世界各国相继研制出高精度的光纤切断器，如日本 CT-03、CT-04 切断器等。CT-03、CT-04 为机械手工操作的切断器，有较高的切断精度。常用光纤切断器如图 3-31 所示，其中图 3-31(a)为 CT-03 型切断器，图 3-31(b)为住友 FC-6S 光纤切割刀。

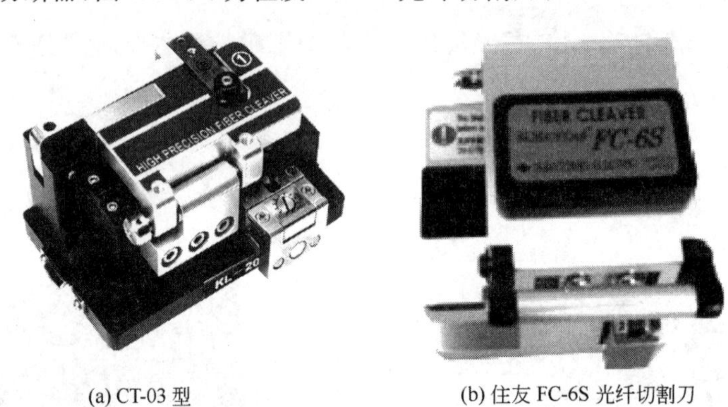

(a) CT-03 型　　(b) 住友 FC-6S 光纤切割刀

图 3-31　常用光纤切断器

技能训练

要成功完成架空光缆接续任务，需要对学生进行如下基本技能(熔接机的操作、OTDR 的操作)的专门训练，这些训练在前面的实验实训课程中进行。

一、熔接机的操作和保养

(一)操作流程

光纤熔接机的操作流程如图 3-32 所示。

(二)熔接机保养事项

一般来说野外工作环境较差，所以熔接机的平时保养维护对熔接效果、使用寿命至关重要。下面介绍一些常用保养注意事项

(1)熔接机作为一种专用精密仪器平时应注意尽量避免过分地震动，注意防水、防潮，可在机箱内放入干燥剂，并在不用时放在干燥通风处。

(2)保持升降镜、防风罩反光镜的镜面清洁，一般不要自行擦拭。

(3)保持 V 形槽的清洁，可用酒精棒擦拭。

(4)保持压板、压脚的清洁，可用酒精棒擦拭，压上时要密封。

(5)注意防风罩的灵敏性。在做熔接准备工作及放入光纤后，不要打开防风罩，避免灰尘进入。不要随意更改机器内部参数，必要时咨询仪表厂商的技术人员。

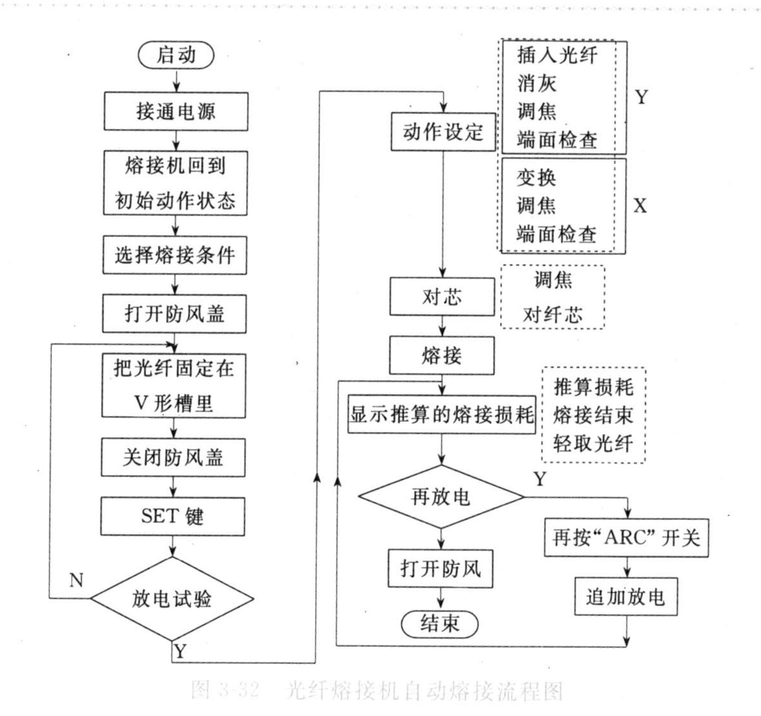

图3-32 光纤熔接机自动熔接流程图

(6)野外所使用的电源主要以发电机为主，电压不太稳定时(刚开机的时候会有一个峰值)，需要增加稳压器，待电压稳定以后再接入熔接机适配器。如有电池，应严格按充放电要求进行充放电。

(7)熔接机的摄像镜头和反射镜面要防止灰尘。不要用嘴对着镜头呵气，特别是在寒冷季节，不经意的说话都有可能造成热气覆盖镜头、镜面。

(8)熔接机的V形槽夹具是一种精密的陶瓷，不能用高压的气体进行冲刷，有灰尘时候可用一根竹制的牙签，将其削成V形，带棉球蘸取少量的酒精进行清洁。

(9)光纤切割刀的简单调整。由于所切割的光纤种类较多，如果发现某一种光纤的切割端面质量一直不好，就有必要进行调整。调整的时候需要结合熔接机，在熔接机的显示屏下进行调整。如图3-33的两种情况可以进行参考。

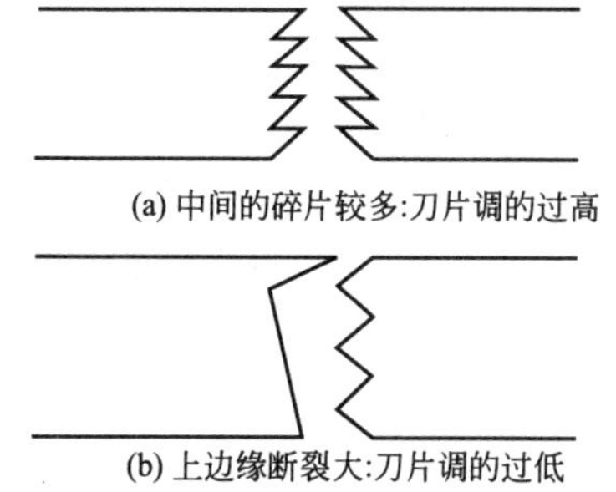

图3-33 光纤断面情况示意

二、OTDR的操作

(一)测试步骤与方法

采用OTDR进行测试的步骤和方法如下：

(1)检查仪表的附件。

(2)开启电源，进行自检。

(3)确认待测光纤无光，检查光前对端没接入其他设备、仪器。

(4)清擦待测光纤，正确将待测光纤插入OTDR的耦合器内。如果待测光纤没有连接到ODF架，还需要重新制备端面，再连接到仪表的耦合器。

(5)用刷新(实时)状态估测链路长度(距离范围设置为80 km)，同时横向放大一挡，轻微

调节连接头，使曲线起始端反射的纵向高度尽量高，拖尾最短最平滑。

(6)设置参数(SETUP)。OTDR的参数设置，应根据仪表性能的不同，结合测试的具体情况进行。

(7)开启激光。经过一定时间优化，关闭激光器，对测量曲线进行分析。

(8)备份曲线。如需要，按选择存储空间→命名轨迹→存储轨迹步骤即可。

(9)提取曲线。如需要，按选择存储空间→找到轨迹→调出轨迹即可。

(10)打印曲线。如需要，按显示需要数值→放大打印部位→打印的步骤进行。

(二)OTDR注意事项及保养

OTDR在使用过程中应注意的事项及保养情况：

(1)注意存放和使用环境要清洁、干燥、无腐蚀。

(2)光耦合器连接口要保持清洁，在成批测试光纤时，尽量采用过渡尾纤连接，以减少直接插拔次数，避免损坏连接口。

(3)光源开启前确认对端无设备接入，以免损坏激光器或损坏对端设备。

(4)尽量避免长时间开启光源。

(5)长期不用时每月做通电检查。

(6)专人存放、保养，做好使用记录。

任务完成

本任务主要是严格按照接续流程和工程施工验收规范完成架空光缆接续。

考虑到让学生充分参与，锻炼实际动手能力，培养团队精神，可以根据参加实训的学生人数将学生分成多组，每组人员配置见表3-9。

表3-9 人员配置情况

分工	承担者	分工描述	任务	任职条件
随工	一般由老师承担	工程建设单位(业主、甲方工程项目管理人员)	代表业主实施工程施工管理及协调工作	双师型教师
监理工程师		监理单位监理工程师	负责代表监理单位，受业主委托实施工程施工现场监理及协调工作	熟悉工程监理、认真负责
施工队长		施工方施工队长，施工方工程项目管理人员	代表施工方对工程实施工程项目管理、协调	有一定的组织、沟通、协调能力
技术人员		施工方工程技术人员	负责操作熔接机进行光纤接续等技术工作	熟悉光缆接续技术，能熟练操作熔接机
普工(2名)		施工方普通工人	负责工器具准备、配合等非技术性工作	熟悉光缆接续技术

说明：5名学生一组。

每组需要完成的目标任务见表3-10。

表3-10 目标任务书

任务名称	任务内容	任务要求
任务一	根据所学知识列出光缆接续任务及要求	(1)架空光缆接续。 (2)结合施工验收规范、明确指标数据。 (3)10 min内完成
任务二	编制光缆接续流程图	10 min内完成
任务三	合作完成光缆接续任务	(1)GYTA-8B1光缆接续安装(熔接机操作、接头盒安装)。 (2)严格按照老师拟定的测评标准完成任务
任务四	编写实训总结报告	实训后根据模板(见后)编制合格的实训报告

评　价

任务成果的展示和评价，采用自评、师评相结合的方法。

学生综合测评成绩(100 分)＝现场测评(80 分)＋个人表现(10 分)＋总结(报告撰写 10 分)。

注意：

(1)现场测评采用老师评价为主(80 分)：主要注意团队的表现、团队的整体活动和任务完成情况(测评内容及标准见表 3-11 及表 3-12)。

(2)个人表现测评(10 分)：采用自我评价、他人评价、老师评价相结合的方式，个人表现(10 分)＝自评(2 分)＋团队其他成员评价(3 分)＋老师点评(5 分)。

(3)总结(报告撰写 10 分)：总结主要体现体会、教训、改善措施。

表 3-11　光纤接续任务完成质量评价表

评价表				
评价项目	评价内容	自我评价	教师评价	其他成员评价
现场测评(80 分)	团队表现(占 20 分)			
	接续流程是否正确(10 分)			
	工艺、规范是否正确(30 分)			
	工具、仪表操作是否规范(10 分)			
	安全操作是否规范(10 分)			
个人表现测评(10 分)	自评(2 分)＋团队其他成员评价(3 分)＋老师点评(5 分)			
总结(报告撰写 10 分)	总结是否反映了个人体会、教训、改善措施			
合　计				

表 3-12　光缆接续现场测评细则

项目	时限	考核内容	质量要求与评分标准	时间要求与评分标准	考核情况	得分
光缆接续	30 min	GYTA-8B1 接续操作流程： 1. 开剥 (1)光缆开剥。 (2)纤芯贴标签。 (3)加强芯安装。 (4)光缆固定。 2. 熔接 (1)光纤涂层剥除。 (2)端面制作。 (3)熔接接续。 (4)质量检查。 (5)接头保护。 3. 盘纤 (1)热缩管固定。 (2)盘留收容好余纤。 4. OTDR 监测 (1)用 OTDR 监测光纤接续质量。 (2)后向单程测试法监测。 (3)使用 OTDR 进行单盘测试：要求测试单盘光纤损耗系数、光纤长度、后向散射曲线。 (4)要求手动模式操作 OTDR。 5. 计时：从开剥光缆开始至接头盒封合完毕	(1)接头质量符合 YD5138-2005 规范要求。 (2)开剥长度符合接头盒操作要求。 (3)端面平整、无毛刺、光纤无跳槽现象。 (4)加强芯紧固，无松弛现象。 (5)光缆固定在接头盒上，A、B 端无误，无断纤现象。 (6)切割后裸光纤长度为 16～18 mm。 (7)光纤端面平整、垂直、无毛刺、洁净。 (8)接头要求良好。 (9)接头热熔良好。 (10)熔接机操作规范。 (11)盘纤操作正确。 (12)盘纤符合曲率半径要求。 (13)热缩管固定良好。 (14)光纤无扭绞、断裂、交叉现象。 (15)接头盒密封良好。 (16)操作时应符合安全操作规程	(1)光缆开剥及加强芯紧固、光缆固定符合要求，每出现 1 处问题扣 1 分。 (2)切割后裸光纤长度超标扣 1 分。 (3)光纤端面不良好每出现 1 处问题扣 1 分。 (4)接头不良好，每纤扣 2 分。 (5)熔接过程中断纤引起光纤短于 30 cm，扣 10 分。 (6)接头热熔不良好，每纤扣 1 分。 (7)盘纤不良，每出现 1 处问题扣 2 分。 (8) 熔接机使用不当扣 5 分。 (9)方法错误扣 5 分。 (10)操作时违反安全操作规程，每处扣 10 分。 (11)每超时 1 min 扣 1 分，超时 5 min 记 0 分。 (12)团队成员配合、合作不力直接扣 10 分。 (13)特殊问题酌情扣分		

教学策略讨论

本任务教学活动各环节建议见表 3-13，请就建议内容展开讨论。

表 3-13　教学策略建议

序号	名称	内容及建议	备注
1	实训时长	4 课时	
2	教学任务	光缆接续	
3	教学目标	(1)通过岗位工作任务模拟，熟悉岗位职责、技能、工作流程、任务内容及要求。 (2)熟悉光缆接续的流程、标准、规范；掌握光缆的正确开剥及在接头盒内的固定方法；掌握应用光纤切割刀熟练进行光纤端面制作。 (3)熟练掌握光纤熔接机的使用及维护；掌握运用热可缩补强法进行光纤接头保护；掌握余留光纤在接头盒中的收容	
4	教学准备策略	包括教学目标的叙写、教学材料的处理、组织形式的设计等。光缆接续的教学主要要注意施工工具、材料的准备，施工场景的创设，学生分组及任务布置	
5	教学行为策略	本课程教学建议采用动作示范、分组讨论、活动指导等	
6	辅助行为策略	教学中教师要特别熟悉岗位技能要求、施工组织、施工流程、施工工艺规范和标准，结合岗位条件培养与激发学生学习动机	
7	管理行为策略	老师要特别注意教学现场管控、教学实施过程的有效组织，特别要注意安全方面的管理	
8	教学评价策略	本次教学要注重对学生吃苦耐劳、团队合作、知识、技能掌握方面的测评，特别是要突出对施工规范、标准、施工安全(安全操作技术规范、仪器仪表规范操作)方面的测评	

最后，请将讨论记录如下：

(1)讨论记录：____

____

(2)讨论心得记录：____

____

任务 3　光缆线路故障查找与处理

任务描述

A 市某通信运营商从 A1 机房到 A2 机房的某条架空光缆出现故障，需要马上组织维护队伍进行故障查找和处理。

通过模拟通信线路维护现场场景及现场维护流程和工艺规范、标准，让学生通过岗位角色及工作任务模拟，实现如下教学目标：

(1)通过岗位角色及工作任务模拟，了解岗位职责、技能、工作流程、任务内容及要求。

(2)熟悉光缆线路障碍查找及处理的流程、标准、规范。

(3)熟悉 OTDR 的操作要点。

(4)培养沟通、协调和团队协作能力，感受线路工作的艰辛，提倡吃苦耐劳精神。

任务分析

光缆线路维护工作的目的在于：一方面通过正常的维护措施，不断地消除由于外界环境的影响而带来的一些事故隐患，并且不断改进在设计和施工时不足的地方，以避免和减少由于一些不可预防的事故所带来的影响；另一方面，在出现光缆线路障碍时，能及时进行处理，尽快地排除故障，修复线路，以提供稳定、优质的传输线路。光缆线路维护工作的基本任务之一是预防故障和尽快排除故障，提高故障处理有效率。

维护队伍应该按照如下流程、维护规程及要点正确完成光缆线路故障查找和处理任务。

光缆线路故障抢修的一般程序如图 3-34 所示。

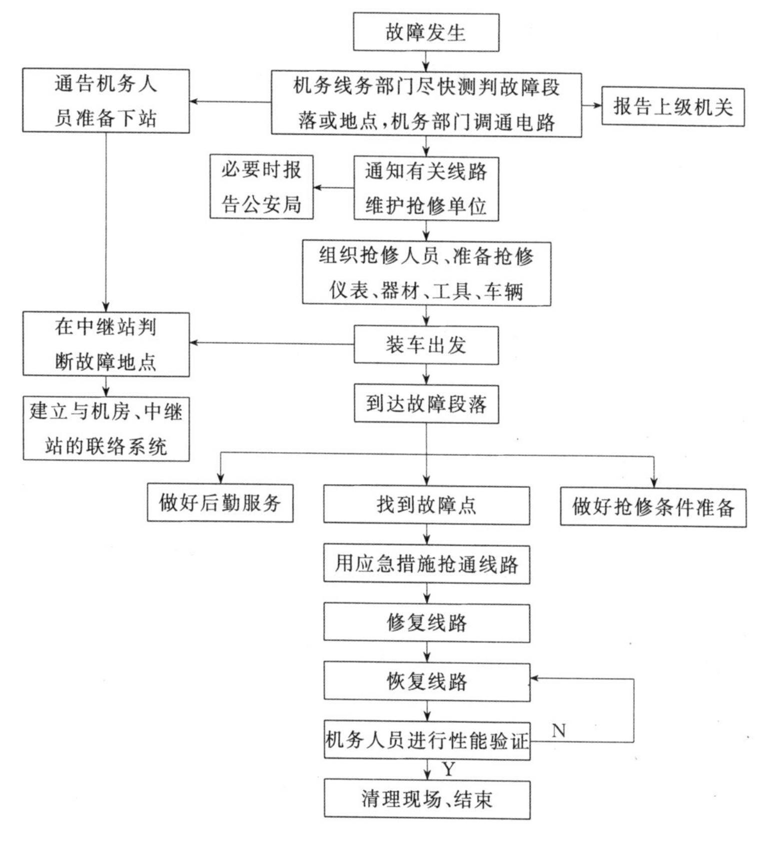

图 3-34 光缆线路故障抢修一般程序

一、光缆线路障碍的测试与查找步骤

一般情况下，机线障碍不难分清。确认为线路障碍后，在端站或传输站使用 OTDR 对线路进行测试，以确定线路障碍的性质和部位。OTDR 测试如图 3-35 所示。

其方法步骤大致如下：

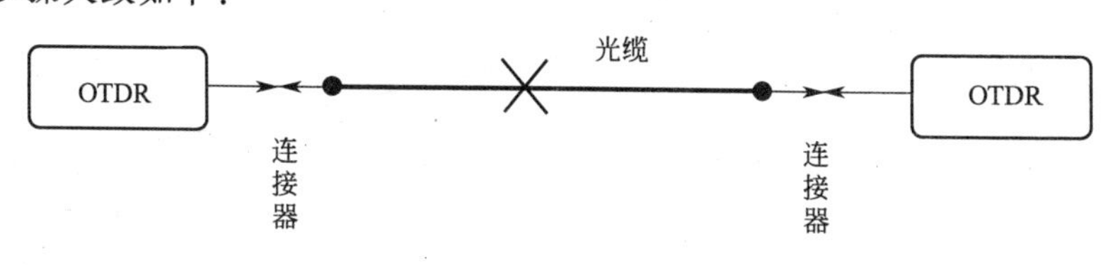

图 3-35 OTDR 测试

(一)用 OTDR 测试出故障点到测试端的距离

在 ODF 架上将故障纤外线端活动连接器的插件从适配器中拔出,做清洁处理后插入 OTDR 的光输出口,观察线路的后向散射信号曲线。OTDR 的显示屏上通常显示如下 4 种情况之一:

1. 显示屏上没有曲线

这说明光纤故障点在仪表的盲区内,包括局外光缆与局内软光缆的固定接头和活动连接器插件部分。这时可以串接一段(长度应大于 1 000 m)测试纤,并减小 OTDR 输出的光脉冲宽度以减小盲区范围,从而可以细致分辨出故障点的位置。

2. 曲线远端位置与中继段总长明显不符

此时后向散射曲线的远端点即为故障点。如该点在光缆接头点附近,应首先判定为接头处断纤。如故障点明显偏离接头处,应准确测试障碍点与测试端之间的距离,然后对照线路维护明细表等资料,判定障碍点在哪两个标石之间(或哪两个接头之间),距离最近的标石多远,再由现场观察光缆路由的外观予以证实。

3. 后向散射曲线的中部无异常,但远端点又与中继段总长相符

在这种情况下,应注意观察远端点的波形,可能有如下 3 种情况之一出现,如图 3-36 所示。

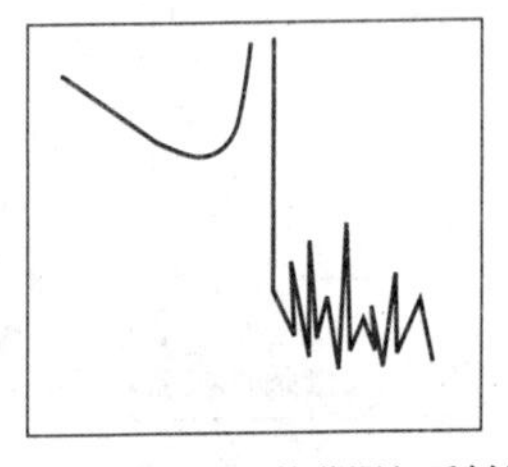

(a) 有强烈的菲涅尔反射峰

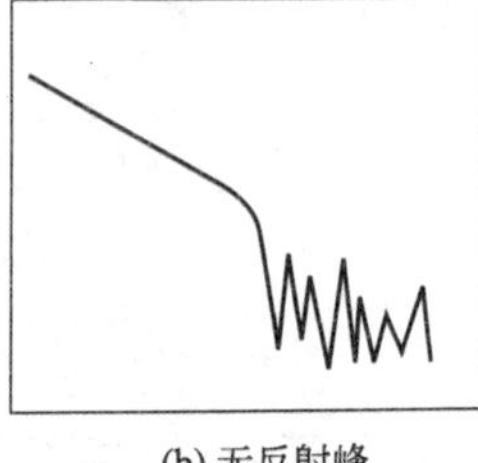

(b) 无反射峰

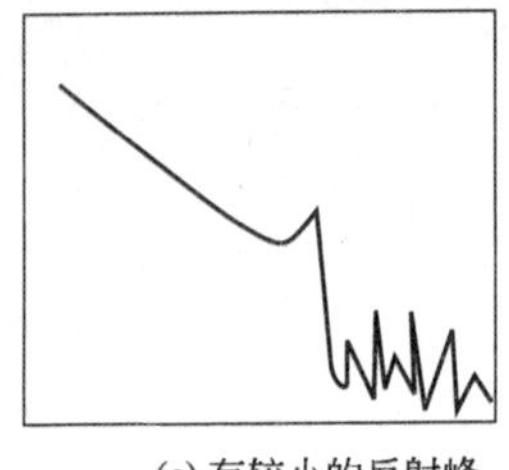

(c) 有较小的反射峰

图 3-36　远端点的波形

(1)如图 3-36(a)所示,远端出现强烈的菲涅尔反射峰,提示该处光纤端面与光纤轴垂直,该处应成为端点,不是断点。障碍点可能是终端活动连接器松脱或污染。

(2)如图 3-36(b)所示,远端无反射峰,说明该处光纤端面为自然断纤面。最大的可能是户外光缆与局内软光缆的连接处出现断纤或活动连接器损坏。

(3)如图 3-36(c)所示,远端出现较小的反射峰,呈现一个小突起,提示该处光纤出现裂缝,造成损耗很大。可打开终端盒或 ODF 架检查,剪断光纤插入匹配液中,观察曲线是否变化以确定故障点。

4. 显示屏上曲线显示高衰耗点或高衰耗区

高衰耗点一般与个别接头部位相对应。它与菲涅尔反射峰明显不同(如图 3-37 所示),该点前面的光纤仍然导通,高衰耗点的出现表明该处的接头损耗变大,可打开接头盒重新熔接。高衰耗区表现为某段曲线的斜率明显增大,提示该段光纤衰耗变大,如果必须修理只有将该段光缆更换掉。

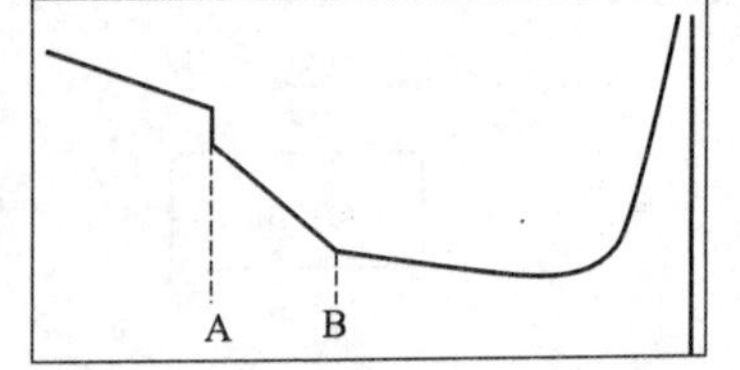

图 3-37　高衰耗点和高衰耗区的曲线显示

(二)可能原因估计

根据 OTDR 测试显示曲线情况,初步判断故障原因,有针对性地进行故障处理。根据故障分析,非外力导致的光缆

故障,接头盒内出现问题的情况比较多。

(三)查找光缆线路障碍点的具体位置

当遇到自然灾害或外界施工等外力影响造成光缆线路阻断时,查修人员要根据测试人员提供的故障现象和大致障碍地段,沿光缆线路路由巡查,一般比较容易找到障碍地点。如非上述情况,巡查人员就不容易从路由上的异常现象找到障碍地点。这时,必须根据OTDR测出的障碍点到测试端的距离,与原始测试资料进行核对,查出障碍点是处于哪两个接头之间,通过必要的换算后,再精确丈量其间的地面距离,直至找到障碍点的具体位置。若有条件,可以进行双向测试,更有利于准确判断障碍点的具体位置。

二、光缆线路障碍的处理

(一)制定线路应急调度预案

应急调度预案是在故障或特殊时间,充分利用线路资源尽快恢复通信而预先制定的临时处置方案。制定应急调度方案之前,应对所有光缆线路的系统开放情况进行一次认真摸底,根据同缆、同路由光纤资源情况,合理地制定出光纤抢代通方案。

应急抢代通方案应根据电路开放和纤芯占用情况适时修订、更新,保持方案与实际开放情况的吻合,确保应急预案的可行性。

应急调度预案的内容应包括参与的人员、领导组织、具体的措施和详细的电路调度方案。

(二)故障处理原则

以优先代通在用系统为目的,以压缩故障历时为根本,不分白天黑夜、不分天气好坏、不分维护界限,用最快的方法临时抢通在用传输系统。

故障处理的总原则是“先抢通,后修复;先核心,后边缘;先本端,后对端;先网内,后网外”,分故障等级进行处理。当两个以上的故障同时发生时,对重大故障予以优先处理。线路障碍未排除之前,查修不得中止。

当光缆线路发生故障时,机务部门应在10 min内努力设法调通备用光纤,在20 min内判明故障光缆线路的段落,通知有关线路维护部门并上报,通知有关中继站维护人员下站配合查修;若难以判明是无人中继器或线路故障时,机线双方应同时出查。在查修的同时,维护部门应在接到故障通知10 min内上报故障发生情况,并在障碍恢复后24 h内将故障处理详细情况(内容包含障碍原因、障碍点、处理过程等)向上级主管部门报告。

(三)光缆线路故障修复流程

1. 故障发生后的处理

不同类型的线路故障,处理的侧重点不同

(1)同路由有光缆可代通的全阻故障。机房值班人员应该在第一时间按照应急预案,用其他良好的纤芯代通阻断光纤上的业务,然后再尽快修复故障光纤。

(2)没有光纤可代通的全阻故障,按照应急预案实施抢代通或障碍点的直接修复进行,抢代通或修复时应遵循“先重要电路、后次要电路”的原则。

(3)光缆出现非全阻,有剩余光纤可用。用空余纤芯或同路由其他光缆代通故障纤芯上的业务。如果故障纤芯较多,空余纤芯不够,又没有其他同路由光缆,可牺牲次要电路代通重要电路,然后采用不中断电路的方法对故障纤芯进行修复。

(4)光缆出现非全阻,无剩余光纤或同路由光缆。如果阻断的光纤开设的是重要电路,应用其他非重要电路光纤代通阻断光纤,用不中断割接的方法对故障纤芯进行紧急修复。

(5)传输质量不稳定,系统时好时坏。如果有可代通的空余纤芯或其他同路由光缆,可将该光纤上的业务调到其他光纤。查明传输质量下降的原因,有针对性地进行处理。

2. 故障测试判断

如确定是光缆线路故障时,则应迅速判断故障发生在哪个中继段内和故障的具体情况,立即通知相关的线路维护单位测判故障点。

3. 抢修准备

线路维护单位接到故障通知后,应迅速将抢修工具、仪表及器材等装车出发,同时通知相关维护线务员到附近地段查找原因、故障点。光缆线路抢修准备时间应按规定执行。

4. 建立通信联络系统

抢修人员到达故障点后,应立即与传输机房建立起通信联络系统。

5. 抢修的组织和指挥

光缆线路故障的抢修由机务部门作为业务领导,在抢修期间密切关注现场的抢修情况,做好配合工作,抢修现场由光缆线路维护单位的领导担任指挥。

在测试故障点的同时,抢修现场应指定专人(一般为光缆线务员)组织开挖人员待命,并安排好后勤服务工作。

6. 光缆线路的抢修

当找到故障点后,一般应使用应急光缆或其他应急措施,首先将主用光纤通道抢通,迅速恢复通信。观察分析现场情况,做好记录,必要时进行拍照,报告公安机关。

7. 业务恢复

现场光缆抢修完毕后,应及时通知机房进行测试,验证可用后,尽快恢复通信。

8. 抢修后的现场处理

在抢修工作结束后,清点工具、器材,整理测试数据,填写有关登记,对现场进行处理,并留守一定数量的人员,保护抢代通现场。

9. 线路资料更新

修复工作结束后,整理测试数据,填写有关表格,及时更新线路资料,总结抢修情况,报告上级主管部门。

三、注意事项

提示:光缆线路故障判断和处理时应该注意的事项。

(一)故障查修时需要注意的事项

(1)当省界或两维护单位交界处的长途光缆线路发生故障时,相邻的两个维护单位应同时出查、进行抢修。

(2)各级光缆线路维护单位应准确掌握所属光缆线路资料。熟练掌握光缆线路障碍点的测试方法,能准确地分析确定障碍点的位置。经常保持一定的抢修力量,并熟练掌握线路抢修作业程序和抢代通器材的使用。

(3)光缆维护人员应熟悉光缆线路资料,熟练掌握线路抢修作业程序、障碍测试方法和光缆接续技术,加强抢修车辆管理,随时做好抢修准备。

抢修用专用器材、工具、仪表、机具以及交通车辆,必须相对集中,并列出清单,随时做好准备,一般不得外借和挪用。

(二)故障处理过程中需要注意的事项

(1)光缆线路抢修过程中,应注意仪表、器材的操作使用安全,进行光纤故障测试前,被测光纤与对端的光端机断开物理连接。

(2)故障一旦排除并经严格测试合格后,立即通知机务部门对光缆的传输质量进行验证,尽快恢复通信。

(3)认真做好故障查修记录。故障排除后,线路维护部门应按照相关规定及时组织相关人员对故障的原因进行分析,整理技术资料并上报。总结经验教训,提出改进措施。

(4)介入或更换光缆时,应采用与故障光缆同一厂家同一型号的光缆,并要尽可能减少光缆接头和尽量减少光纤接续损耗。处理故障中所介入或更换的光缆,其长度一般应不小于200 m,且尽可能采用同一厂家、同一型号的光缆,单模光纤的平均接头损耗应不大于0.2 dB/个。故障处理后和迁改后光缆的弯曲半径应不小于15倍缆径。

(三)光纤调度注意事项

(1)光纤调度时必须由机线双方共同商议好调度方案,在双方密切配合下进行。

(2)先高速、重要系统,后低速、次要系统,必要时牺牲部分次要系统调通重要系统。要使用的备用光纤必须事先进行双向测试和对号,避免出现差错。

(3)个别设备光纤调通之后需要按“RESET”键来恢复系统。

相关知识

一、造成光缆线路障碍的原因分析

引起光缆线路故障的原因大致可以分为4类:外力因素、自然灾害、光缆自身缺陷及人为因素。

1. 外力因素

外力挖掘、车辆挂断、枪击等。

2. 自然灾害

鼠咬与鸟啄、火灾、洪水、大风、冰凌、雷击、电击等。

3. 光缆自身缺陷

自然断纤、环境温度的影响等。

4. 人为因素

工障、偷盗、破坏等。

从以上的光缆线路障碍分析中可以看出,由光缆本身的质量问题和由自然灾害引起的障碍占的比例较少,大部分障碍是属于人为性质的。因此在维护工作中,应充分注意这一情况。

二、光缆线路障碍的一般特点及常见障碍

(一)光缆线路障碍的一般特点

光缆产生故障的原因很多,不同原因导致其故障的特点也不相同,只有抓住这些特点,才能迅速准确地判定故障所在,从而及时进行修复。光纤故障主要有两种形式,即光纤中断和损耗增大。

光纤中断障碍是指缆内光纤在某处发生部分断纤或全断,在光时域反射仪OTDR测得的

后向散射信号曲线上，障碍点有一个菲涅尔反射峰。

（二）光缆线路典型障碍现象及原因

光缆线路典型障碍现象及原因见表3-14。

表3-14　光缆线路典型障碍现象及原因

障碍现象	障碍可能原因
一根或几根光纤原接续点损耗大	光纤接续点保护管安装问题或接头盒进水
一根或几根光纤衰减曲线出现台阶	光缆受机械力扭伤，部分光纤扭曲、断裂
一根光纤出现衰减台阶或断纤	光缆受机械力或由于光缆制造原因造成
原接续点衰减台阶水平拉长	在原接续点附近出现断纤现象
通信全部阻断	(1)光缆受外力影响被挖断、炸断等。 (2)供电系统中断

三、光缆线路障碍点的准确判定

（一）障碍点的判断

光缆障碍点判断的准确与否关系到排障速度和维护费用。一般从部分系统阻断障碍、光缆全阻障碍、光纤衰耗过大造成的障碍、机房线路终端障碍四方面进行分析。

（二）如何准确定位光缆线路的障碍点

1. 影响光缆线路障碍点准确定位的主要因素

(1)OTDR测试仪表存在的固有偏差。

(2)测试仪表操作不当产生的误差。

(3)计算误差。

(4)光缆线路竣工资料不准确造成的误差。

2. 提高光缆线路故障定位准确性的方法

(1)正确、熟练掌握仪表的使用方法。

(2)建立准确、完整的原始资料。

(3)建立准确的线路路由资料。

(4)建立完整、准确的线路资料。

(5)进行正确的换算。

(6)保持测试条件的一致性。

(7)灵活测试、综合分析。

四、光缆线路障碍点的处理方法

光缆线路障碍点的处理，根据障碍点位置和故障性质的不同，其处理手段与作业方法也不同。光缆线路障碍点查找到以后，维护人员必须分秒必争，尽快组织力量进行光缆线路障碍点的处理。障碍点的处理分两种情况：实施障碍点的抢代通和障碍点的直接修复。

技能训练

要成功完成光缆线路障碍查找和抢修任务，需要对学生进行如下基本技能（光缆接续、

OTDR 操作)的专门训练,这些训练在前面的实验实训课程中进行。

一、光缆接续

详见任务 2 光缆接续的技能训练。

二、OTDR 的操作(详见任务 2 的技能训练相关内容)

任务完成

本任务主要是成功查找光缆线路故障并对其实施处理,恢复通信。

考虑到让学生充分参与,锻炼实际动手能力,培养团队精神,可以根据参加实训的学生人数将学生分成多组,每组人员配置见表 3-15。

表 3-15 人员配置情况

分工名称	承担者	分工描述	任务	任职条件
抢修队队长	学生(1名)	维护单位抢修队队长	项目管理、协调	有一定的组织、沟通、协调能力
技术人员	学生(2名)	抢修队工程技术人员	负责操作 OTDR 进行障碍查找等技术工作	熟悉光缆线路障碍查找技术、能熟练操作 OTDR
普工(2名)	学生(2名)	抢修队普通工人	负责工器具准备、配合等非技术性工作	熟悉光缆线路障碍及处理技术

说明:5 名学生 1 组。

每组需要完成的目标任务见表 3-16。

表 3-16 目标任务

任务名称	任务内容	任务要求
任务一	根据所学知识列出光缆线路障碍查找步骤及抢修流程	20 min 内完成 GYTA-12B1 光缆障碍查找并列出故障清单
任务二	合作完成光缆故障抢修	20 min 内完成 GYTA-8B1 故障抢修工作
任务三	编写实训总结报告	实训后根据模板(见后)编制合格的实训报告

评 价

任务成果的展示和评价,采用自评、师评相结合的方法。

学生综合测评成绩(100 分)=现场测评(80 分)+个人表现(10 分)+总结(报告撰写 10 分)。

注意:

1. 现场测评采用老师评价为主(80 分):主要注意团队的表现、团队的整体活动和任务完成情况。具体评价内容见表 3-17。

2. 个人表现测评(10 分):采用自我评价、他人评价、老师评价相结合的方式,个人表现(100 分)=自评(2 分)+团队其他成员评价(3 分)+老师点评(5 分)。

3. 总结(报告撰写 10 分):总结主要体现体会、教训、改善措施。

表 3-17　完成质量评价表

评价表				
评　价　项　目	评　价　内　容	自我评价	教师评价	其他成员评价
现场测评(80分)	团队表现(占20分)			
	故障查找流程是否正确(10分)			
	故障查找方法是否正确(20分)			
	故障处理流程是否正确(10分)			
	OTDR操作是否规范(10分)			
	安全操作是否规范(10分)			
个人表现测评(10分)	自评(2分)+团队其他成员评价(3分)+老师点评(5分)			
总结(报告撰写10分)	总结是否反映了个人体会、教训、改善措施			
合　计				

教学策略讨论

本任务教学活动各环节建议见表3-18,请就建议内容展开讨论。

表 3-18　教学策略建议

序号	名称	内容及建议	备注
1	实训时长	8课时	
2	教学任务	光缆线路故障查找与处理	
3	教学目标	(1)通过岗位角色及工作任务模拟,了解岗位职责、技能、工作流程、任务内容及要求。 (2)熟悉光缆线路障碍查找及处理的流程、标准、规范。 (3)熟悉OTDR的操作要点。 (4)培养沟通、协调和团队协作能力,感受线路工作的艰辛,提倡吃苦耐劳精神	
4	教学准备策略	包括教学目标的叙写、教学材料的处理、组织形式的设计等。光缆线路故障查找和处理的教学主要要注意施工工具、材料的准备,施工场景的创设,学生分组及任务布置	
5	教学行为策略	本课程教学建议采用动作示范、分组讨论、活动指导等	
6	辅助行为策略	教学中教师要特别熟悉岗位技能要求、施工组织、施工流程、施工工艺规范和标准,结合岗位条件培养与激发学生学习动机	
7	管理行为策略	老师要特别注意教学现场管控、教学实施过程的有效组织,特别要注意安全方面的管理	
8	教学评价策略	本次教学要注重对学生吃苦耐劳、团队合作,知识、技能掌握方面的测评,特别是要突出对施工规范、标准、施工安全(安全操作技术规范、仪器仪表规范操作)方面的测评	

最后,请将讨论记录如下:

(1)讨论记录:______________________________

____

____

(2)讨论心得记录:______________________________

____

____

参考文献

[1] 全国电子专业人才考试教材编委会.通行终端设备维修[M].北京:科学出版社,2009.

[2] 郭新军,等.通信系统终端设备原理与维修[M].北京:高等教育出版社,2008.

[3] 谢相吾,谢义博,等.移动通信终端设备原理与维修[M].北京:人民邮电出版社,2005.

[4] 李继祥,等.移动通信终端设备维修技术[M].北京:化学工业出版社,2010.

[5] 杨堃,白皓.网络综合布线[M].北京:北京航空航天大学出版社,2009.

[6] 张中荃.接入网技术[M].北京:人民邮电出版社,2003.

[7] 李立高.光缆通信工程[M].2版.北京:人民邮电出版社,2009.

[8] 张引发.光缆线路工程设计、施工与维护[M].2版.北京:电子工业出版社,2009.

[9] 张永红,宋禹廷,张晓洲.光缆线路的维护与管理[M].北京:人民邮电出版社,2007.

[10] 中国通信建设第三工程局.长途通信光缆线路工程验收规范(YD 5121—2005)[M].北京:北京邮电大学出版社,2006.

[11] 中华人民共和国工业和信息化部.通信线路工程验收规范(YD 5121—2010)[M].北京:北京邮电大学出版社,2010.

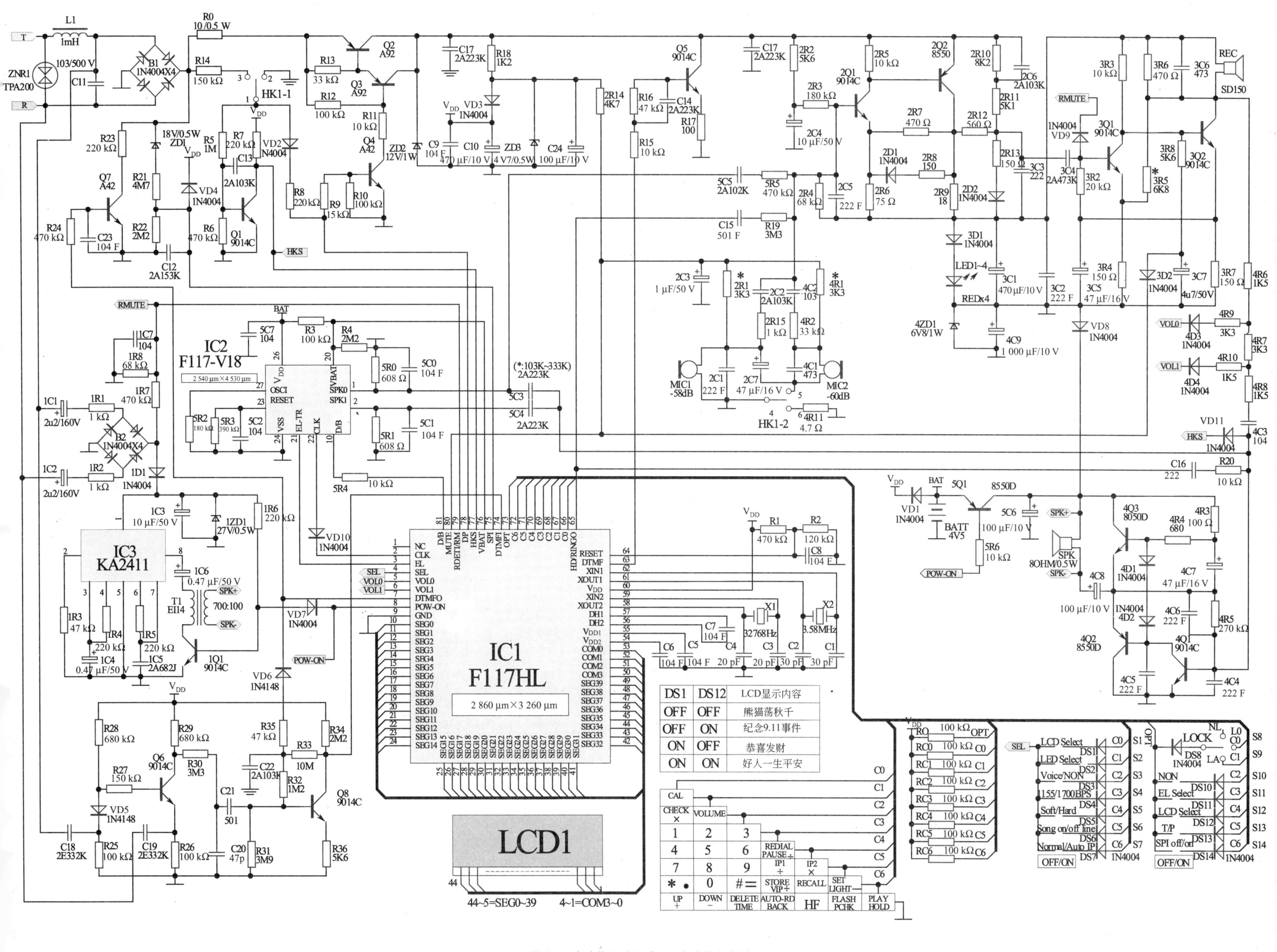

DS1	DS12	LCD显示内容
OFF	OFF	熊猫荡秋千
OFF	ON	纪念9.11事件
ON	OFF	恭喜发财
ON	ON	好人一生平安

附图 1　多功能电子电话机基本功能电路图

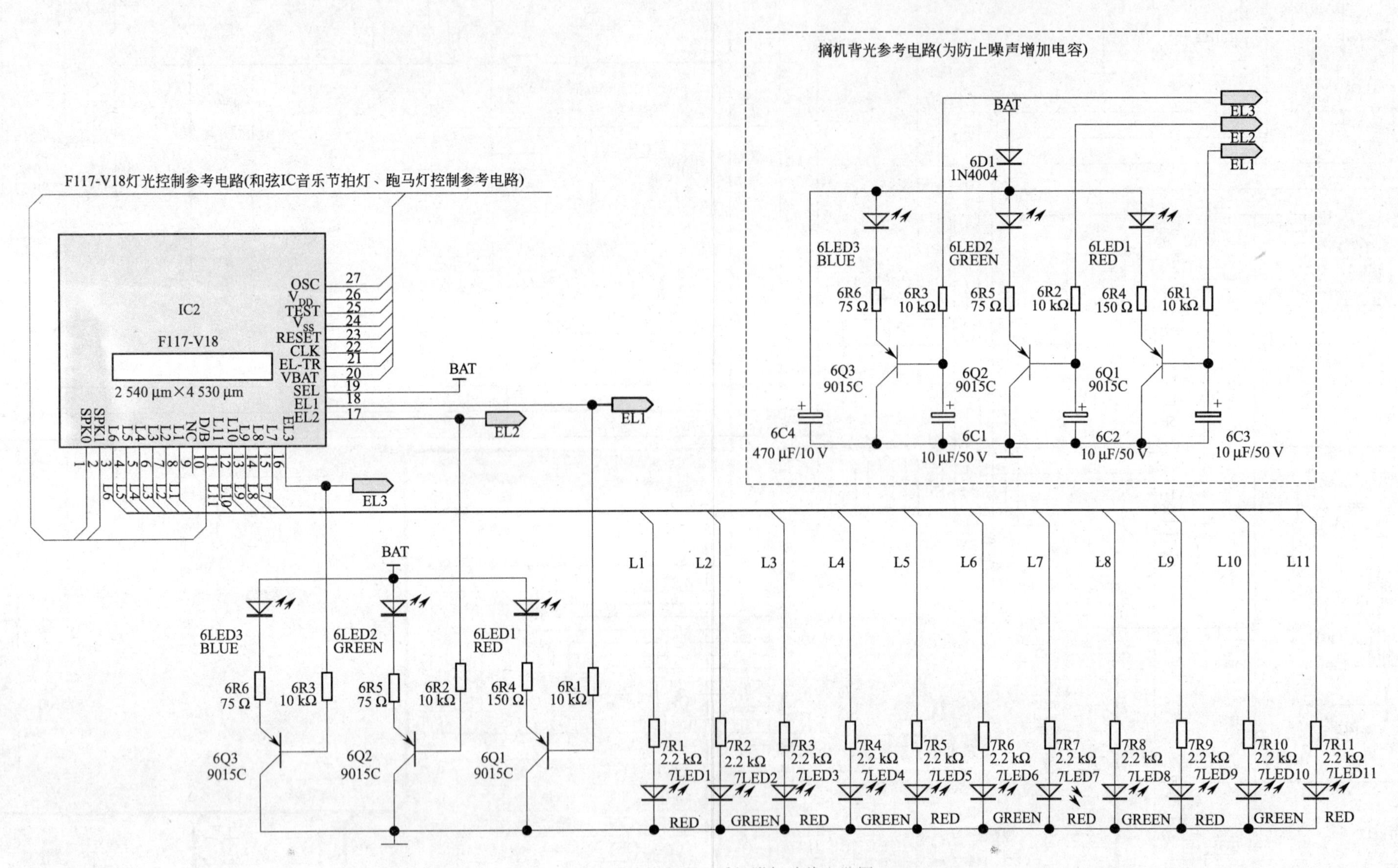

附图 2　多功能电子电话机附加功能电路图